U0131804

银领工程——计算机项目案例与技能实训丛书

Dreamweaver 网页制作

（第2版）

（累计第10次印刷，总印数42000册）

九州书源　编著

清华大学出版社

北　京

内 容 简 介

本书主要介绍了使用 Dreamweaver CS3 进行网页制作的基础知识和基本技巧，内容包括网页制作基础、页面基本操作及站点管理的方法，同时还包括网页文本和图像的应用，添加多媒体元素和创建超级链接的方法，使用表格、AP Div 和框架布局页面的技巧，使用模板与资源列表的方法，最后还讲解了表单、行为的应用，动态网页开发基础知识，发布站点的方法以及通过项目设计案例讲解网页的制作流程。

本书采用了基础知识、应用实例、项目案例、上机实训、练习提高的编写模式，力求循序渐进、学以致用，并切实通过项目案例和上机实训等方式提高应用技能，适应工作需求。

本书提供了配套的实例素材与效果文件、教学课件、电子教案、视频教学演示和考试试卷等相关教学资源，读者可以登录 http://www.tup.com.cn 网站下载。

本书适合作为职业院校、培训学校、应用型院校的教材，也是非常好的自学用书。

图书在版编目（CIP）数据

Dreamweaver 网页制作/九州书源编著. —2 版. —北京：清华大学出版社，2011.12
银领工程——计算机项目案例与技能实训丛书

ISBN 978-7-302-27157-4

I. ①D… II. ①九… III. ①网页制作工具，Dreamweaver CS3-教材 IV. ①TP393.092

中国版本图书馆 CIP 数据核字（2011）第 214909 号

责任编辑：赵洛育
版式设计：文森时代
责任校对：王国星
责任印制：何 芊

出版发行：清华大学出版社　　　　　　　　　　地　　址：北京清华大学学研大厦 A 座
　　　　　http://www.tup.com.cn　　　　　　　邮　　编：100084
　　　　　社　总　机：010-62770175　　　　　邮　购：010-62786544
　　　　　投稿与读者服务：010-62776969，c-service@tup.tsinghua.edu.cn
　　　　　质　量　反　馈：010-62772015，zhiliang@tup.tsinghua.edu.cn
印　装　者：三河市李旗庄少明印装厂
经　　销：全国新华书店
开　　本：185×260　印　张：20　字　数：462 千字
版　　次：2011 年 12 月第 2 版　　印　次：2011 年 12 月第 1 次印刷
印　　数：1～6000
定　　价：36.80 元

产品编号：042901-01

丛 书 序

Series Preface

本丛书的前身是"电脑基础·实例·上机系列教程"。该丛书于 2005 年出版，陆续推出了 34 个品种，先后被 500 多所职业院校和培训学校作为教材，累计发行 **100 余万册**，部分品种销售在 50000 册以上，多个品种获得 **"全国高校出版社优秀畅销书" 一等奖**。

众所周知，社会培训机构通常没有任何社会资助，完全依靠市场而生存，他们必须选择最实用、最先进的教学模式，才能获得生存和发展。因此，他们的很多教学模式更加适合社会需求。本丛书就是在总结当前社会培训的教学模式的基础上编写而成的，而且是被广大职业院校所采用的、最具代表性的丛书之一。

很多学校和读者对本丛书耳熟能详。应广大读者要求，我们对该丛书进行了改版，主要变化如下：

- 建立完善的立体化教学服务。
- 更加突出"应用实例"、"项目案例"和"上机实训"。
- 完善学习中出现的问题，更加方便学生自学。

一、本丛书的主要特点

1．围绕工作和就业，把握"必需"和"够用"的原则，精选教学内容

本丛书不同于传统的教科书，与工作无关的、理论性的东西较少，而是精选了实际工作中确实常用的、必需的内容，在深度上也把握了以工作够用的原则，另外，本丛书的应用实例、上机实训、项目案例、练习提高都经过多次挑选。

2．注重"应用实例"、"项目案例"和"上机实训"，将学习和实际应用相结合

实例、案例学习是广大读者最喜爱的学习方式之一，也是最快的学习方式之一，更是最能激发读者学习兴趣的方式之一，我们通过与知识点贴近或者综合应用的实例，让读者多从应用中学习、从案例中学习，并通过上机实训进一步加强练习和动手操作。

3．注重循序渐进，边学边用

我们深入调查了许多职业院校和培训学校的教学方式，研究了许多学生的学习习惯，采用了基础知识、应用实例、项目案例、上机实训、练习提高的编写模式，力求循序渐进、学以致用，并切实通过项目案例和上机实训等方式提高应用技能，适应工作需求。唯有学以致用，边学边用，才能激发学习兴趣，把被动学习变成主动学习。

二、立体化教学服务

为了方便教学，丛书提供了立体化教学网络资源，放在清华大学出版社网站上。读者登录 http://www.tup.com.cn 后，在页面右上角的搜索文本框中输入书名，搜索到该书后，单击"立体化教学"链接下载即可。"立体化教学"内容如下。

- **素材与效果文件**：收集了当前图书中所有实例使用到的素材以及制作后的最终效果。读者可直接调用，非常方便。
- **教学课件**：以章为单位，精心制作了该书的 PowerPoint 教学课件，课件的结构与书本上的讲解相符，包括本章导读、知识讲解、上机及项目实训等。
- **电子教案**：综合多个学校对于教学大纲的要求和格式，编写了当前课程的教案，内容详细，稍加修改即可直接应用于教学。
- **视频教学演示**：将项目实训和习题中较难、不易于操作和实现的内容，以录屏文件的方式再现操作过程，使学习和练习变得简单、轻松。
- **考试试卷**：完全模拟真正的考试试卷，包含填空题、选择题和上机操作题等多种题型，并且按不同的学习阶段提供了不同的试卷内容。

三、读者对象

本丛书可以作为职业院校、培训学校的教材使用，也可作为应用型本科院校的选修教材，还可作为即将步入社会的求职者、白领阶层的自学参考书。

我们的目标是让起点为零的读者能胜任基本工作！

欢迎读者使用本书，祝大家早日适应工作需求！

九州书源

前　言

Preface

　　当今社会是一个信息社会，也是一个网络社会，人们在通过互联网进行信息摄取、互动交流的时候，很多人都萌生了一个不约而同的想法，那就是希望拥有一个自己的主页空间，尽情展示自己。不仅如此，在这个信息化的时代，各种社会、经济组织都拥有了自己的网站。

　　Dreamweaver 一直是网页设计行业中的佼佼者，它是一款集网页制作和网站管理于一身的网页编辑器，也是第一套针对专业网页设计师特别开发的视觉化网页开发工具。Adobe公司收购 Macromedia 公司后，在原来 Dreamweaver 产品的基础上，增加了一些新的功能，发布了 CS 系列版本。本书针对不同层次的网页设计者的使用情况，详细地讲解了使用Dreamweaver 进行网页设计的各个知识点。

📖　本书的内容

　　本书共 15 章，可分为 8 个部分，各部分具体内容如下。

章　　节	内　　容	目　　的
第 1 部分（第 1～2 章）	网页制作的基础知识以及 Dreamweaver CS3 的基本操作和站点的创建与管理	了解网页制作的基础知识，学会创建网站的方法
第 2 部分（第 3～5 章）	在网页中添加和设置文本、图像、音乐、Flash 元素以及其他媒体元素的方法	掌握在网页中添加元素的方法，以此丰富网页内容
第 3 部分（第 6 章）	为网页对象添加各种超级链接	使网页不再是一个单一的文件，实现网页的快捷与方便跳转
第 4 部分（第 7～9 章）	网页布局的各种方式	通过表格、AP Div 或框架，使网页布局效果随心所欲
第 5 部分（第 10～12 章）	网页设计的高级应用	通过对网页模板、资源列表及表单等对象的使用，提高网页设计水平
第 6 部分（第 13 章）	动态网页开发的基础知识	了解动态网页的优势及制作方法
第 7 部分（第 14 章）	网站的发布	了解空间及域名的申请、站点的本地测试和发布、管理和宣传等知识
第 8 部分（第 15 章）	网站综合实例的制作	综合应用网页设计知识，提高网页设计能力

✍　本书的写作特点

　　本书图文并茂、条理清晰、通俗易懂、内容翔实，在读者难于理解和掌握的地方给出了提示或注意，并加入了许多 Dreamweaver 的使用技巧，使读者能快速提高自己的设计能力。书中给出了大量的实例和练习，让读者在不断的实际操作中强化书中讲解的内容。

本书每章按"学习目标+目标任务&项目案例+基础知识与应用实例+上机及项目实训+练习与提高"结构进行讲解。

- **学习目标**：以简练的语言列出本章知识要点和实例目标，使读者对本章将要讲解的内容做到心中有数。

- **目标任务&项目案例**：给出本章部分实例和案例结果，让读者对本章的学习有一个具体的、看得见的目标，不至于感觉学了很多却不知道干什么用，以至于失去学习兴趣和动力。

- **基础知识与应用实例**：将实例贯穿于知识点中讲解，使知识点和实例融为一体，让读者加深理解思路、概念和方法，并模仿实例的制作，通过应用举例强化巩固小节知识点。

- **上机及项目实训**：上机实训为一个综合性实例，用于贯穿全章内容，并给出具体的制作思路和制作步骤，完成后给出一个项目实训，用于进行拓展练习，还提供实训目标、视频演示路径和关键步骤，以便于读者进一步巩固。

- **项目案例**：为了更加贴近实际应用，本书给出了一些项目案例，希望读者能完整了解整个制作过程。

- **练习与提高**：本书给出了不同类型的习题，以巩固和提高读者的实际动手能力。

另外，本书还提供有素材与效果文件、教学课件、电子教案、视频教学演示和考试试卷等相关立体化教学资源，立体化教学资源放置在清华大学出版社网站（http://www.tup.com.cn），进入网站后，在页面右上角的搜索引擎中输入书名，搜索到该书，单击"立体化教学"链接即可。

☺ 本书的读者对象

本书主要适用于网页设计初学者、网站设计和维护相关人员，尤其适合作为各大中专院校及社会培训班的 Dreamweaver 网页制作教程使用。

✉ 本书的编者

本书由九州书源编著，参与本书资料收集、整理、编著、校对及排版的人员有：崔瑞玲、羊清忠、陈良、杨学林、卢炜、夏帮贵、刘凡馨、张良军、杨颖、王君、张永雄、向萍、曾福全、简超、李伟、黄沄、穆仁龙、陆小平、余洪、赵云、袁松涛、艾琳、杨明宇、廖宵、牟俊、陈晓颖、宋晓均、朱非、刘斌、丛威、何周、张笑、常开忠、唐青、骆源、宋玉霞、向利、付琦、范晶晶、赵华君、徐云江、李显进等。

由于作者水平有限，书中疏漏和不足之处在所难免，欢迎读者朋友不吝赐教。如果您在学习的过程中遇到什么困难或疑惑，可以联系我们，我们会尽快为您解答。联系方式是：

E-mail：book@jzbooks.com。

网　址：http://www.jzbooks.com。

编　者

导　读

Introduction

章　名	操　作　技　能	课 时 安 排
第1章　网页制作基础	1. 了解网页制作的基础知识 2. 了解网页制作的一般步骤 3. 掌握网页制作的原则和技巧	2学时
第2章　页面基本操作及站点管理	1. 认识 Dreamweaver CS3 并能正确启动和退出软件 2. 熟悉使用 Dreamweaver 进行网页的创建、打开、保存及页面设置等 3. 掌握站点的规划、创建与管理	3学时
第3章　网页文本应用	1. 掌握在网页中插入各种文本的方法 2. 能够设置不同的文本格式 3. 使用 CSS 样式轻松美化网页	3学时
第4章　网页图像应用	1. 了解网页图像的格式及获取方法 2. 掌握在网页中插入各种图像对象的方法 3. 掌握图像属性的设置	2学时
第5章　添加多媒体元素	1. 掌握在网页中插入各种音乐元素的方法 2. 掌握插入各种 Flash 媒体元素和其他媒体元素的方法	2学时
第6章　创建超级链接	1. 了解超级链接的概念 2. 掌握文本链接、锚链接、图像链接、电子邮件链接等的创建	2学时
第7章　使用表格布局页面	1. 掌握如何插入表格并在表格中添加内容 2. 掌握如何选择和设置表格和单元格 3. 掌握单元格的插入、删除、合并及拆分 4. 掌握整行、整列内容的移动 5. 掌握表格数据的排序、导入与导出	3学时
第8章　使用 AP Div 布局页面	1. 掌握 AP Div 的创建、嵌套、选择、移动、对齐及调整 2. 掌握如何设置 AP Div 的堆叠顺序和可见性 3. 掌握 AP Div 的属性设置 4. 使用 Div-CSS 布局网页 5. 掌握 AP Div 与表格的相互转换	3学时
第9章　使用框架布局页面	1. 掌握如何创建框架与框架集 2. 掌握框架的拆分和框架集的嵌套 3. 掌握框架和框架集的属性设置 4. 掌握如何保存框架页面中的框架和框架集	2学时

续表

章　　名	操 作 技 能	课 时 安 排
第 10 章　模板与资源列表	1．掌握模板的创建、编辑和应用 2．熟悉模板的各种管理操作 3．了解资源列表的作用并能充分利用	2 学时
第 11 章　表单的应用	1．掌握创建并设置表单属性的方法 2．掌握添加文本类表单对象的方法 3．掌握添加复选框、单选按钮、列表/菜单等选择类表单对象的方法 4．掌握添加文件域、按钮、图像域、字段集等表单对象的方法 5．掌握插入各种 Spry 表单构件的方法	3 学时
第 12 章　行为的应用	1．认识行为并掌握行为的添加和编辑 2．掌握各种常用行为在网页中的具体应用	3 学时
第 13 章　动态网页开发基础	1．认识动态网页，了解动态网页技术 2．掌握动态网页开发环境的配置 3．认识并创建数据库 4．掌握简单动态页面的制作方法	2 学时
第 14 章　网站的发布	1．掌握如何申请主页空间和域名 2．掌握站点的本地测试方法 3．掌握站点的发布、管理和宣传方法	2 学时
第 15 章　项目设计案例	1．进一步熟悉网站制作流程并做好相关准备 2．制作"星之密语"网站	4 学时

目 录

Contents

第1章　网页制作基础

学习目标

- ☑ 了解网页制作基础知识
- ☑ 掌握网页制作的一般步骤
- ☑ 掌握网页制作的原则和技巧

目标任务&项目案例

天涯社区网站首页

淘宝交易网站

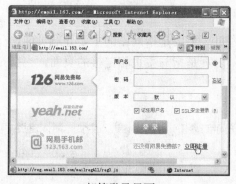

邮箱登录界面

邮箱注册页面

网络以其独特的优势渗入到人们的生活中，并已成为生活的一个重要组成部分，而网页在整个网络中占据了绝对的分量，几乎所有的网络活动都与网页有关。若想学习网页制作，需先了解一些网页的基本知识，如网页的定义、分类以及网页制作的基本步骤和规则等。本章将讲解网页制作的基础知识，为以后学习网页制作做好铺垫。

1.1 网页制作基础知识

学习网页制作应先了解网页的基本概念，学好这些知识是制作出漂亮、美观的网页的前提，为以后的学习打好基础。

1.1.1 网页的定义和分类

上网时浏览的一个个页面就是网页，网页又称为 Web 页，其中的图像、文字、超级链接等是构成网页的基本元素，如图 1-1 所示即为榕树下网站的首页。网页可按其在网站中的位置分类，也可按其表现形式分类。下面将分别进行讲解。

图 1-1　榕树下网站首页

1. 按位置分类

按网页在网站中的位置可将其分为主页和内页，主页是指网站的主要导航页面，一般是进入网站时打开的第一个页面，也称为首页；内页是指与主页相链接的页面，也就是网站的内部页面。

提示：

> 一些网站的首页并非主页，其作用只是为了欢迎访问者或者引导访问者进入主页，所以首页并不一定就是主页。

2. 按表现形式分类

按网页的表现形式可将其分为静态网页和动态网页，具体含义如下。

- **静态网页**：指用 HTML 语言编写的网页，其制作方法简单易学，但缺乏灵活性。
- **动态网页**：这类网页使用 ASP、PHP、JSP 和 CGI 等程序生成，具有动态效果，其制作方法较静态网页复杂。

⌂注意：

> 静态网页和动态网页不是以网页中是否包含动态元素来区分的，而是针对客户端与服务器端是否发生交互行为而言的。不发生交互的是静态网页，发生交互的是动态网页。

1.1.2　网页的基本概念

在网页制作过程中常常会遇到一些专业名词，如站点、发布、浏览器、导航条、超级链接、表单、URL、IP 地址以及域名，需掌握其具体含义才能在网页制作过程中轻松操作。下面分别讲解这些专业名词。

- **站点**：站点是一个管理网页文档的场所，简单地讲，一个个网页文档链接起来就构成了站点。站点可以小到一个网页，也可大到一个网站。
- **发布**：发布就是把制作好的网页上传到网络中的过程。
- **浏览器**：浏览器是一种把互联网上的文本文档和其他类型的文件翻译成网页的软件。通过浏览器，可以快捷地连接 Internet。目前使用人数最多的浏览器是 Microsoft 公司的 IE 浏览器，电脑中安装了操作系统都会捆绑安装 IE 浏览器，如图 1-2 所示为 IE 浏览器打开的网页。另外，还有很多其他浏览器可供用户安装使用，如腾讯 TT 浏览器、火狐浏览器、360 安全浏览器以及搜狗浏览器等。如图 1-3 所示为搜狗浏览器打开的网页。

图 1-2　IE 浏览器　　　　　　　　　图 1-3　搜狗浏览器

- **导航条**：导航条就如同一个网站的路标，有了它就不会在浏览网站时"迷路"，如图 1-4 所示。导航条链接着各个页面，只要单击导航条中的超级链接就能进入相应的页面。

图 1-4　导航条

- **超级链接**：超级链接在网页中起着重要的作用，主要用于将不同页面链接起来，链接的范围可以是同一站点内的页面，也可以是其他网站的页面。超级链接主要有文字链接和图像链接等，通常将鼠标指针移动到网页对象上，如果该对象是一个超级链接，鼠标指针会变为一个手形🖑，如图 1-5 所示。单击超级链接就能打开其指定的目标网页。

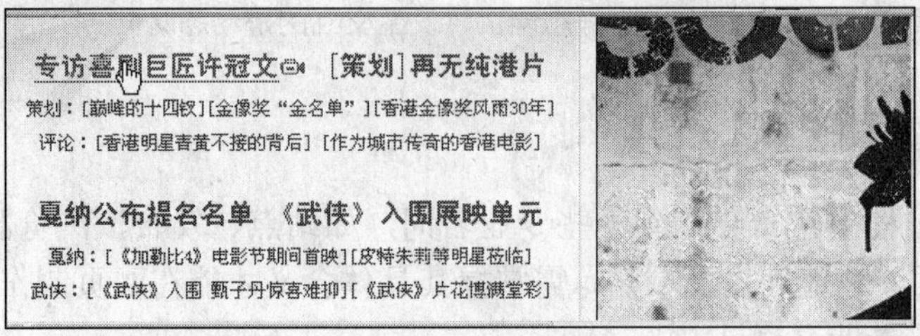

图 1-5　超级链接

➥ **表单**：表单是具有交互性的动态网页，常用于在注册网站会员和申请邮箱等活动时提交用户信息。如图 1-6 所示为申请网易邮箱的表单。

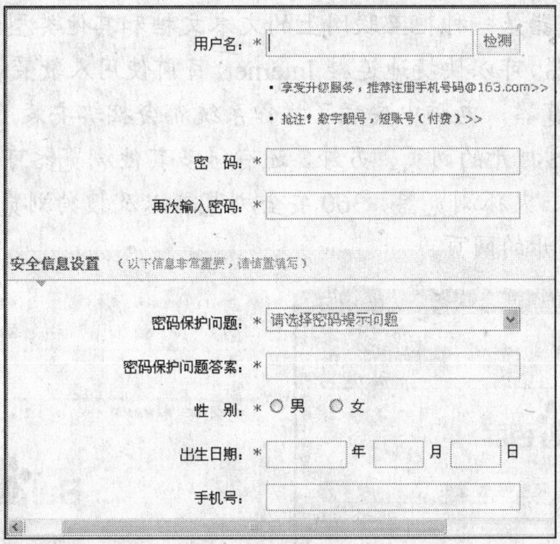

图 1-6　表单页面

➥ **URL**：URL 是指全球资源定位器，即主要用于指明通信协议和地址的方式，如 http://www.163.com 就是一个完整的 URL。"http://" 形式的 URL 用于表示网页的 Internet 位置，而 "ftp//" 则用于表示文件传输的一种 URL 形式。

➥ **IP 地址**：IP 地址就是为连接在 Internet 上的每一个主机分配的一个 32bit 地址，Internet 上的每台主机的 IP 地址都是唯一的，就像生活中的门牌号，在网络中就命名为 IP 地址。IP 地址分为 A、B、C、D、E 5 类，常用的是 B 和 C 两类，如 192.168.1.1 为一个 C 类 IP 地址。

➥ **域名**：域名就如同是网站的地址，Internet 中任何网站的域名都是全世界唯一的，所以域名也就是网站的网址，如 www.sohu.com 就是搜狐网站的域名。域名是由固定的网络域名管理组织在全球进行统一管理的，用户需到各地的网络管理机构进行申请，申请成功后才能获取域名，然后将其与网站服务器的 IP 地址绑定，访问者通过域名就可以访问服务器中的网页了。

1.1.3　网页的基本组成元素

网页是由多种元素组成的。文本和图像是网页中最基本的元素，更是网页信息的主要载体，它们在网页中起着非常重要的作用。而其他的很多元素（如超级链接等）都是基于这两种基本元素而创建的。如图 1-7 所示为网页中的文本和图像。

图 1-7　网页中的文本和图像

1．文本

因文本体积小、在网络上传输速度较快、用户可以很方便地浏览和下载，故成为了网页的主要信息载体。网页中文本的样式多变，风格不一，吸引人的网页通常都具有美观的文本样式。文本的样式可通过对网页文本的属性进行设置来调整，在后面的章节将详细讲解这方面的知识。

2．图像

图像比文本更具有生动性和直观性，它可以传递一些文本不能传载的信息，如网站标识、背景等一般都是图像。

1.1.4　认识网站

网站是多个网页的集合，按网站内容可将网站分为 5 种类型，即门户网站、企业网站、个人网站、专业网站和职能网站，下面将分别对这几种网站进行讲解。

- ➧ **门户网站**：门户网站是一种综合性网站，涉及领域非常广泛，包含文学、音乐、影视、体育、新闻和娱乐等方面的内容，且具有论坛、搜索和短信等功能。国内较著名的门户网站有新浪、搜狐和网易等。
- ➧ **企业网站**：企业网站是为展现企业形象和公司产品，以公司名义开发创建的网站，其内容、样式和风格等都为展示企业自身形象。
- ➧ **个人网站**：个人网站具有较强的个性化，是以个人名义开发创建的网站，以个性化为主。
- ➧ **专业网站**：专业网站具有很强的专业性，通常只涉及某一个领域，内容专业。如榕树下网站即是一个专业文学网站，太平洋电脑网是一个电子产品专业网站平台。
- ➧ **职能网站**：职能网站具有专门的功能，如政府职能网站等。目前逐渐兴起的电子商务网站也属于这类网站，较有名的电子商务网站有淘宝网、卓越网和当当网等。

1.2　网页制作的一般步骤

制作网页也是有一定顺序和步骤的，在此之前还需要做一些准备工作。

1.2.1　收集、整理资料

在确定了制作哪方面的网页后，需要先收集和整理与网页内容相关的文字资料、图像和动画素材等。如要制作影视网站，就需收集大量中外影片的信息以及演职人员资料等；要制作公司网站，就需收集公司信息、产品信息和企业文化等。

1.2.2　规划、创建站点

收集好资料后还需对资料进行有效管理，站点就是管理资料的场所。在创建站点之前需对站点进行规划，站点的形式有并列、层次和网状等，用户需根据实际情况选择。规划站点时，应按素材的不同种类分为几个站点，再将收集好的素材分类放置在相应站点中，然后在不同站点中将不同的素材进行细分。站点规划好后即可对其进行网页制作了。

1.2.3　制作网页

网站是由若干页面链接而成的。在制作网页时，为了方便浏览者轻松浏览网站，需注意以下几个方面。

- **页面框架的构建**：页面框架的构建是指对网页的整体布局，针对网页中的内容应将网页有条理地划分为几部分。
- **导航条**：导航条通常放置在页面的上部或左侧并且应出现在网站的各个页面中，提供各个站点的相关主题，引导浏览者有条理地浏览网站。
- **返回首页链接**：在分页页面中放置返回首页链接，以便浏览者在访问分页面后快速回到首页，并重新选择其他页面进行浏览。
- **添加网页元素**：为网页添加相应的内容，以传递网页信息给浏览者。

1.2.4　站点测试

在制作好网页后，还需对站点进行测试后才能发布站点。站点测试可根据浏览器种类、客户端要求以及网站大小要求等进行，通常是将站点移到一个模拟调试服务器上对其进行测试或编辑。测试站点的过程中应注意以下几方面：

- 监测页面的文件大小以及下载速度。
- 运行链接检查报告对链接进行测试。由于在网页制作中，各站点的重新设计、重新调整可能会使某些链接所指向的页面已被移动或删除，所以应检查站点是否有断开的链接，若有则会自动重新修复断开的链接。
- 为了使页面不支持的样式、层、插件等在浏览器中能兼容且功能正常，可进行浏览器兼容性的检查。使用"检查浏览器"行为，可自动将访问者定向到另外的页面，这样可解决在较早版本的浏览器中无法运行页面的问题。

➥ 网页布局、字体大小、颜色和默认浏览器窗口大小等是在目标浏览器检查中无法预见的，需在不同的浏览器和平台上预览页面进行查看。

📢提示：

> Dreamweaver 只对文件的最新保存执行检查，而不检查未保存的更改，所以对当前文档运行检查前，应先保存文件。通过站点报告测试可解决整个站点的问题，如无标题文档、空标签以及冗余的嵌套标签等。

1.2.5 网页发布

发布站点之前需在 Internet 上申请一个主页空间，用来指定网站或主页在 Internet 上的位置，在后面的章节中将详细讲解申请主页空间的知识。

📢提示：

> 为提高上传速度，网页发布通常使用 FTP（远程文件传输）软件上传网页到服务器中，也可使用 Dreamweaver 或 FrontPage 中的发布站点命令进行上传。

1.2.6 站点的更新与维护

站点上传到服务器后，还需对站点进行定期或不定期的更新和维护，以保持站点内容的最新和页面元素的正常。

1.3 网页制作的原则和技巧

在制作网站时还需要注意网页制作的原则，并掌握一定的技巧，使网站做得更有水平，下面分别进行介绍。

1.3.1 网页制作的基本原则

在网页制作过程中需遵循其制作原则，下面将详细讲解。

➥ **整体规划网站结构**：为能合理安排站点中的各项内容，制作网页之前需对整个站点进行有条理的规划。

➥ **新颖的站点名称**：名称对于网站来说非常重要，有创意的站名能给浏览者留下较深的印象，也有利于网站的宣传和推广。给站点取名时应基于简洁、好记并且要与站点内容相适应，此外最好还能给人耳目一新的感觉。

➥ **鲜明的主题**：标题内容不能太长太复杂，需简单明了。主题内容需要醒目抢眼，具有较强的针对性。

➥ **网页的尺寸**：为了让大多数浏览者可正常地浏览网页，在制作网页时通常需考虑满足 800×600 像素的显示屏。使用漂亮的网页背景可填充左右两侧多余的空白空间，可使 800×600 像素的网页在分辨率高的显示器中也显得较为美观。

- **动画不能过多**：动画元素虽能使网页更加生动，但动画文件通常较大，若网页中动画过多则会降低网页的下载速度，造成网页打开速度变慢甚至不能打开的情况，因此网页中的动画不宜过多。
- **导航要明朗**：网页的导航需明确，主页导航条中的链接项目不宜太多，最好只限于几个主要页面，通常用 6～8 个链接比较合适，大型网站可适当增加导航链接数量。
- **优化图像**：网页中的图片太多也会影响网页下载的速度。可以对网页中的图片进行优化，在图片大小和显示质量两个方面取得一个平衡，网页中的图像最好保持在 10KB 以下。
- **定期更新网站**：定期更新页面内容或更改主页的样式，让浏览者对网站保持一种新鲜感，以保持较高的浏览率。

1.3.2 网页基本元素的标准及使用技巧

一个完整的网站都有 Logo、Banner、文本、图像、导航栏和按钮等网页元素，这些元素被称为网页的基本元素。下面分别进行讲解。

1. Logo

Logo 即网站的标志，其制作要点如下：

- Logo 的位置通常位于网页的左上角，也可根据需要将其置于其他任何位置，一般需保证 Logo 醒目，让浏览者能很快看到。
- 站点的 Logo 虽然有动态的，但不是所有的站点都适宜用动态 Logo，且动态 Logo 的动作频率也不能太大，否则可能会适得其反。

2. Banner

Banner 即网站中的横幅广告，其标准尺寸有 468×60 像素、392×60 像素、234×60 像素、125×125 像素、120×90 像素、120×60 像素、88×31 像素及 120×240 像素等。其中，468×60 像素和 88×31 像素的 Banner 使用最多，468×60 像素的 Banner 文件大小应在 15KB 左右，而 88×31 像素的 Banner 文件大小最好在 5KB 左右。除此之外，在一些特殊场合也可使用一些非标准尺寸的 Banner，如图 1-8 所示。

图 1-8 非标准尺寸的 Banner

3. 文本

网页中最主要的元素就是文本，文本编辑操作对网页的整体起着决定作用。编辑文本时需注意以下几点：

- 文本的颜色需要能够明显地与背景区别开来，让浏览者能清楚地看到文本。
- 每行文字最好为 20～30 个汉字的长度，并注意段落的区分和缩进，以便于阅读。
- 同版面文本样式不宜过多，最好在 3 种以内。

4．图像

图像是网页中不可或缺的元素，使用图像时除了美观外，还应考虑它对网页下载速度的影响。在选择图片时应注意以下几点：

- 图像应采用淡色系列的背景，能与主题分离的则用浅色标志或文字背景。
- 图像的主题要清晰可见，所表达的含义要简单明了。
- 图像中的文字要求清晰可辨，不可出现朦胧、辨识不清的情况。

5．导航栏

导航栏按照放置的位置可分为横排和竖排两种；按照表现形式则有图像导航、文本导航和框架导航等。导航栏的制作需注意以下几点：

- 最好不用图片导航，如必须使用应减小图片大小。
- 内容丰富的网站可以使用框架导航，这样可以快速地在网站内的各栏目之间跳转，且只需下载一次导航页面。
- 在栏目不多的情况下，通常使用一排，如一般的个人网站或企业网站；如果导航栏目太多，可分两排或多排进行排列，如图 1-9 所示。

新闻	军事	评论	图片	财经	股票	基金	商业	科技	港股	概念股		汽车	购车	搜车		论坛	热帖	摄影
体育	NBA	CBA	英超	视频	热点	综艺	纪实	手机	3G	手机库		旅游	探索	彩票		博客	名博	教育
娱乐	电影	电视	音乐	女人	时尚	美容	情爱	数码	家电	笔记本		房产	家居	买房		游戏	页游	读书

图 1-9　多排导航栏

6．按钮

按钮的大小没有具体的规定，如图 1-10 所示。需注意的是，按钮要和网页的整体效果协调，不要太抢眼。一般采用背景较淡、字体较深的方式，也可采用具有较强对比度的颜色。

登　录　　搜索　　我要建馆

图 1-10　各式按钮

1.3.3　网页用色技巧

网页中合适的色彩搭配可以给浏览者留下美好的印象。色彩应用的总体原则是"总体协调，局部对比"，就是网页的整体色彩效果应该保证和谐，可以在局部的、小范围的地方使用一些对比较强烈的色彩。下面将讲解几点用色的技巧。

- 在同一页面中，可以使用相近色来设置页面中的各种元素。
- 网页中的文字与背景要求有较高的对比度，才能更加清晰地看到网页中的文字。通常用白底黑字或淡色背景深色文字。可以先确定背景色，然后在背景色的基础上加深文字的颜色以突出文字显示，并能使颜色协调。

◤ 导航栏区域通常需要将菜单背景颜色设置得较暗一些，然后通过较亮的颜色、较强烈的图形元素或独特的字体将网页内容和导航菜单区分开来。

◤ 在制作网页时，首先应从网站的类型以及网站所服务的群体对象来确定整个站点的主色调。如校园类站点可以选用绿色；新闻类站点可以选用深红色或黑色再搭配高级灰；旅游类站点可以选用草绿色搭配黄色；游戏类站点可以选用黑色；政府类站点可以选用红色和蓝色。如图 1-11 所示为青城山·都江堰风景区网站的首页，以绿色为主。

图 1-11　旅游类站点的主色调

◤ 在同一页面中，如果要在两种截然不同的色调之间过渡，需在它们中间搭配上灰色、白色或黑色，使其过渡自然。

◤ 站点 Logo 一般采用深色，并有较高的对比度，让浏览者很容易看到并加深印象。标题可以使用与网页内容差异较大的字体和颜色，也可以采用与网页内容相反的颜色来衬托。如图 1-12 所示为人民网的主页以及 Logo 图标。

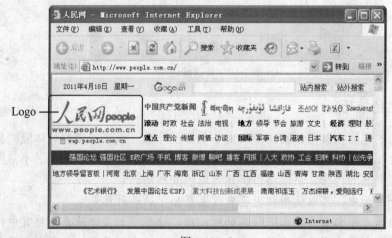

图 1-12　Logo

- 网页设计的用色也要特别关注流行色的发展。每年日本或者欧美都要发布一批流行色，这是从大量人的喜好中挑选出来的。将这种观念应用到自己的设计中去，做一个色彩方面的有心人，就会使自己的网页富有朝气，更受欢迎。

- 用色时可以先选定一种色相，然后调整饱和度或亮度产生新的色彩，这样用色的页面看起来色彩统一、有层次感。也可以先选定一种色彩，然后再选择它的对比色，使页面色彩丰富而又不花哨。还可以用一个色系，如淡蓝、淡黄、淡绿或土黄、土灰、土蓝。

- 如果是创建公司站点，还应考虑公司的企业文化、企业背景及 CI、VI 标识系统和产品的色彩搭配等。

- 如果有需要突出显示的内容，则可以采用一些鲜艳、反差大的颜色来吸引浏览者的视线，达到"万绿丛中一点红"的效果。

🔔注意：

侧栏通常用于显示附加信息，不是所有的网页都有。另外，网页底部可以考虑使用与侧栏相同或稍微淡一些的颜色。

1.4　上机及项目实训

1.4.1　浏览各类网站熟悉网站构成

本次实训将浏览各种类型的网站，通过观察不同类型网站的风格，了解网页制作的部署技巧。

操作步骤如下：

（1）启动 IE 浏览器，在地址栏中输入 "http://www.sina.com.cn/" 并按 Enter 键打开新浪网首页，观察门户网站的页面布局和各组成元素的搭配，如图 1-13 所示。

（2）在浏览器地址栏中输入 "http://www.autohome.com.cn/" 并按 Enter 键打开汽车之家首页，观察专题类网站的用色及页面版面设计，如图 1-14 所示。

图 1-13　门户网站

图 1-14　专题类网站

（3）在地址栏中输入 "http://www.taobao.com/" 并按 Enter 键打开淘宝网首页，观察交易类网站的页面布局特点及 Banner 的制作和使用，如图 1-15 所示。

（4）在地址栏中输入"http://www.tianya.cn/"并按 Enter 键打开天涯社区网站的首页，观察非主页式首页以简洁、美观为主的制作技巧，如图 1-16 所示。

图 1-15　交易类网站

图 1-16　非主页式首页

（5）单击"浏览进入"超级链接进入其主页，观察社区论坛类网站的布局和用色技巧，如图 1-17 所示。

（6）在地址栏中输入"http://www.chinagwy.org/"并按 Enter 键打开国家公务员网站首页，观察政府类网站的用色及布局方式，如图 1-18 所示。

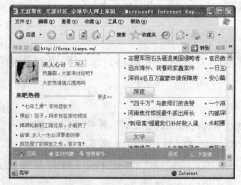

图 1-17　社区论坛类网站

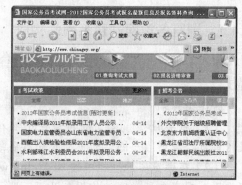

图 1-18　政府类网站

1.4.2　注册电子邮箱熟悉网页基本元素

通过注册电子邮箱，熟悉网页中的文字、图像、超级链接、表单、按钮等基本组成元素的作用和应用方式，为后面的学习做好准备。

本练习可结合立体化教学中的视频演示进行学习（立体化教学\视频演示\第 1 章\注册电子邮箱熟悉网页基本元素.swf）。主要操作步骤如下：

（1）启动 IE 浏览器，在地址栏中输入"http://email.163.com"并按 Enter 键进入网易邮箱首页，观察登录页面各种网页元素的设计后单击"立即注册"超级链接进入注册页面，如图 1-19 所示。

（2）在打开的注册页面中按照提示填写或选择各种注册信息，填写完后单击 创建帐号 按钮提交信息，如图 1-20 所示。

图 1-19 网易邮箱首页

图 1-20 填写表单

注意：

在输入邮箱用户名时需单击后面的 检测 按钮检测申请的账号是否已经被其他人注册，如果已有人注册将不能使用，只能重新输入其他用户名，这也是网页制作中表单的一项重要功能。

（3）在打开的验证页面中按提示在文本框中输入验证信息，单击 确定 按钮提交。

（4）在打开的"注册成功"页面中显示了注册的重要信息，牢记后关闭页面完成注册，这时可打开邮箱登录页面进行登录。

1.5 练习与提高

（1）浏览不同的网站，观察其用色技巧和各种元素之间的色彩搭配情况。

（2）通过在网上搜索，收集一些制作网页的文字资料和图片资料，以在后面制作网页时使用。

提示：收集资料时需先确定自己需要做哪种类型的网站，做好网站规划，才能有的放矢。

经验技巧 几点学习网页制作的方法

学习网页制作是一个循序渐进的过程，要学好网页制作，除了勤学多练，还需要具有一定的审美能力。下面总结几点学习网页制作的方法和技巧：

➥ 学习网页制作时，应先从最简单的网页入手，由易到难、循序渐进，最好边学习理论知识边实际操作，提高学习兴趣，达到理论与实践相结合的目的。

➥ 制作网页不能闭门造车，需分析和借鉴优秀的网站，对某些可用的元素可直接调用。但也不能一味地借鉴模仿，要学会创新，尝试各种制作方法。

➥ 在学习网页制作的初期应注重网页设计基础操作，待有一定网页设计基础后，再学习一些编程语言（如 DHTML、JavaScript 和 ASP 等）提升自己的制作水平，并增强网页动态效果。

➥ 网页制作的后期工作不容忽视，网页制作完成后，调试和预览是一个非常重要的环节，这关系到网站能否正常显示。

第2章 页面基本操作及站点管理

学习目标

☑ 掌握网页制作工具 Dreamweaver CS3 的启动、退出及自定义工作界面操作
☑ 使用 Dreamweaver CS3 创建、打开、预览、保存和设置页面
☑ 能够合理规划站点
☑ 通过 Dreamweaver CS3 创建站点
☑ 能够轻松管理站点

目标任务&项目案例

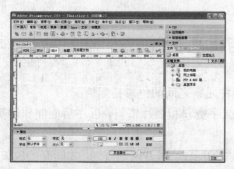

Dreamweaver CS3 工作界面

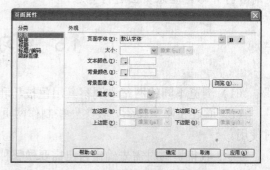

设置页面属性

管理站点

删除站点

站点中的文件和文件夹

　　使用 Dreamweaver 制作网页可以达到所见即所得的网页效果，在使用前还需要先熟悉其操作界面。站点是管理网页文档的场所，本章除了介绍 Dreamweaver CS3 相关知识，还将介绍站点的规划、创建以及对站点的管理和操作，让读者能够通过学习熟练操作站点，利用站点做好网页文档的管理。

2.1　认识 Dreamweaver CS3

Dreamweaver CS3 是由 Adobe 公司出品的一款网页设计专业软件，使用它可以快速、轻松地完成网站设计、开发和维护的全过程。下面就来认识一下 Dreamweaver CS3。

2.1.1　启动 Dreamweaver CS3

安装好 Dreamweaver CS3 后，即可使用它进行网页设计了。启动 Dreamweaver CS3 的方法有许多种，其中常用的有以下两种。

- ➥ **从"开始"菜单启动**：选择"开始/所有程序/Adobe Design Premium CS3/Adobe Dreamweaver CS3"命令启动，如图 2-1 所示。
- ➥ **通过快捷方式启动**：双击桌面上的 Dreamweaver CS3 快捷方式图标，可快速启动 Dreamweaver，如图 2-2 所示。

图 2-1　从"开始"菜单启动

图 2-2　通过快捷方式启动

◀》提示：

第一次启动 Dreamweaver CS3 时，将打开"默认编辑器"对话框，在其中选择需要的设计类型后，单击 确定 按钮即可启动 Dreamweaver CS3，如图 2-3 所示。

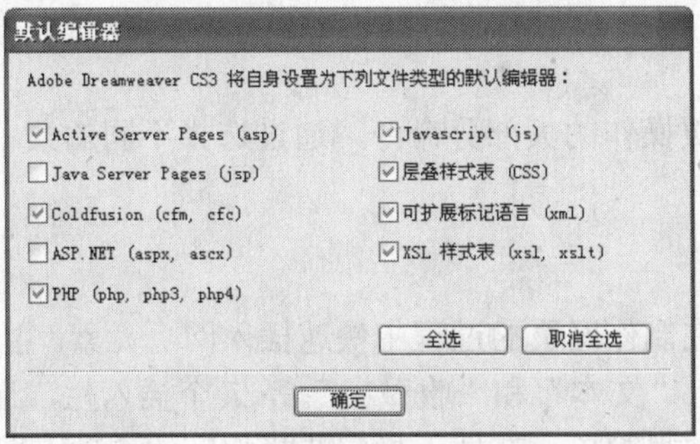

图 2-3　"默认编辑器"对话框

2.1.2 退出 Dreamweaver CS3

完成网页文档的编辑以后，需要退出 Dreamweaver CS3。退出 Dreamweaver CS3 的方法有很多种，通常的方法主要有如下两种。

➥ **通过按钮退出**：单击窗口右上角的"关闭"按钮 ⊠ 退出 Dreamweaver CS3。

➥ **通过菜单命令退出**：在 Dreamweaver 工作界面中选择"文件/退出"命令退出 Dreamweaver CS3。

2.1.3 Dreamweaver CS3 的工作界面

启动 Dreamweaver CS3 后，新建或打开一个网页文档即可进入其工作界面，如图 2-4 所示。

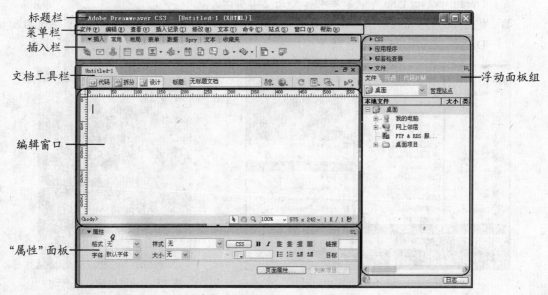

图 2-4　Dreamweaver CS3 工作界面

1．标题栏

标题栏用于显示当前操作文档的标题，并可通过右边的窗口控制按钮进行窗口的大小切换及关闭窗口等操作。

2．菜单栏

菜单栏中集合了网页操作的大部分命令，通过选择不同的菜单命令可以进行文档及窗口的各种操作。

3．插入栏

插入栏可方便用户在制作网页的过程中快速插入网页元素。主要包括"常用"、"布局"、"表单"、"数据"、Spry、"文本"和"收藏夹"等 7 个插入栏，通常默认显示"常用"插入栏。切换插入栏的方法很简单，在插入栏中选择相应的选项卡即可。如图 2-5 所示为选择"布局"选项卡后的插入栏。

图 2-5 "布局"插入栏

技巧：

除了通过插入栏来插入各种网页元素，也可通过"插入记录"菜单来插入。

4．文档工具栏

文档工具栏用于切换或关闭当前打开的文档，以及工作布局切换、文件管理、设置和显示文档标题、文档的预览、检查浏览器兼容性和设置视图选项等操作，如图 2-6 所示。

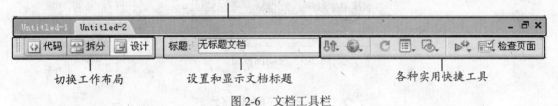

图 2-6 文档工具栏

5．编辑窗口

编辑窗口是进行网页编辑的主要区域，通过文档工具栏中工作布局的切换，编辑窗口中的显示方式会有所不同，在"设计"视图下，可以进行可视化的网页编辑；而在"代码"视图下则显示为网页代码，可进行代码编辑；在"拆分"视图下则同时显示两种不同的视图方式，如图 2-7 所示。

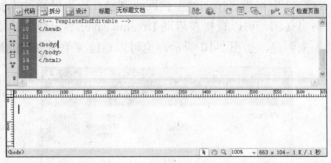

图 2-7 "拆分"视图下的编辑窗口

6．"属性"面板

"属性"面板用于查看和设置所选对象的各种属性。单击其右下角的 ▽ 按钮可打开其他的设置项目，此时 ▽ 按钮变为 △ 按钮，再单击该按钮可将其还原，如图 2-8 所示。

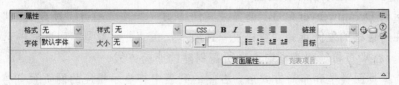

图 2-8 "属性"面板

选择不同对象，其"属性"面板也有所不同，面板中的设置项目和参数类型也不同。

7. 浮动面板组

浮动面板组位于编辑窗口右侧，是浮动面板的集合。浮动面板组是站点管理、事件添加等操作的场所，在浮动面板组中单击所需面板栏的 ▶ 图标可展开该面板。展开面板后原来的 ▶ 图标变为 ▼ 形状，单击 ▼ 图标则关闭该面板，只显示其名称，如图2-9所示。若需显示其他浮动面板，可选择"窗口"菜单中的相应命令。

图 2-9　浮动面板组

2.2　页面的操作

启动 Dreamweaver 后即可执行创建、打开或保存页面操作了，其操作与其他常用软件类似，下面分别进行讲解。

2.2.1　创建新页面

在 Dreamweaver CS3 中可以直接创建空白网页文档，也可以通过模板创建有格式的网页文档。创建空白网页文档，可以直接在启动 Dreamweaver 后出现的起始界面中单击"新建"栏中的相应选项来创建，如图2-10所示，也可以通过菜单命令来创建。

图 2-10　直接创建页面

【例2-1】　通过菜单命令创建网页文档。

（1）启动 Dreamweaver CS3，选择"文件/新建"命令，打开"新建文档"对话框。

（2）在对话框的左侧选择"空白页"选项卡，在"页面类型"列表框中选择所需创建的网页类别，在"布局"列表框中选择所需创建的布局方式。

（3）选择页面类型和布局方式后，右侧的列表中将显示相应的网页预览样式，确认后

单击 创建(R) 按钮完成新页面的创建，如图 2-11 所示。

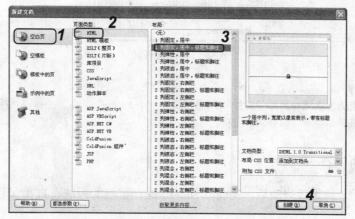

图 2-11　"新建文档"对话框

2.2.2　打开已有的网页

若要对已有的网页进行编辑，需在 Dreamweaver 中打开该网页文档。打开文档的方式是在 Dreamweaver CS3 窗口中选择"文件/打开"命令，打开"打开"对话框，在"查找范围"下拉列表框中选择需打开网页的位置，选中该网页后单击 打开(O) 按钮即可在 Dreamweaver 中打开此文件，如图 2-12 所示。

图 2-12　"打开"对话框

2.2.3　预览网页效果

在 Dreamweaver 中对网页进行编辑后，可在浏览器中预览其效果。其方法为：单击文档工具栏中的 按钮，在弹出的菜单中选择"预览在 IExplore"命令，如图 2-13 所示，Dreamweaver 将启动 IE 浏览器，并在浏览器中显示网页效果。

图 2-13　预览网页

技巧：

预览网页效果的方法还有选择"文件/在浏览器中预览/IExplore"命令，也可以直接按 F12 键进行预览，但在预览前都需要先保存网页文档。

2.2.4　网页的保存

对文档进行了编辑或修改后，需将其保存。保存文档的方法有直接保存和另存为两种方式。

1．直接保存

直接保存可按 Ctrl+S 键或选择"文件/保存"命令。如果需保存的文档已经存在，选择"保存"命令时将直接保存在文档原来的位置。如果保存的是新建文档，则保存时会打开"另存为"对话框。在"保存在"下拉列表框中选择文档的保存位置，在"文件名"下拉列表框中输入文档的名称，然后单击 保存(S) 按钮，完成文档的保存，如图 2-14 所示。

图 2-14　"另存为"对话框

2．另存为

如果对打开的文档进行编辑后，想以另外的名称保存或想保存在其他位置时，可对文档进行另存操作。其方法为：选择"文件/另存为"命令，打开"另存为"对话框，然后按新文档的保存方法进行保存即可。

注意：

在保存网页文档时，不要在文件名和文件夹名中使用特殊符号或空格，也不要使用中文名称，否则在上传文件时会导致服务器与文件的链接中断。

2.2.5 页面设置

页面设置即页面属性设置，如页面的外观、链接和标题等设置。在 Dreamweaver CS3 中新建或打开一个页面，单击"属性"面板中的 页面属性... 按钮或选择"修改/页面属性"命令，打开"页面属性"对话框，在该对话框中可进行各种设置。

1. 外观

打开"页面属性"对话框时，对话框默认为外观设置，如图 2-15 所示。在该对话框中设置好各参数后单击 应用(A) 按钮即可使设置生效。

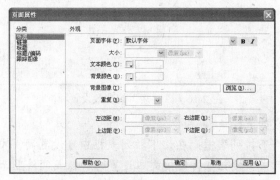

图 2-15 "页面属性"对话框

其中部分参数的含义如下。

➥ **"页面字体"下拉列表框**：可在该下拉列表框中选择网页中字体的类别。

➥ **"大小"下拉列表框**：可在该下拉列表框中选择网页中字体的大小，也可直接在其中输入字体的大小。

➥ **"文本颜色"文本框**：单击"文本颜色"后的 按钮打开颜色列表，在列表中可选择设置文本的颜色。也可直接在后面的文本框中输入十六进制的颜色代码。

➥ **"背景颜色"文本框**：单击"背景颜色"后的 按钮，在弹出的颜色列表中可选择设置页面背景的颜色，其操作方法与设置文本颜色的方法相同。

➥ **"背景图像"文本框**：在制作网页的过程中，还可以为网页添加背景图像。单击"背景图像"文本框后的 浏览... 按钮，弹出"选择图像源文件"对话框，在该对话框中可选择需要设置为页面背景的图像。

🔔**注意：**

要设置页面背景需要创建相应的站点，且如果网页中需要的图片没有在站点文件夹中，则需要将图片文件保存到站点相应的文件夹中，否则页面可能显示不正常或在上传站点时不能将该图片上传，从而导致图片不能正常显示。关于站点的知识将在本章后面讲解。

➥ **"左边距"、"右边距"、"上边距"和"下边距"文本框**：输入相应的数据可设置文本与浏览器左、右、上、下边界的距离。

📢**提示：**

在每个边距设置文本框中输入数值后将激活 像素(px) 下拉列表框，可从中选择边距的单位。

2. 链接

在"页面属性"对话框的"分类"列表框中选择"链接"选项，右侧将显示"链接"的参数设置项，如图2-16所示。

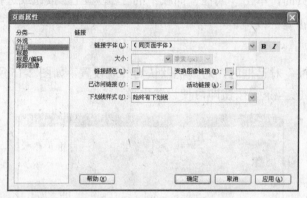

图2-16 "链接"的参数设置项

其中各参数的含义如下。

- ➦ **"链接字体"下拉列表框**：在该下拉列表框中可设置网页中链接文本的字体，单击其右侧的 **B** 或 **I** 按钮可将链接文本设置为加粗或倾斜显示。
- ➦ **"大小"下拉列表框**：在该下拉列表框中可选择链接文本的字体大小，也可在该文本框中直接输入所需的字体大小。
- ➦ **"链接颜色"文本框**：用于设置链接文本的颜色。
- ➦ **"变换图像链接"文本框**：用于设置滚动链接的颜色。
- ➦ **"已访问链接"文本框**：用于设置访问后的链接文本的颜色。
- ➦ **"活动链接"文本框**：用于设置正在访问的链接文本的颜色。
- ➦ **"下划线样式"下拉列表框**：在该下拉列表框中可设置链接对象的下划线样式。

3. 标题

在"页面属性"对话框的"分类"列表框中选择"标题"选项，右侧将显示"标题"的参数设置项，如图2-17所示。

图2-17 "标题"的参数设置项

其中各参数的含义如下。

- **"标题字体"下拉列表框：**在该下拉列表框中可设置页面标题的字体。
- **标题 1～标题 6：**在相应的下拉列表框中选择各级标题的字体大小，也可在其中直接输入所需的字体大小；单击其后的█按钮可设置标题文本的颜色。

4. 标题/编码

在"页面属性"对话框的"分类"列表框中选择"标题/编码"选项，右侧将显示"标题/编码"的参数设置项，如图 2-18 所示。可通过其中的文本框和下拉列表框设置文档的标题、文档类型、编码类型及标准化表单类型。

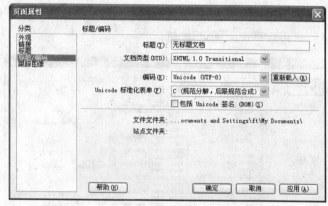

图 2-18　"标题/编码"的参数设置项

📣**提示：**

网页标题也可在 Dreamweaver 窗口文档工具栏的"标题"文本框中进行设置。

5. 跟踪图像

在"页面属性"对话框的"分类"列表框中选择"跟踪图像"选项，右侧将显示"跟踪图像"的参数设置项，如图 2-19 所示。在该对话框中设置好各项参数后，单击 应用(A) 按钮即可使设置生效。

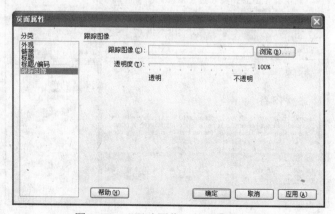

图 2-19　"跟踪图像"的参数设置项

其中各参数的含义如下。

- **"跟踪图像"文本框**：指定用作复制设计时的参考图像。
- **"透明度"滑块**：设置跟踪图像的透明程度，可通过鼠标拖动滑块进行设置，透明度为 0 时为完全透明，透明度为 100%时为完全不透明。

2.2.6 应用举例——创建页面并设置页面属性

本例将启动 Dreamweaver CS3，创建一个空白页文档并保存为 index.html，然后设置其页面属性。

操作步骤如下：

（1）启动 Dreamweaver CS3，选择"文件/新建"命令，打开"新建文档"对话框，按照如图 2-20 所示进行选择后单击 创建(R) 按钮。

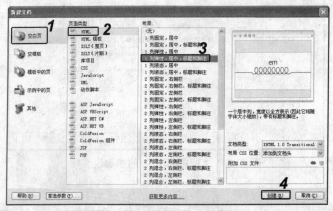

图 2-20 新建文档

（2）选择"文件/保存"命令，打开"另存为"对话框，在"保存在"下拉列表框中选择保存位置，输入文件名"index.html"，单击 保存(S) 按钮保存文档。

（3）在新建的文档窗口中单击"属性"面板中的 页面属性 按钮，如图 2-21 所示。

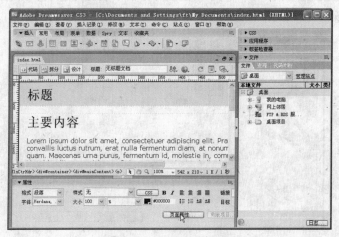

图 2-21 新建文档窗口

（4）在打开的"页面属性"对话框中设置各项外观参数。

（5）在"分类"列表框中选择"链接"选项，设置各项链接参数，并依次进行"标题"、"标题/编码"和"跟踪图像"等参数的设置，完成后单击 应用(A) 按钮应用设置，并单击 确定 按钮关闭对话框。

（6）设置完后按 Ctrl+S 键保存文档，按 F12 键在预览器中预览网页，效果如图 2-22 所示。

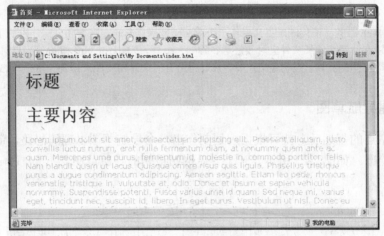

图 2-22　浏览网页

（7）选择"文件/退出"命令，退出 Dreamweaver CS3。

2.3　规　划　站　点

站点是管理网页文档的场所，有了站点，才能更好地管理和制作网站，而在进行站点创建前，还需要进一步了解站点的概念并进行一系列的规划。

2.3.1　站点的概念

多个网页文档通过各种链接关联起来就构成了一个站点，站点可以小到一个网页，也可以大到整个网站。站点用于存放用户网页、素材等本地文件夹，用户工作的目录与网页关联的所有文件（如图片、Flash 动画）都必须存放在站点目录中。

2.3.2　规划站点结构

设计站点的必要前提是规划站点结构。规划站点结构是指利用不同的文件夹将不同的网页内容分门别类地保存，合理地组织站点结构，可以提高工作效率，加快对站点的设计。

在制作站点时通常先在本地磁盘上创建一个文件夹，将所有在制作过程中创建和编辑的网页内容都保存在该文件夹中。在发布站点时，直接将这些文件夹上传到 Web 服务器上即可。如果站点内容较多或站点较大，则还需建立子文件夹以存放不同类型的网页内容。

在站点规划过程中，需使用合理的文件名称和文件夹名称，好的名称容易理解、记忆，能够表达出网页的内容。通常在命名时，可以采用与其内容相同的英文或拼音进行命名，应避免使用长文件名和中文，如电影文件夹可以命名为 movie 或 dianying。

制作网页所需的图片或动画等文件的存放位置也是规划站点结构时应考虑的。如果是大型站点，可分别创建相应的文件夹在各个类别的文件夹下，如在站点根目录下创建一个名称为 picture 的文件夹用以存放主页中用到的图片和动画。如果站点内容较少，可以只在站点的根目录下创建一个文件夹。

🔔注意：

> 由于很多 Web 服务器使用的是英文操作系统或 UNIX 操作系统，在 UNIX 操作系统中是要区分大小写的，所以在命名文件和文件夹时要注意名称的大小写，如 music.htm 和 music.HTM 会被 Web 服务器视为两个不同的文件。在构建站点时，最好将所有的文件和文件夹都统一用小写的英文字母命名。

2.3.3　创建导航草图

做好了站点的规划后，就可根据规划制作出一个导航草图以理清思路，制作时可直接在纸上粗略绘出。如图 2-23 所示是一个音乐网站最初的导航草图。

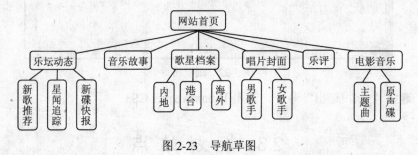

图 2-23　导航草图

2.4　创建与管理站点

站点是网页文档存放的地方，也是管理网页文档的重要场所。做好准备工作后便可进行站点的创建。

2.4.1　创建站点

Dreamweaver 中创建站点的方法有很多，可以通过菜单命令创建，也可以通过"文件"浮动面板进行创建。

【例 2-2】　通过菜单命令创建 music 站点。

（1）启动 Dreamweaver CS3 后，选择"站点/新建站点"命令打开"未命名站点 2 的站点定义为"对话框，如图 2-24 所示。

（2）在"基本"选项卡的"您打算为您的站点起什么名字？"文本框中输入站点名称，如输入"music"，单击 下一步(N) > 按钮，如图 2-25 所示。

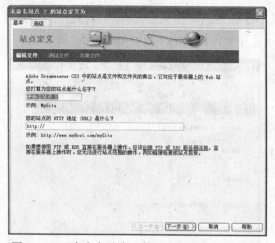

图2-24　"未命名站点2的站点定义为"对话框

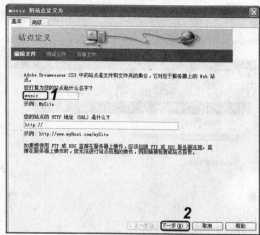

图2-25　输入站点名称

（3）在打开的界面中选中 ⊙否，我不想使用服务器技术。（O） 单选按钮，设置该站点为一个静态站点，单击 下一步(N) 按钮，如图2-26所示。

（4）在打开的界面中选中 ⊙编辑我的计算机上的本地副本，完成后再上传到服务器（推荐）（E）单选按钮，设置在开发过程中使用文件的方式。

（5）在"您将把文件存储在计算机上的什么位置？"文本框中输入本地站点存储的位置，如输入"F:\music"；也可单击 ▭ 按钮，在打开的对话框中选择站点的存储位置，设置好后单击 下一步(N) 按钮，如图2-27所示。

📢提示：

直接输入站点存储位置时，即使电脑中还没有创建相应的文件夹，Dreamweaver也会自动在相应位置创建一个文件夹以存放站点文件。

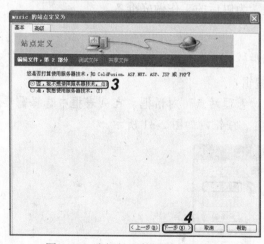

图2-26　选择是否使用服务器技术

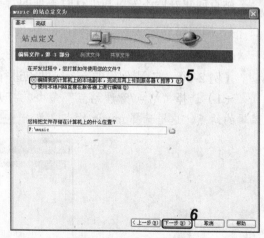

图2-27　设置存储路径

（6）在打开界面的"您如何连接到远程服务器？"下拉列表框中选择"无"选项，单击 下一步(N) 按钮，如图2-28所示。

（7）打开如图 2-29 所示的界面，其中显示了该站点的相关信息，单击 完成(D) 按钮完成本地站点的定义。此时"文件"浮动面板下将可看见创建的站点，如图 2-30 所示。

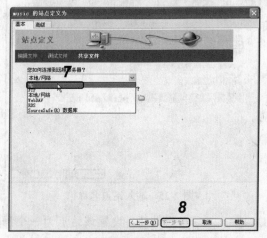

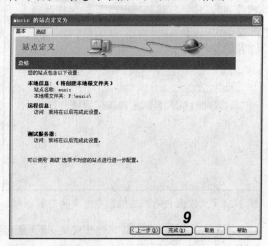

图 2-28　选择连接服务器的方式　　　　　图 2-29　完成站点创建

图 2-30　创建的站点

2.4.2　管理站点

站点创建好后还需对其进行有条理的管理，为以后的工作做好准备。

1．编辑站点

创建好站点后，如果还需要对某些选项进行修改，可重新对站点进行编辑。

【例 2-3】　对刚创建的 music 站点进行编辑。

（1）选择"站点/管理站点"命令，打开"管理站点"对话框，在列表框中选择需要编辑的站点，这里选择 music 站点，单击 编辑(E)... 按钮，如图 2-31 所示。

图 2-31　"管理站点"对话框

（2）打开"music 的站点定义为"对话框，在该对话框中可像创建站点的操作一样对站点进行编辑，也可选择"高级"选项卡，通过选择左侧"分类"列表框中的选项，然后在右侧进行相应的更改设置，如图 2-32 所示。

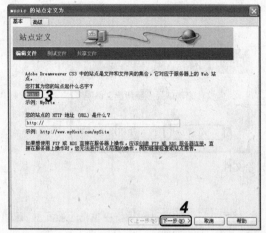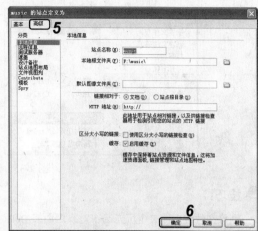

图 2-32　"基本"选项卡和"高级"选项卡

（3）设置完成后，单击 确定 按钮即可保存所作的修改。

2．添加文件夹或文件

一个站点中通常需要不止一个文件夹以分类存放站点文件，除了可以在"我的电脑"窗口中添加文件和文件夹外，还可以直接在站点中进行添加。

【例 2-4】　在 music 站点中添加新文件夹。

（1）展开"文件"面板，选中所需站点，单击鼠标右键，在弹出的快捷菜单中选择"新建文件夹"命令，如图 2-33 所示。

（2）Dreamweaver 将自动在站点根目录下创建一个新的文件夹，输入文件夹名称，如输入"pic"，按 Enter 键或单击其他位置即可，如图 2-34 所示。

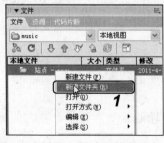

图 2-33　选择"新建文件夹"命令　　　　图 2-34　新建文件夹

◁》提示：

新建文件与新建文件夹的方法基本相同，只需在弹出的快捷菜单中选择"新建文件"命令，即可创建一个后缀名为.html 的文件，用户也可以重新输入后缀名以更改文件类型。

3．删除文件或文件夹

若不再使用站点中的某个文件或文件夹，可将其删除。选中需删除的文件或文件夹，单击鼠标右键，在弹出的快捷菜单中选择"编辑/删除"命令，在弹出的对话框中单击 是(Y) 按钮即可将其删除，如图 2-35 所示。

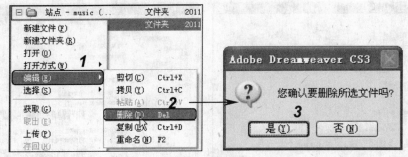

图 2-35　删除文件

✍技巧：

删除文件或文件夹也可先选中对象之后按 Delete 键，然后在打开的确认对话框中单击 是(Y) 按钮即可快速删除。

4．重命名文件或文件夹

选中需重命名的文件或文件夹并单击鼠标右键，在弹出的快捷菜单中选择"编辑/重命名"命令，使文件或文件夹的名称呈可编辑状态，此时在可编辑的名称框中输入新名称即可。

✍技巧：

选中需重命名的文件或文件夹，按 F2 键可快速进入改写状态；选中文件或文件夹后再单击其名称也可使其名称呈改写状态。

5．编辑文件

在站点文件列表中选择需要编辑的文件，在其图标上双击即可在 Dreamweaver 中打开该文件并进入编辑窗口进行编辑。

6．删除站点

若某个站点已无须再操作，可将其从站点列表框中删除。

【例 2-5】　删除不需要操作的 music 站点。

（1）选择"站点/管理站点"命令，打开"管理站点"对话框，在左侧列表框中选中要删除的站点，单击 删除(R) 按钮，如图 2-36 所示。

（2）这时会弹出一个警告对话框，提示执行该操作后将不能撤销，单击 是(Y) 按钮确认删除，如图 2-37 所示。

🔊提示：

在"管理站点"对话框中删除站点只是删除 Dreamweaver 同本地站点的连接关系，并没有从硬盘上删除相应的文件和文件夹。用户还可以单击"管理站点"对话框中的 新建(N)… 按钮，在弹出的菜单中选择"站点"命令重新创建站点。

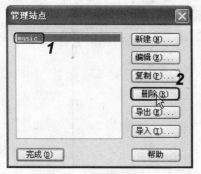

图 2-36　执行删除操作

图 2-37　确认删除

2.4.3　站点的导入和导出

通过站点的导入和导出操作，可以保存站点配置或在其他电脑中进行站点操作。

1. 导出站点

可以将站点定义导出为独立的 XML 文件，其后缀名为.ste，是 Dreamweaver 站点的定义专用文件。

【例 2-6】　导出 music 站点。

（1）在"文件"面板的文件夹下拉列表框中选择"管理站点"命令，打开"管理站点"对话框，如图 2-38 所示。

（2）在站点列表框中选中要导出的站点，单击 导出(E)... 按钮，如图 2-39 所示。

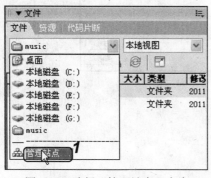

图 2-38　选择"管理站点"命令

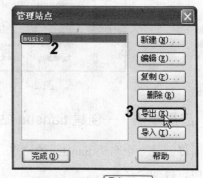

图 2-39　单击 导出(E)... 按钮

（3）在打开的"导出站点"对话框中设置导出文件的保存位置并输入导出文件的名称，单击 保存(S) 按钮完成导出，如图 2-40 所示。

2. 导入站点

导入站点的操作很简单，只需在"管理站点"对话框中单击 导入(I)... 按钮，在打开的"导入站点"对话框中选择需要导入的站点文件，再单击 打开(O) 按钮，即可完成站点的导入，如图 2-41 所示。

图 2-40 "导出站点" 对话框

图 2-41 "导入站点" 对话框

2.4.4 应用举例——创建 tianshu 站点

下面将创建一个名为 tianshu 的站点。

操作步骤如下：

（1）选择"站点/管理站点"命令，打开"管理站点"对话框，单击 新建(N)... 按钮，在弹出的菜单中选择"站点"命令，如图 2-42 所示。

（2）打开"未命名站点 2 的站点定义为"对话框，在"您打算为您的站点起什么名字？"文本框中输入站点名称"tianshu"，单击 下一步(N) > 按钮。

（3）在打开的界面中选中 是，我想使用服务器技术。(Y) 单选按钮，在"哪种服务器技术？"下拉列表框中选择 JSP 选项，如图 2-43 所示，单击 下一步(N) > 按钮。

（4）在打开的界面中选中 在本地进行编辑和测试（我的测试服务器是这台计算机）(E) 单选按钮，在"您将把文件存储在计算机上的什么位置？"文本框中输入本地站点存储的位置"F:\tianshu\"，单击 下一步(N) > 按钮，如图 2-44 所示。

图 2-42　新建站点

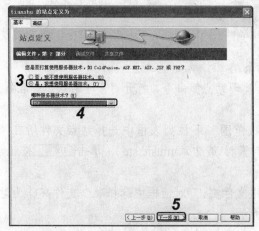

图 2-43　使用服务器技术

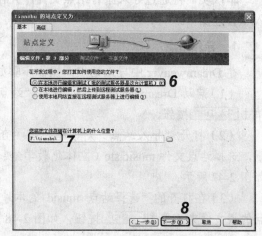

图 2-44　指定文件存储位置

（5）在打开界面中的"您应该使用什么 URL 来浏览站点的根目录？"文本框中输入所需的 URL，如输入"http://localhost/"，如图 2-45 所示。

（6）单击 下一步(N) > 按钮，在打开的界面中选中 否(O) 单选按钮，如图 2-46 所示。再单击 下一步(N) > 按钮，在打开的界面中将显示站点信息，单击 完成(D) 按钮返回"管理站点"对话框。

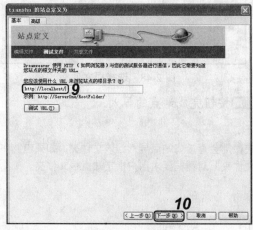

图 2-45　指定 URL

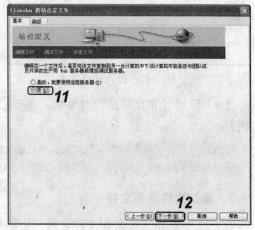

图 2-46　选择不使用远程服务器

（7）此时"管理站点"对话框左侧列表框中将显示新建的站点，单击 完成(D) 按钮完成站点的创建。

2.5 上机及项目实训

2.5.1 管理站点

本次实训将通过导入原有站点文件，并在该站点中创建文件夹和文件，练习站点的导入和管理操作。

1. 导入站点

在 Dreamweaver 中导入站点，操作步骤如下：

（1）启动 Dreamweaver CS3，选择"站点/管理站点"命令，打开"管理站点"对话框，单击 导入(I)... 按钮。

（2）打开"导入站点"对话框，在"查找范围"下拉列表框中选择站点文件所在位置，选择站点文件 music.ste（立体化教学:\实例素材\第 2 章\music.ste），单击 打开(O) 按钮，如图 2-47 所示。

（3）在打开的"选择站点 music 的本地根文件夹:"对话框中选择一个文件夹作为站点的根文件夹，单击 选择(S) 按钮，如图 2-48 所示。

图 2-47　导入站点

图 2-48　选择根文件夹

（4）返回"管理站点"对话框，单击 完成(D) 按钮完成站点的导入。

提示:

导入站点时，如果电脑中有创建站点相应的文件夹，则会直接将站点导入到该文件夹，如果电脑中不存在该文件夹，则会打开"选择站点的本地根文件夹"对话框要求用户指定站点根文件夹。

2. 添加文件夹和文件

在站点中添加文件夹和文件，操作步骤如下：

（1）在"文件"面板的"文件"选项卡中选中导入的站点，单击鼠标右键，在弹出的快捷菜单中选择"新建文件夹"命令，如图 2-49 所示。

（2）在新建文件夹的名称文本框中输入文件夹名称"dongtai"，并按 Enter 键确认，如图 2-50 所示。

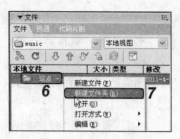

图 2-49　新建文件夹

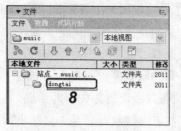

图 2-50　输入文件夹名称

（3）用相同的方法新建其余文件夹，完成后效果如图 2-51 所示。

（4）在站点根目录上单击鼠标右键，在弹出的快捷菜单中选择"新建文件"命令，并将其命名为 index.html，如图 2-52 所示。

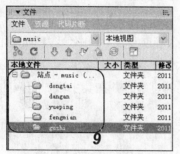

图 2-51　创建多个文件夹

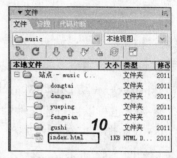

图 2-52　新建文件

2.5.2　设置页面属性

利用前面所学页面属性设置知识，将上面新建的文件进行页面设置，以熟悉页面设置的操作方法，效果如图 2-53 所示。

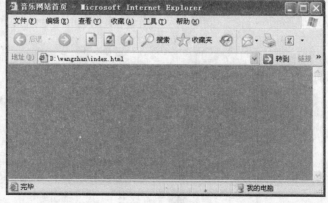

图 2-53　预览效果

本练习可结合立体化教学中的视频演示进行学习（立体化教学:\视频演示\第 2 章\设置页面属性.swf）。主要操作步骤如下：

（1）在站点目录下双击 index.html 文件，打开编辑窗口，单击"属性"面板中的 [页面属性...] 按钮打开"页面属性"对话框。

（2）分别设置外观相关的页面字体、大小、文本颜色、背景颜色等属性。

（3）选择"分类"列表框中的"链接"选项，并设置各种链接属性。

（4）再分别设置"标题"、"标题/编码"和"跟踪图像"各项页面属性，完成后单击 [确定] 按钮应用设置并关闭对话框。

（5）按 F12 键执行预览，在弹出的询问对话框中单击 [是(Y)] 按钮保存文档，系统将启动 IE 浏览器，并在浏览器窗口中显示页面效果（由于网页中没有任何对象，只能预览到页面背景颜色的变化）。

2.6 练习与提高

（1）规划并构思一个文学站点，然后创建一个导航草图，其中包含网页各栏目的规划，注意站点名称和各频道的名称，要能体现文学网站的书香气息。

（2）规划好站点后启动 Dreamweaver CS3，创建站点并在其中添加相应的文件夹和文件，注意子文件夹下也可以再新建文件和文件夹。

（3）打开"岳阳楼记"网页（立体化教学:\实例素材\第 2 章\页面设置\），设置其页面属性，参考效果如图 2-54 所示（立体化教学:\源文件\第 2 章\页面设置\）。

提示：可将 BEIJING.jpg 图像作为背景。本练习可结合立体化教学中的视频演示进行学习（立体化教学:\视频演示\第 2 章\岳阳楼记页面设置.swf）。

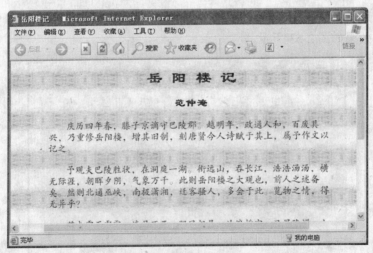

图 2-54　设置效果

 页面设置与站点管理相关知识

　　本章从 Dreamweaver 基础知识讲解到页面的操作、站点的创建和管理，知识量比较大，但都比较简单，主要需掌握页面的设置和站点相关知识，这里总结以下几点以供参考：

- 如果只是修改或制作少量简单网页，直接通过 Dreamweaver 创建和编辑即可，不用单独创建站点，如果需要制作一个系统的网站，则必须创建站点。
- 删除文件和文件夹不像删除站点，站点删除后原位置的文件夹还在，但是删除了文件或文件夹将直接删除原位置的文件和文件夹。
- 在站点中选择文件和文件夹时也可以借助 Ctrl 键和 Shift 键选择多个对象。

第 3 章　网页文本应用

学习目标

- ☑ 能够插入各种格式的文本
- ☑ 掌握设置文本格式的方法
- ☑ 创建列表并设置列表属性
- ☑ 用 CSS 样式设置文本
- ☑ 熟练掌握 CSS 样式的创建、编辑和应用方式

目标任务&项目案例

编号列表　　　　　　　项目列表

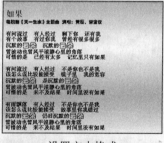

设置文本格式

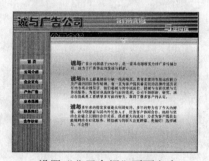

美化网页文本　　　　　　设置"公司介绍"页面文本

　　文本是网页传递信息的重要载体之一，也是网页中不可缺少的重要元素。文本的样式将会影响到网页的整体外观，因此在网页中插入和设置文本格式是至关重要的。本章将讲解在网页中插入文本的方法及文本的格式设置，包括基本样式、段落样式的设置等。另外，还将讲解利用 CSS 样式设置文本，使文本设置简单化，以达到在制作网页的过程中灵活运用文本的目的。

3.1 插入文本

文本是网页中最常见、运用最广泛的元素之一。内容丰富、信息量大的网站必然会使用大量的文本。在网页中插入文本与在 Word 等文字处理软件中添加文本一样方便，可以直接输入，也可从其他文档中复制，还可以插入水平线和特殊字符等。下面将详细讲解在网页中插入文本的方法。

3.1.1 "文本"插入栏

"文本"插入栏可以很方便地插入文本。选择插入栏的"文本"选项卡可将插入栏切换到"文本"插入栏，如图 3-1 所示。

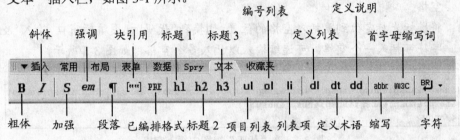

图 3-1 "文本"插入栏

3.1.2 插入普通文本

在 Dreamweaver 中为网页插入文本有两种方法：一是直接输入文本，二是从其他文档复制文本。下面将分别进行讲解。

> ➥ **直接输入文本**：在网页文档中，将鼠标光标定位在需插入文本的位置，切换到所需的输入法即可进行文本的输入，如图 3-2 所示。

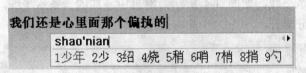

图 3-2 输入文本

> ➥ **从其他文档中复制文本**：在其他文档中选中所需复制的文本，单击鼠标右键，在弹出的快捷菜单中选择"复制"命令，然后将光标定位到网页中需插入文本的位置，单击鼠标右键，在弹出的快捷菜单中选择"粘贴"命令即可完成文本的插入。

✍技巧：

同其他软件一样，选择文本后，也可按 Ctrl+C 键复制文本，然后在需要插入文本的位置按 Ctrl+V 键粘贴文本。

3.1.3 插入不换行空格

在 Word 等文字编辑软件中添加空格，只需按 Space 键（空格键）即可，而在 Dreamweaver CS3 中无论按多少次空格键都只会出现一个空格，这是因为 Dreamweaver 中的文档格式都是以 HTML 的形式存在的，而 HTML 文档只允许字符之间包含一个空格。要在网页文档中添加连续的多个空格，主要有如下几种方法：

- 在"文本"插入栏中单击 PRE 按钮，再在编辑窗口中连续按空格键即可输入多个空格。
- 选择"插入记录/HTML/特殊字符/不换行空格"命令可以插入一个空格，需要多个空格可连续选择相同的菜单命令。
- 按一次 Shift+Ctrl+Space 键可以插入一个空格，继续按相同的按键可连续插入多个空格。
- 将鼠标光标定位到要插入空格的位置，切换到"代码"视图编辑窗口，输入" "字符可插入一个空格，可连续输入以插入多个空格，如图 3-3 所示。

```
<body>
             
      |
</body>
```

图 3-3　在"代码"视图中插入空格

3.1.4 插入和编辑水平线

网页中文本和对象通常都较多，插入水平线可将文本和对象隔开，并将标题和正文隔开，使段落区分更明显，让网页更具层次感。

1. 插入水平线

在网页文档中将光标插入点定位到需插入水平线的位置，选择"插入记录/HTML/水平线"命令即可插入水平线。如图 3-4 所示为网页中添加的一条水平线，该水平线将网页文本中的标题和正文分隔开。

少年

你又想起某个夏天　热闹海岸线　记忆中的那个少年　骄傲的宣言
伸出双手就能拥抱全世界　相信所有的梦想一定会实现

图 3-4　插入的水平线

2. 编辑水平线

插入水平线后还可以对其进行编辑。选中需编辑的水平线，在"属性"面板中可设置其属性，如图 3-5 所示。其中在"宽"和"高"文本框中可设置水平线的宽度和高度值；在"对齐"下拉列表框中可设置水平线的对齐方式；取消□阴影复选框的选中状态可取消水平线的阴影效果。如图 3-6 所示为取消阴影效果并增加了高度的水平线。

图 3-5　水平线 "属性" 面板

图 3-6　编辑效果

3.1.5　插入日期

在某些页面中需要插入当前的日期，若手动输入会比较麻烦，在 Dreamweaver CS3 中可以很方便地为网页文档插入当前日期或时间。

【例 3-1】　在网页文档中插入当前的时间和日期。

（1）将光标插入点定位到需要插入日期和时间的位置，选择 "插入记录/日期" 命令，打开 "插入日期" 对话框。

（2）在 "星期格式" 下拉列表框中选择 "星期四" 选项，在 "日期格式" 列表框中选择 "1974 年 3 月 7 日" 选项，在 "时间格式" 下拉列表框中选择 10:18 PM 选项，如图 3-7 所示。

（3）单击 确定 按钮关闭对话框，插入的日期如图 3-8 所示。

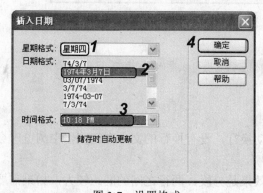

图 3-7　设置格式

图 3-8　插入的日期

技巧：

将插入栏切换到 "常用" 插入栏，单击 "插入日期" 按钮 也可打开 "插入日期" 对话框。

提示：

如果不需要插入星期和时间，可在 "星期格式" 下拉列表框中选择 "不要星期" 选项，在 "时间格式" 下拉列表框中选择 "不要时间" 选项。在 "插入日期" 对话框中显示的日期和时间并不是当前日期和时间，它只是说明此信息的显示格式示例。

3.1.6　插入特殊符号

在编辑网页文本的过程中可能会遇到一些特殊字符无法通过键盘输入，如版权符号、注册商标符号等。用 Dreamweaver 的特殊字符添加功能可解决这一问题。

【例3-2】　在网页中插入特殊符号。

（1）将光标插入点定位到所需位置，将插入栏切换到"文本"插入栏。

（2）单击"文本"插入栏中 按钮后的 按钮，弹出如图3-9所示的菜单，选择所需的命令即可插入相应的符号。

（3）若需要输入其他的特殊字符，可在符号菜单中选择"其他字符"命令，打开"插入其他字符"对话框，选择需要的字符后，单击 确定 按钮即可插入相应的字符，如图3-10所示。

图 3-9　选择特殊符号

图 3-10　"插入其他字符"对话框

✎技巧：

> 选择"插入记录/HTML/特殊字符"菜单下的相应命令也可以插入相应字符。

3.1.7　文本换行与分段

在 Dreamweaver 中输入文本时不会自动换行，没有换行的文本在浏览器中浏览时会按浏览器窗口宽度的不同而显示不同的效果。

在 Dreamweaver 中直接按 Enter 键的效果是分段，两行之间的间距较大，如果需要作普通的换行，可按 Shift+Enter 键进行手动换行。如图3-11所示为换行、分段以及未换行的区别。

> 在Dreamweaver中输入文本时不会自动换行，没有换行的文本在浏览器——换行
> 中浏览时会按浏览器窗口宽度的不一而显示效果也不一样。
>
> ——分段
>
> 在Dreamweaver中直接按"Enter"键的效果是分段，两行之间的间距较大，如果需要作普通的换行，可按"Shift+Enter"键进行手动换行。如图3-12所示为换行与分段的区别。
>
> 未换行

图 3-11　文本的换行与分段

3.1.8　应用举例——为网页添加文本

本例为"如果"网页插入文本，最终效果如图 3-12 所示（立体化教学:\源文件\第 3 章\如果\IF.html）。

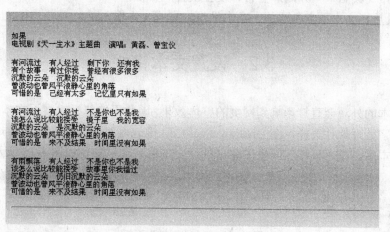

图 3-12　最终效果

操作步骤如下：

（1）启动 Dreamweaver CS3，打开 IF.html 网页文档（立体化教学:\实例素材\第 3 章\如果\IF.html）。

（2）将光标插入点定位到文档顶部，选择"插入记录/HTML/水平线"命令插入一条水平线。

（3）将光标插入点定位到水平线下方，切换到中文输入法，输入文本"如果"，然后按 Shift+Enter 键换行，输入歌曲相关信息，如图 3-13 所示。

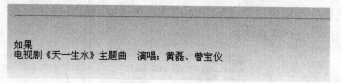

图 3-13　插入水平线并输入文本

（4）按 Enter 键分段，输入文本"有河流过"，将插入栏切换到"文本"插入栏，单击 PRE 按钮，再连续按两次空格键插入两个不换行空格，然后输入文本和空格，如图 3-14 所示。

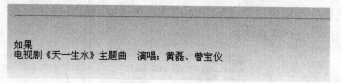

图 3-14　分段并输入文本

（5）打开"如果.txt"文本文档（立体化教学:\实例素材\第 3 章\如果\如果.txt），选择其余的文本，按 Ctrl+C 键将其复制到剪贴板。

（6）切换到 Dreamweaver 窗口，将光标插入点定位到之前输入的文本下方，按 Ctrl+V 键将文本粘贴到文档中，并添加空格、设置换行和分段。

（7）最后在文本下方再添加一条水平线，完成文本输入。

3.2 设置文本格式

网页文本的外观会直接影响到网页的整体效果，因此不能忽视对网页文本的格式设置。和其他的文字处理软件一样，在 Dreamweaver CS3 中也可对网页文本进行格式设置。选择需编辑的文本后，在"属性"面板中即可进行文本格式的设置，如图 3-15 所示。

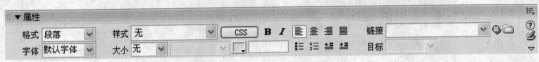

图 3-15 文本"属性"面板

3.2.1 基本样式设置

文本的基本样式设置包括设置文字的大小、颜色和字体等，它们都是文本的外观设置。

1. 设置字体列表

Dreamweaver 中默认只有几种常用的英文字体，在进行网页设计时需要在其字体列表中添加字体。

【例 3-3】 为 Dreamweaver 添加字体。

（1）在"属性"面板的"字体"下拉列表框中选择"编辑字体列表"选项，打开"编辑字体列表"对话框，如图 3-16 所示。

图 3-16 "字体"下拉列表框

（2）在"可用字体"列表框中选择需要添加的字体，单击⊠按钮将其添加到左侧的"选择的字体"列表框中。如果要在字体样式中添加多种字体，重复操作即可。

（3）完成一个字体样式的编辑后，单击"字体列表"列表框左上角的⊞按钮可进行下一个样式的编辑；若需要删除某个已编辑的字体样式，选中该样式后单击⊟按钮即可，如图 3-17 所示。

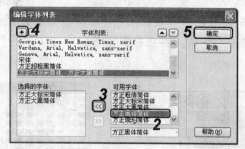

图 3-17　"编辑字体列表"对话框

（4）完成字体样式编辑后，单击 确定 按钮关闭该对话框。

提示：

> 选择了多种字体的字体样式，如果浏览者的电脑中没有该样式的第一种字体，则将显示该样式的第二种字体，如果第二种字体也没有，则会显示第三种字体，以此类推。

2．设置文本字体及大小

设置好字体列表后，选择需要设置格式的文本，即可通过"字体"下拉列表框设置文本的字体，在"大小"下拉列表框中设置字体的大小。在设置字体大小时，其下拉列表框中除了用数字表示的字体大小外，还有"极小"、"中"和"大"等选项。其含义如下。

- ➥ **极小**：最小的字号。
- ➥ **特小**：介于 9～10 之间的字号。
- ➥ **小**：介于 10～12 之间的字号。
- ➥ **中**：介于 12～14 之间的字号。
- ➥ **大**：介于 14～16 之间的字号。
- ➥ **特大**：介于 16～18 之间的字号。
- ➥ **极大**：介于 24～36 之间的字号。
- ➥ **较小**：在原字号的基础上更小一点。
- ➥ **较大**：在原字号的基础上更大一点。

提示：

> 在实际网页制作时，正文字体一般为宋体，字号为 12，标题文字的字体和大小则需视情况而定。

3．更改文本颜色

在 Dreamweaver 中不仅可以进行字体和大小的设置，还可对文本进行颜色设置，使文本更加丰富多彩。

【例 3-4】　为选择的文本设置颜色。

（1）选中需设置颜色的文本，单击"属性"面板中的 ▢ 按钮，打开颜色列表，光标变为 ✎ 形状，在列表中单击所需颜色的色块即可选取该颜色，如图 3-18 所示。

提示：

> 打开颜色列表后，如果要使字体显示默认色，可单击 ▢ 按钮取消设置的文字颜色。

（2）如果颜色列表中的颜色都不适合，可单击◉按钮打开"颜色"对话框，在"基本颜色"列表中选取需要的基本色调，再在右侧竖条的颜色条中选择所需的颜色，如图 3-19 所示。

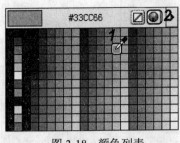

图 3-18　颜色列表

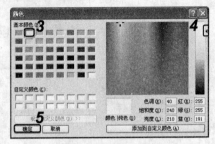

图 3-19　"颜色"对话框

（3）选择好颜色后单击 确定 按钮关闭"颜色"对话框，使设置生效。设置文本颜色前后的效果如图 3-20 所示。

图 3-20　设置文本颜色前后的效果

✍技巧：

也可直接单击中间拾色器中的颜色区域来拾取颜色，或在下方的各文本框中设置颜色的色调、饱和度、亮度和 RGB 值。完成颜色的选择后单击 添加到自定义颜色(A) 按钮，所选颜色即添加到"自定义颜色"列表中供以后快速选择。

3.2.2　设置段落格式

在网页文档中可对文本进行段落的缩进、对齐等设置，这些文本段落的设置对网页文档布局起着很重要的作用。

1. 设置段落缩进

将光标插入点定位到需要设置格式的段落中，在"属性"面板的"格式"下拉列表框中选择"段落"选项，单击"文本凸出"按钮 ≝ 可将段落凸出，单击"文本缩进"按钮 ≝ 可将段落缩进。如图 3-21 所示为缩进后的段落。

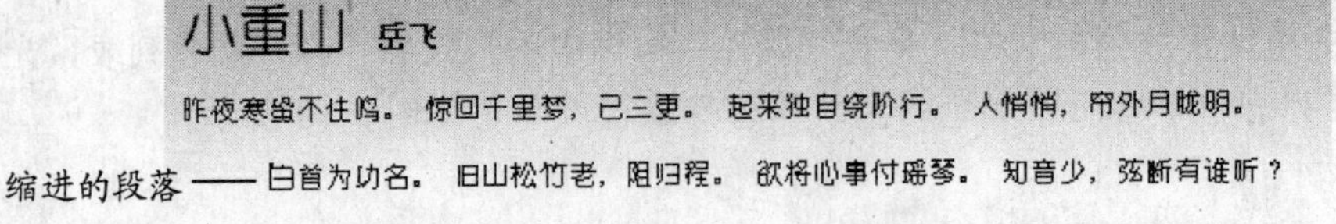

图 3-21　段落缩进

2．设置文本对齐

文本的对齐在网页布局中起着很重要的作用。Dreamweaver 提供了左对齐、居中对齐、右对齐和两端对齐等 4 种对齐方式。文本对齐的设置可在"属性"面板中进行，也可选择"文本/对齐"菜单中的对齐命令进行设置。

在"属性"面板中设置文本对齐，只需将光标定位到需要设置对齐方式的段落中，如需设置多个段落，则选中相应段落文本，单击"属性"面板中的 ≡ 按钮可设置左对齐（如图 3-22 所示），单击 ≡ 按钮可设置居中对齐（如图 3-23 所示），单击 ≡ 按钮可使文本右对齐，单击 ≡ 按钮可使文本两端对齐。

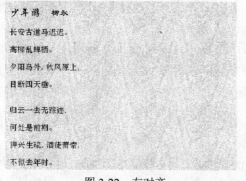

图 3-22 左对齐

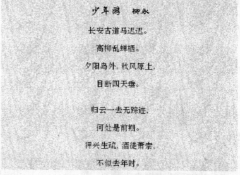

图 3-23 居中对齐

🔊 提示：

> 对齐和居中是针对整个文本块，而不能对标题或段落的某一部分单独设置。对齐方式也适用于网页中的其他对象，如图像等。

3.2.3 创建列表

列表是指将具有相似特性或某种顺序的文本进行有规则的排列。Dreamweaver CS3 中的列表有编号列表、项目列表和定义列表 3 种形式。列表常应用在条款或列举等类型的文本中，用列表的方式进行罗列可使内容更加直观。

1．编号列表

编号列表又称为有序列表，文本前面通常有数字前导字符，可以是英文字母、阿拉伯数字或罗马数字等符号。

【例 3-5】 创建编号列表。

（1）将光标插入点定位到需要创建编号列表的位置。

（2）单击"属性"面板中的"编号列表"按钮 ≔ 或选择"文本/列表/编号列表"命令，数字前导字符将出现在光标插入点前，如图 3-24 所示。

（3）在数字后输入相应的文本，按 Enter 键换行，下一行将自动出现下一个数字前导字符，完成整个列表的创建后按两次 Enter 键即可，如图 3-25 所示。

图 3-24　出现编号 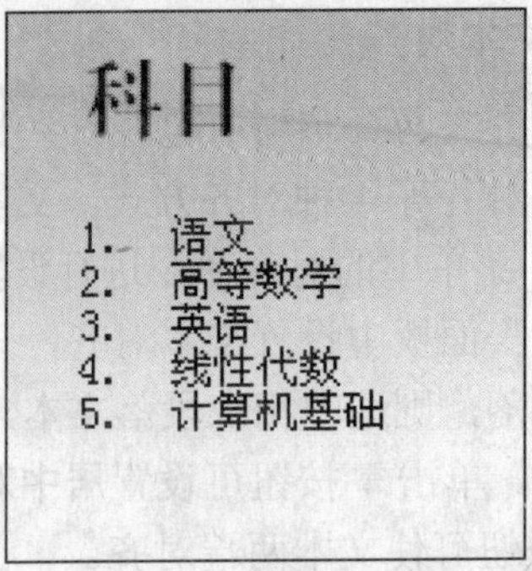　　　　　图 3-25　完成列表创建

2．项目列表

项目列表又称无序列表，项目之间没有先后顺序。项目列表前面一般用项目符号作为前导字符。创建项目列表的方法与创建编号列表类似，只需在"属性"面板中单击"项目列表"按钮☰ 或选择"文本/列表/项目列表"命令，即可在光标所在位置创建项目列表，如图 3-26 所示为项目列表样式。

✎技巧：

> 列表也可以嵌套，嵌套列表是指包含在其他列表中的列表。一般大项目用编号列表，大项目下的小项目用项目列表。

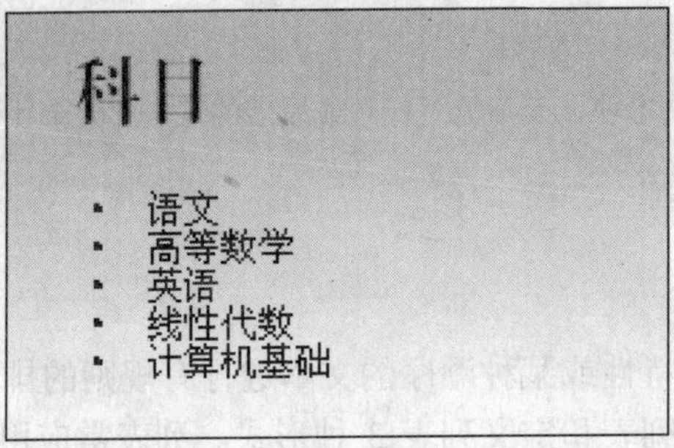

图 3-26　项目列表

3．定义列表

定义列表一般用于词汇表或说明书中，没有项目符号或数字等前导字符。

【例 3-6】　创建定义列表。

（1）将光标插入点定位到要创建定义列表的位置，选择"文本/列表/定义列表"命令。

（2）在光标所在的位置输入文本后按 Enter 键，系统会自动换行，并在新行的前面缩进一段距离，如图 3-27 所示。

（3）在当前位置输入上一行的解释文本，按 Enter 键。

（4）系统换行后的光标位置将与第一行对齐，重复进行输入和换行即可，输入结束后按两次 Enter 键即可完成整个列表的创建，如图 3-28 所示。

图 3-27　换行缩进　　　　　　　　图 3-28　完成列表创建

4．设置列表属性

若要改变列表的外观，可对列表的属性进行设置。在编辑列表项目时单击"属性"面板中的 列表项目… 按钮，打开"列表属性"对话框，如图 3-29 所示，在其中可设置列表类型及样式等。其方法分别如下：

图 3-29　"列表属性"对话框

➡ 在"列表类型"下拉列表框中可选择列表的类型。

➡ 在"样式"下拉列表框中可选择列表的编号样式。有"默认"、"数字"、"小写罗马字母"、"大写罗马字母"、"小写字母"和"大写字母"等 6 个选项，默认为"数字"选项。如图 3-30 所示为"大写罗马数字"和"大写字母"样式的效果。

图 3-30　编号列表样式

➡ 项目列表有"默认"、"项目符号"和"正方形" 3 个选项，默认为"项目符号"选项，如图 3-31 所示为两种项目样式效果。

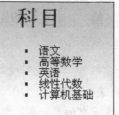

图 3-31　项目列表样式

3.2.4 应用举例——设置网页文本格式

本例将为"如果"网页中的文本进行格式设置，使文本标题样式与正文不同，并突出某些文字，最终效果如图3-32所示（立体化教学:\源文件\第3章\如果\IF1.html）。

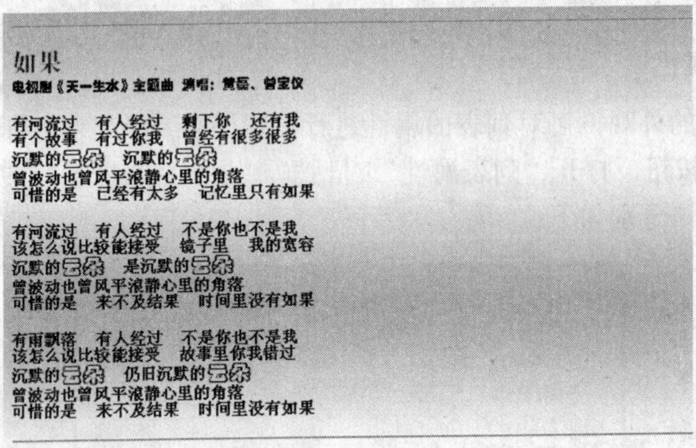

图 3-32 最终效果

操作步骤如下：

（1）打开"IF1.html"网页文档（立体化教学:\实例素材\第3章\如果\IF1.html），选择标题文本"如果"。

（2）在"字体"下拉列表框中选择"方正大标宋简体"选项，在"大小"下拉列表框中选择"24"选项。

（3）单击"属性"面板中的 按钮，在弹出的颜色列表中选择深蓝色，设置文本的效果如图3-33所示。

（4）选择歌曲信息一行文本，设置字体为"方正琥珀简体"，效果如图3-34所示。

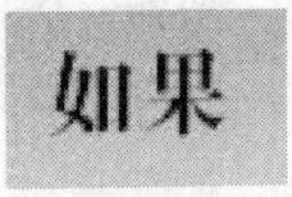

图 3-33 设置标题字体样式 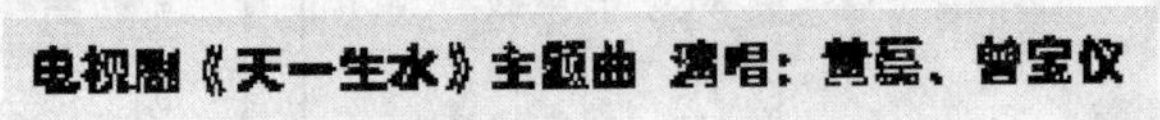　　　　　图 3-34 设置歌曲信息字体样式

（5）选中所有正文文本，在"字体"下拉列表框中选择"幼圆"选项，在"大小"文本框中输入"15"，单击 **B** 按钮加粗选择的文本。

（6）单击 按钮，在弹出的颜色列表中选择蓝色，效果如图3-35所示。

提示：

> 在"样式"列表中可对选中文本进行文本样式应用，这样在以后需要设置同样样式时直接应用即可，而不必重复设置相同的文本样式。

（7）选中文本中的第一个"云朵"文本，在"字体"下拉列表框中选择"华文彩云"选项，在"大小"下拉列表框中输入"20"，按Enter键。

（8）用同样的方法将所有的"云朵"文本设置为相同的样式，完成后保存文档并浏览。

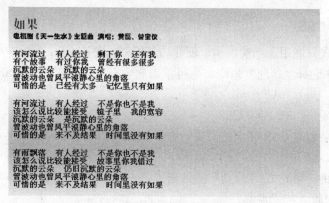

图 3-35 设置正文文本格式后的效果

3.3 使用 CSS 样式美化网页

CSS 即层叠样式表，它是 Cascading Style Sheets 英文的缩写。在制作网页时需要整个网站的风格统一，所以网页文本格式需相同。若手动逐个设置页面的文本格式将会非常麻烦且工作量很大，利用 CSS 样式即可解决这一问题。定义了 CSS 样式后并应用该样式到各个网页中，可快速完成网页文本格式的统一，提高工作效率。

3.3.1 认识 "CSS 样式" 面板

选择 "窗口/CSS 样式" 命令可在浮动面板组打开 "CSS 样式" 面板，如图 3-36 所示。

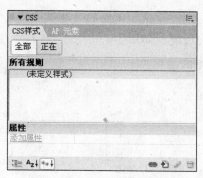

图 3-36 "CSS 样式" 面板

技巧：

按 Shift+F11 键可快速打开 "CSS 样式" 面板。

3.3.2 创建 CSS 样式

CSS 样式可分为内部 CSS 和外部 CSS，创建方法基本相同，只是保存的位置不同，从而应用的网页范围也有所不同，下面分别进行讲解。

1. 创建内部 CSS

内部 CSS 样式只能用于当前网页。创建内部 CSS，可在 CSS 面板中单击鼠标右键，在弹出的快捷菜单中选择"新建"命令，也可单击面板右下角的"新建 CSS 规则"按钮进行创建。

【例 3-7】 创建一个内部 CSS。

（1）打开需要创建 CSS 样式的网页，展开 CSS 样式面板，单击面板右下角的按钮，如图 3-37 所示。

（2）在打开的"新建 CSS 规则"对话框中选中 类(可应用于任何标签)(C) 单选按钮，在"名称"下拉列表框中输入样式名称。

（3）选中 仅对该文档 单选按钮，然后单击 确定 按钮，如图 3-38 所示。

图 3-37 执行新建操作

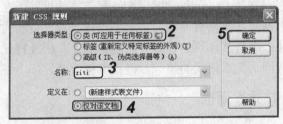

图 3-38 "新建 CSS 规则"对话框

（4）此时将打开"CSS 规则定义"对话框，在其中定义具体属性即可，完成后单击 确定 按钮完成 CSS 样式的创建，如图 3-39 所示。

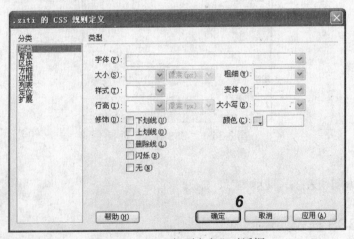

图 3-39 "CSS 规则定义"对话框

在如图 3-38 所示的"新建 CSS 规则"对话框中，还可以选择不同的选择器类型，各项的作用如下。

➡ ◎类(可应用于任何标签)©单选按钮：选中该单选按钮可以创建类 CSS 样式，该样式可以对所有的网页元素进行定义，定义样式后需手动对网页元素进行样式的应用。

➡ ◎标签(重新定义特定标签的外观)①单选按钮：选中该单选按钮可以创建标签 CSS 样式。选中该单选按钮后，"名称"下拉列表框将变为"标签"下拉列表框，在其中可选择所需的 HTML 标签进行样式的定义，如图 3-40 所示。"标签"样式只能对 HTML 标签进行样式的定义，定义样式后会自动应用样式。

➡ ◎高级（ID、伪类选择器等）Ⓐ单选按钮：选中该单选按钮可创建 ID CSS 样式或伪类 CSS 样式，此时"名称"下拉列表框变为"选择器"下拉列表框，在该下拉列表框中可选择需要使用的伪类，也可以手动输入名称，如图 3-41 所示。该样式可以对超级链接或网页中各元素的样式进行定义，定义样式后将自动进行样式的应用。

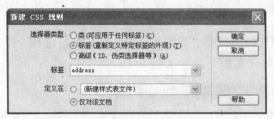

图 3-40 创建标签 CSS 样式

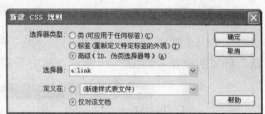

图 3-41 创建高级 CSS 样式

2．创建外部 CSS

外部 CSS 是作为一个单独的文件存在的，通过创建扩展名为.css 的样式表文件，可以将相同的样式应用于多个网页中，大大减少了网页设计中的工作量。

创建外部 CSS 的方法与创建内部 CSS 类似，只需在"新建 CSS 规则"对话框的"定义在："栏中选中◎(新建样式表文件)单选按钮，单击 确定 按钮后将打开"保存样式表文件为"对话框，对样式表文件进行保存后，在打开的"CSS 规则定义"对话框中进行属性设置即可，如图 3-42 所示。

图 3-42 保存样式表文件

3.3.3 编辑 CSS 样式

编辑 CSS 样式主要在"CSS 规则定义"对话框中进行，其中包含了 8 种 CSS 样式，各样式的编辑方法类似，下面将分别进行介绍。

1．类型

在"CSS 规则定义"对话框的"分类"列表框中选择"类型"选项，在其中可对"类型"样式进行设置，其中各参数含义如下。

- **"字体"下拉列表框**：可在其中选择需要的字体。
- **"大小"下拉列表框**：可选择文本的字号，也可直接输入字号大小值。
- **"粗细"下拉列表框**：可选择文本的粗细程度，也可直接输入粗细值。
- **"样式"下拉列表框**：可选择文本的特殊格式。
- **"变体"下拉列表框**：可选择文本的变形方式。
- **"行高"下拉列表框**：可选择文本的行高，也可直接输入行高值。
- **"大小写"下拉列表框**：可选择文本的大小写方式。
- **"修饰"栏**：在该栏中可设置文本的修饰效果。
- **"颜色"文本框**：用于设置文本颜色，可单击□按钮，在打开的颜色列表中选择需要的颜色，也可在文本框中直接输入颜色的 RGB 值。

2．背景

在"CSS 规则定义"对话框的"分类"列表框中选择"背景"选项，在其中可进行"背景"样式的设置，如图 3-43 所示。其中各参数含义如下。

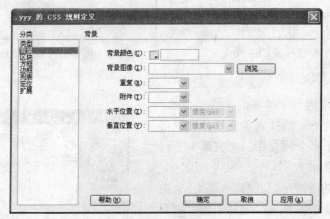

图 3-43　设置"背景"样式

- **"背景颜色"文本框**：用于设置背景颜色，设置方法和其他颜色设置一样。
- **"背景图像"下拉列表框**：用于设置页面背景图像，单击[浏览...]按钮，在打开的对话框中选择背景图像，或在该下拉列表框中直接输入背景图像的路径及名称。
- **"重复"下拉列表框**：可选择背景图像的重复放置方式，其中包括"不重复"、"重复"、"水平重复"和"垂直重复"4 个选项。
- **"附件"下拉列表框**：可设置背景图像是固定在原始位置还是可以滚动。
- **"水平位置"下拉列表框**：用于设置背景图像相对于应用样式元素的水平位置。
- **"垂直位置"下拉列表框**：用于设置背景图像相对于应用样式元素的垂直位置。

3．区块

在"CSS 规则定义"对话框的"分类"列表框中选择"区块"选项，在其中可进行"区块"样式的设置，如图 3-44 所示。其中各参数含义如下。

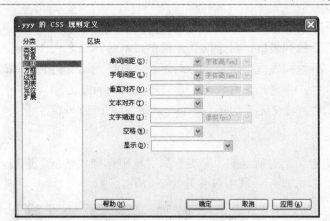

图 3-44　设置"区块"样式

- ➡ **"单词间距"下拉列表框**：可设置单词之间的间距。在该下拉列表框中选择"(值)"选项，即可在其中输入数值来确定单词的间距，此时其右侧的下拉列表框将被激活，可在其中设置数值的单位（单词间距适用于英文）。
- ➡ **"字母间距"下拉列表框**：用于设置字母间的间距，其设置方法与单词间距相同。
- ➡ **"垂直对齐"下拉列表框**：在其中可指定元素相对于其父级元素在垂直方向上的对齐方式。
- ➡ **"文本对齐"下拉列表框**：在其中可指定文本在应用该样式元素中的对齐方式。
- ➡ **"文字缩进"文本框**：在该文本框中可输入首行的缩进距离，并在右侧的下拉列表框中选择数值单位。
- ➡ **"空格"下拉列表框**：在其中可设置处理空格的方式。
- ➡ **"显示"下拉列表框**：在其中可选择区块中要显示的格式。

4．方框

在"CSS 规则定义"对话框的"分类"列表框中选择"方框"选项，可对"方框"样式进行设置，如图 3-45 所示。其中各参数含义如下。

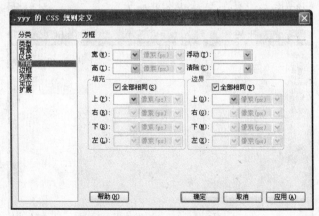

图 3-45　设置"方框"样式

- ➡ **"宽"下拉列表框**：用于设置方框的宽度。

➡ "高"下拉列表框：用于设置方框的高度。

➡ "浮动"下拉列表框：用于设置方框中文本的环绕方式。

➡ "清除"下拉列表框：设置层不允许在应用样式元素的某个侧边。

➡ "填充"栏：指定元素内容与元素边框之间的间距。

➡ "边界"栏：指定元素的边框与另一个元素之间的间距。

5. 边框

在"CSS 规则定义"对话框的"分类"列表框中选择"边框"选项，可对"边框"样式进行设置，如图 3-46 所示。其中各参数含义如下。

图 3-46 设置"边框"样式

➡ "样式"栏：可设置元素上、下、左、右的边框样式。

➡ "宽度"栏：可设置元素上、下、左、右的边框宽度。

➡ "颜色"栏：可设置元素上、下、左、右的边框颜色。

6. 列表

在"CSS 规则定义"对话框的"分类"列表框中选择"列表"选项，可进行"列表"样式的设置，如图 3-47 所示。其中各参数含义如下。

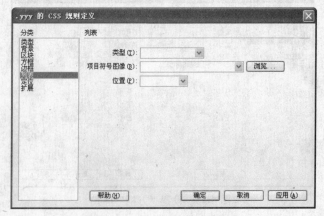

图 3-47 设置"列表"样式

- "**类型**"**下拉列表框**：可选择无序列表的项目符号类型及有序列表的编号类型。
- "**项目符号图像**"**下拉列表框**：可指定某个图像作为无序列表的项目符号。
- "**位置**"**下拉列表框**：可以选择列表文本是否换行和缩进。其中"内"选项表示当列表过长而自动换行时不缩进；"外"选项表示当列表过长而自动换行时以缩进方式显示。

7. 定位

在"CSS 规则定义"对话框的"分类"列表框中选择"定位"选项，可进行"定位"样式的设置，如图 3-48 所示。其中各主要参数含义如下。

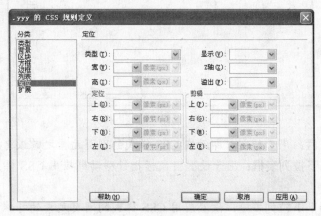

图 3-48　设置"定位"样式

- "**类型**"**下拉列表框**：用于设置定位的方式，如选择"绝对"选项表示使用"定位"栏中输入的坐标相对于页面左上角来放置层；选择"相对"选项表示使用"定位"栏中输入的坐标相对于对象当前位置来放置层；选择"静态"选项表示将层放在它在文本中的位置。
- "**显示**"**下拉列表框**：确定层的显示方式，选择"继承"选项将继承父层的可见性属性，如果没有父层，则可见；选择"可见"或"隐藏"选项将显示或隐藏层的内容。
- "**Z 轴**"**下拉列表框**：用于确定层的堆叠顺序。编号较高的层将显示在上面。
- "**溢出**"**下拉列表框**：用于设置当层的内容超出层的大小时的处理方式，选择"可见"选项将使层向右下方扩展，以显示所有内容；选择"隐藏"选项将保持层的大小并隐藏超出的内容；选择"滚动"选项将在层中添加滚动条，不论内容是否超出层的大小；选择"自动"选项，则当层的内容超出层的边界时显示滚动条。
- "**定位**"**栏**：指定层的位置和大小。
- "**剪辑**"**栏**：定义层的可见部分。

📢 提示：

> 层在 Dreamweaver CS3 中又称为 AP Div，是一种页面布局方式，本书将在后面的章节详细讲解。

8．扩展

在"CSS 规则定义"对话框的"分类"列表框中选择"扩展"选项，可进行"扩展"样式的设置，如图 3-49 所示。其中各参数含义如下。

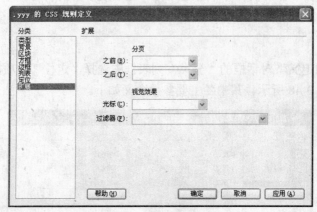

图 3-49　设置"扩展"样式

- "分页"栏：用于控制打印时在 CSS 样式的网页元素之前或者之后进行分页。
- "光标"下拉列表框：用于设置当鼠标指针移动到应用 CSS 样式的网页元素上时的形状。
- "过滤器"下拉列表框：设置应用 CSS 样式的网页元素的特殊效果。

3.3.4　应用 CSS 样式

创建并设置了 CSS 样式后，便可将其应用到网页对象中。应用 CSS 样式主要有以下几种方法：

- 选中需套用格式的对象，在"CSS 样式"面板中单击 全部 按钮，在样式列表中选中所需的自定义样式，单击鼠标右键，在弹出的快捷菜单中选择"套用"命令即可将 CSS 样式应用到所选对象中，如图 3-50 所示。
- 选中需套用格式的对象，单击鼠标右键，在弹出的快捷菜单中选择"CSS 样式"命令下的子菜单命令可应用相应的样式，如图 3-51 所示。

　　　　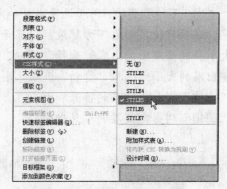

图 3-50　通过 CSS 样式面板应用　　　　图 3-51　通过快捷菜单应用

3.3.5　应用举例——用 CSS 样式设置文本格式

下面将利用 CSS 样式为 Triangel 网页进行文本格式设置，最终效果如图 3-52 所示（立体化教学:\源文件\第 3 章\Triangel\Triangel.html）。

图 3-52　最终效果

操作步骤如下：

（1）启动 Dreamweaver CS3，打开 Triangel.html 网页文档（立体化教学:\实例素材\第 3 章\Triangel\Triangel.html）。

（2）选择"窗口/CSS 样式"命令，在浮动面板组中打开"CSS 样式"面板，单击 按钮，打开"新建 CSS 规则"对话框。

（3）在该对话框中选中 类(可应用于任何标签)(C) 单选按钮，在"名称"文本框中输入样式名称"tri"。

（4）选中 仅对该文档 单选按钮，单击 确定 按钮，如图 3-53 所示。

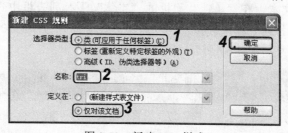

图 3-53　新建 CSS 样式

（5）打开"CSS 规则定义"对话框，在"字体"下拉列表框中选择"幼圆"选项，在"大小"下拉列表框中选择"16"选项，在"样式"下拉列表框中选择"偏斜体"选项。

（6）在"颜色"文本框中输入"#003333"；选中☑下划线⑪复选框，然后单击 确定 按钮保存该样式，如图 3-54 所示。

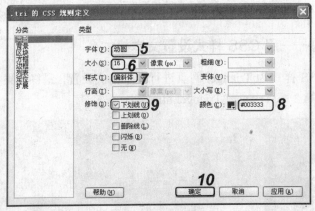

图 3-54　设置样式

（7）在网页中选择正文文本，在"CSS 样式"面板中选中创建的样式，单击鼠标右键，在弹出的快捷菜单中选择"套用"命令，如图 3-55 所示，应用样式后的效果如图 3-56 所示。

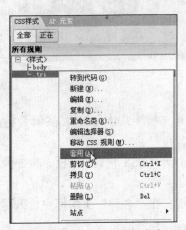

图 3-55　选择"套用"命令

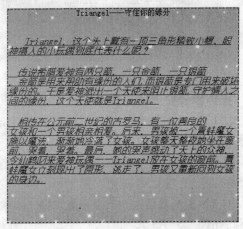

图 3-56　应用样式效果

（8）选中标题文本，在"属性"面板的"字体"下拉列表框中选择"方正琥珀简体"选项，在"大小"下拉列表框中选择"24"选项，设置颜色为"#330099"，单击 **B** 按钮，使其呈粗体显示，效果如图 3-57 所示。

图 3-57　设置标题文本

（9）此时"CSS 样式"面板的样式列表中会自动添加设置的标题样式，如图 3-58 所示，保存并浏览网页。

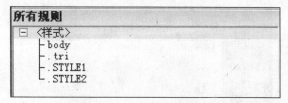

图 3-58　自动添加的样式

3.4　上机及项目实训

3.4.1　为"公司介绍"网页插入文本并设置文本格式

本次上机练习将为"诚与广告公司"站点的"公司介绍"网页添加文本，再为添加的文本设置合适的格式，设置后的效果如图 3-59 所示（立体化教学:\源文件\第 3 章\公司简介\jieshao.html）。

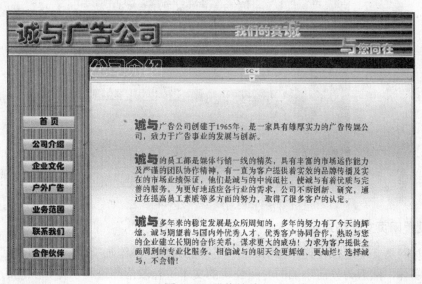

图 3-59　最终效果

1．为网页添加文本

使用直接输入和复制文本的方法为网页添加文本，操作步骤如下：

（1）启动 Dreamweaver CS3，打开 jieshao.html 网页文档（立体化教学:\实例素材\第 3 章\公司简介\jieshao.html），如图 3-60 所示。

（2）将光标插入点定位到导航条右侧的空白区域内，输入文本"诚与广告公司创建于 1965 年，是一家具有雄厚实力的广告传媒公司，致力于广告事业的发展与创新。"。

（3）按 Enter 键换行，打开"公司介绍.doc"文档（立体化教学:\实例素材\第 3 章\公司简介\公司介绍.doc），选中文档中的全部内容，按 Ctrl+C 键将其复制到剪贴板中。

图 3-60　打开网页文档

（4）切换到 Dreamweaver 编辑窗口，按 Ctrl+V 键将文本粘贴到网页中，然后保存网页，效果如图 3-61 所示。

图 3-61　添加文字效果

2．设置网页文本格式

下面对网页文本进行设置，在 Banner 下方的黑色区域添加文本"公司介绍"，并设置其颜色和字体，然后为先前添加的介绍公司的文本进行段落缩进和字体、颜色的设置。操作步骤如下：

（1）将光标插入点定位到 Banner 下方的黑色区域中，在"属性"面板中单击█按钮，在打开的颜色列表中选择"浅蓝色"选项，然后输入文本"公司介绍"，如图 3-62 所示。

（2）选择输入的文本，在"属性"面板中设置字体为"华文彩云"，大小为"36"，效果如图 3-63 所示。

图 3-62　输入文本

图 3-63　设置文本

（3）选中公司介绍文本，在"属性"面板中设置字体为"方正大标宋简体"，大小为"16"，颜色为"#333366"，效果如图 3-64 所示。

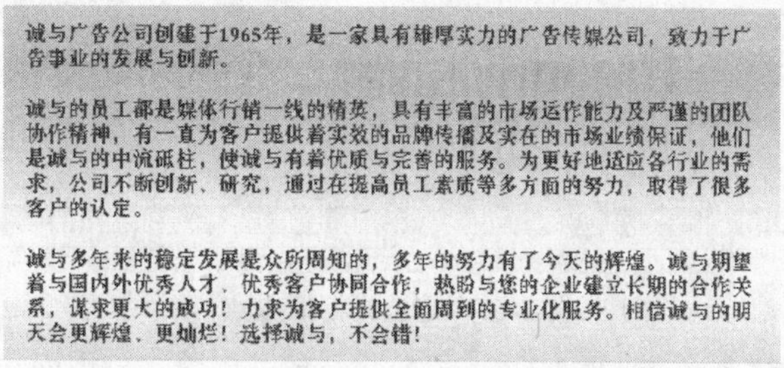

诚与广告公司创建于1965年，是一家具有雄厚实力的广告传媒公司，致力于广告事业的发展与创新。

诚与的员工部是媒体行销一线的精英，具有丰富的市场运作能力及严谨的团队协作精神，有一直为客户提供着实效的品牌传播及实在的市场业绩保证，他们是诚与的中流砥柱，使诚与有着优质与完善的服务。为更好地适应各行业的需求，公司不断创新、研究，通过在提高员工素质等多方面的努力，取得了很多客户的认定。

诚与多年来的稳定发展是众所周知的，多年的努力有了今天的辉煌。诚与期望着与国内外优秀人才，优秀客户协同合作，热盼与您的企业建立长期的合作关系，谋求更大的成功！力求为客户提供全面周到的专业化服务。相信诚与的明天会更辉煌，更灿烂！选择诚与，不会错！

图 3-64　设置正文

（4）选择第 1 段开头的"诚与"二字，设置字体为"方正琥珀简体"，大小为"24"，效果如图 3-65 所示。

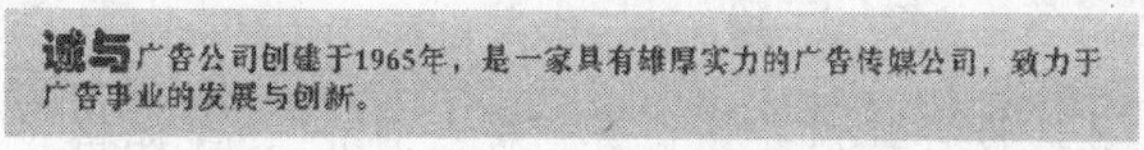

诚与广告公司创建于1965年，是一家具有雄厚实力的广告传媒公司，致力于广告事业的发展与创新。

图 3-65　设置关键字

（5）使用同样的方法设置第 2 段和第 3 段开头的"诚与"文本。

（6）将光标插入点定位到第 1 段中，单击"属性"面板中的 ≡ 按钮缩进段落，完成后，使用同样的方法缩进其他两段文本。然后保存并预览网页，完成所有设置。

3.4.2　制作 Dreamweaver 简介页面

利用本章所学知识，在 Dreamweaver 简介页面中输入介绍文字，并设置文本的字体、大小和颜色等属性，设置后的最终效果如图 3-66 所示（立体化教学:\源文件\第 3 章\dw\Dreamweaver 简介.html）。

图 3-66　最终效果

本练习可结合立体化教学中的视频演示进行学习（立体化教学:\视频演示\第 3 章\制作 Dreamweaver 简介页面.swf）。主要操作步骤如下：

（1）打开"Dreamweaver 简介.html"网页文档（立体化教学:\实例素材\第 3 章\dw\Dreamweaver 简介.html），将光标插入点定位到标志下面的单元格中，如图 3-67 所示。

（2）在其中输入标题文本"Dreamweaver 软件介绍"，按 Enter 键换行。在下面继续输入介绍文本，如图 3-68 所示。

图 3-67　定位光标插入点

Dreamweaver软件介绍

Dreamweaver是一款可视化的网页设计和网站管理工具，支持最新的Web技术，包含HTML检查、HTML格式控制、HTML格式化选项、HomeSite/BBEdit捆绑、可视化网页设计、图像编辑、全局查找替换、全FTP 功能、处理Flash和Shockwave等富媒体格式和动态HTML，基于团队的Web创作。你可以在可视化编辑方式或源码编辑方式之间切换进行编辑。

图 3-68　输入文本

（3）选择标题文本，设置其对齐方式为"居中对齐"，字体格式为"方正楷体简体"，大小为"16 像素"，颜色为"#0033FF"。

（4）选择介绍文本，设置其大小为"16 像素"，颜色为"#0099FF"，完成后保存并预览网页，完成所有设置。

3.5　练习与提高

（1）在 Dreamweaver CS3 中新建网页文档，输入如图 3-69 所示的文本和各种特殊符号，熟悉文本的插入。

粤府新函[2001]87号 文网文[2008]084号 网络视听许可证1904073号 增值电信业务经营许可证：粤B2-20090059 B2-20090028

Copyright © 1998 - 2011 Tencent. All Rights Reserved

图 3-69　文本和特殊符号

（2）在 Dreamweaver CS3 中插入一条水平线，将其高设置为 5。

（3）创建一个"项目实施"页面，其中包含编号列表、项目列表等网页元素，并在最后插入当前的日期。

（4）在 Dreamweaver CS3 中输入宋词《满江红》，利用 CSS 样式设置其格式，参考效果如图 3-70 所示。

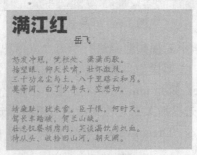

图 3-70　参考效果

经验技巧 网页文本应用技巧

　　进行页面文本的输入和设置其实比较简单，其操作与常用的 Word 等文字处理软件差不多，但是关于文本样式的设置和应用则有一些区别，需要多练习理解。这里总结以下几点以供参考：

> 当需要修改某一个 CSS 样式时，可在样式列表中选中该样式，单击鼠标右键，在弹出的快捷菜单中选择"编辑"命令，打开"CSS 规则定义"对话框进行样式修改。直接双击目标样式也可打开该对话框。

> 如果需要在网页中应用单独的外部样式表文件，可选中目标对象后单击"CSS 样式"面板右下角的"附加样式表"按钮，在打开的对话框中选择已经建立好的外部样式表文件。

> 如需将内部样式保存为独立的外部 CSS 样式表文件，可选中相应的样式并单击鼠标右键，在弹出的快捷菜单中选择"移动 CSS 规则"命令，打开"移至外部样式表"对话框，单击 浏览(B)... 按钮在打开的对话框中进行保存设置。

第4章 网页图像应用

学习目标

- ☑ 了解网页图像的格式和获取方法
- ☑ 在网页中插入图像和图像占位符
- ☑ 在网页中创建鼠标经过图像
- ☑ 在网页中插入导航条
- ☑ 设置图像属性

目标任务&项目案例

文本说明效果

图像边框效果

裁剪图像

在"乌镇"网页中插入图片

美化"企业文化"网页

图像在网页中不仅有修饰作用，而且也是一种信息载体。它能够在网页上表达和传递一些文字无法承载的信息，使网页图文并茂，更加形象生动。本章将介绍在网页中插入图像以及设置图像属性的方法。

4.1　认识网页图像

在网页中插入图像是制作网页过程中必不可少的操作，但是在插入图像之前，还需要了解网页图像的相关常识，如网页图像支持的图像格式和网页图像的获取方法等，下面将对这些知识进行详细讲解。

4.1.1　网页图像的格式

由于网络速度的影响，用于网页的图像不能太大，否则会导致下载速度过慢而影响正常浏览。网页中常用的图像通常有以下几种格式。

➤ JPG：也称 JPEG，意为联合照片专家组，这种格式的图像可以高效地压缩，且压缩丢失的是人眼不易察觉的部分图像，它可使图像文件变小的同时基本不失真。JPG 格式的图像通常可用于显示照片等颜色丰富的精美图像。

➤ GIF：为图像交换格式，在网页中大量用于站点图标 Logo、广告条 Banner 和网页背景图像等。GIF 是第一个支持网页的图像格式，它可以极大程度地减小图像文件，也可在网页中以透明方式显示，并且可以包含动态信息。但由于 GIF 格式最多支持 256 种颜色，因此不适合用作照片级的网页图像。

➤ PNG：为便携网络图像格式，它既有 GIF 格式能透明显示的特点，又具有 JPEG 格式处理精美图像的优势，是一种集 JPEG 和 GIF 格式优点于一身的图片格式，且可以包含图层等信息，常用于制作网页效果图，目前已逐渐成为网页图像的主要格式，为各大网站所广泛应用。

4.1.2　获取图像的方法

在进行网页制作前，除了需要搜集文字资料，还需要搜集足够的网页图像。获取网页图像素材的方法很多，通常可以到网上下载，网络上有很多提供网页素材下载的网站，如素材网（http://www.sucai.com）和网页制作大宝库（http://www.dabaoku.com）等，这些都是比较专业的网页素材网站。另外，还可以购买网页素材光盘，对图像进行处理后应用到网页中，也可以将自己拍摄的照片进行处理。

有了图像素材后还需要进行一定的处理，将图像素材保存为合适格式和大小的文件，并进行美化处理，以便在网页中使用。美化处理就需要用到图像处理工具，这些工具软件不仅可以处理已有的图像，还可以自己制作或绘制一些具有创意的图像。常见的图像处理软件有 Photoshop、Fireworks 和 CorelDRAW 等。下面将简单进行介绍。

➤ Photoshop：是 Adobe 公司旗下最为出名的图像处理软件之一，集图像制作、广告创意、编辑修改、图像扫描及图像输入与输出等功能于一体，是一款功能强大、实用性强的图形图像处理软件。

➤ Fireworks：它与 Dreamweaver 和 Flash 合称"网页三剑客"，是一款创建与优化网页图像的专用工具。安装 Fireworks 后，一些网页中的图像如需进行修改，还可以直接在 Dreamweaver 中选择相应的命令通过 Fireworks 的编辑功能进行编辑和保存。

➡ **CorelDRAW**：是由加拿大 Corel 公司开发的一款图形图像软件。使用它可以进行商标设计、标志制作、模型绘制、插图描画、排版及分色输出等工作。在网页制作的过程中可以利用它制作一些 Logo、Banner 等。

注意：

搜集图像素材时一定要注意版权问题，特别是在网上搜集的图像，如果制作的网站面向的范围较广，使用图像素材时一定要小心谨慎。

4.2 插入图像并设置图像属性

图像可以是网页的内容，也可作为网页的背景，吸引人的网页通常都是图文并茂的。精美的插图和背景可使网页更加绚丽多彩，也可使网页内容更加丰富。下面介绍在 Dreamweaver 中插入图像和设置图像属性的方法。

4.2.1 直接插入图像

将光标插入点定位到需插入图像的位置，选择"插入记录/图像"命令，或将插入栏切换到"常用"插入栏，单击其中的"图像"按钮，打开"选择图像源文件"对话框。在该对话框的"查找范围"下拉列表框中选择所需图像的位置，然后选择需插入的图像文件，单击 确定 按钮，完成图片的添加，如图 4-1 所示。

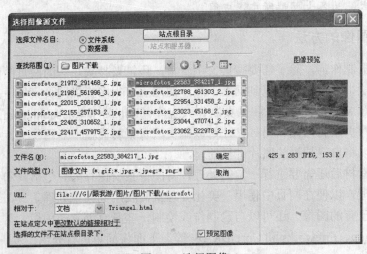

图 4-1　选择图像

提示：

为发布站点时不致出错，可将图像文件等网页对象文件放置到站点文件夹下，如果插入的图像没有在站点文件夹中，单击 确定 按钮后将弹出对话框询问是否复制文件到站点根文件夹中，用户可根据情况选择处理方式。

4.2.2　用占位符添加图像

在网页制作过程中，若需要在某个位置插入图像，却还没有确定该插入哪幅图像，可以先插入图像占位符，等确定图像后再在占位符的位置插入图像。

【例4-1】　在网页中插入图像占位符。

（1）将光标插入点定位到需插入图像占位符的位置。

（2）选择"插入记录/图像对象/图像占位符"命令，打开"图像占位符"对话框。

（3）在对话框中设置图像占位符的"名称"、"宽度"、"高度"、"颜色"和"替换文本"等信息，如图4-2所示。

图 4-2　"图像占位符"对话框

提示：

> 在"替换文本"文本框中输入描述该图像的文本，在浏览器中预览图片效果时，当鼠标光标移到用占位符添加的图像上时将显示替换文本。

（4）完成设置后，单击 确定 按钮，文档中即会出现图像占位符，如图4-3所示。

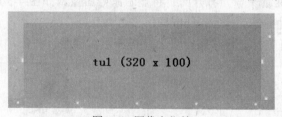

tu1（320 x 100）

图 4-3　图像占位符

（5）需插入图像时，双击图像占位符可打开"选择图像源文件"对话框，在该对话框中选择图像插入即可。

提示：

> 如果图像占位符和图像的大小不一致，在插入图像后会按实际图像大小显示，拖动图像边框可调整其大小。

4.2.3　创建鼠标经过图像

鼠标经过图像是指在浏览器中查看网页时，当鼠标光标经过图像时图像会发生变化。鼠标经过图像由原始图像和鼠标经过图像组成，当鼠标光标移动到原始图像上时将会显示鼠标经过图像，鼠标光标移出图像范围时则显示原始图像。

【例 4-2】　在网页中创建鼠标经过图像，以 01.jpg 图像文件（立体化教学:\实例素材\第 4 章\鼠标经过图像\01.jpg）作为原始图像，02.jpg 图像文件（立体化教学:\实例素材\第 4 章\鼠标经过图像\02.jpg）作为鼠标经过图像。

（1）创建或打开需要插入图像对象的网页文档，将光标插入点定位到需要插入鼠标经过图像的位置。

（2）选择"插入记录/图像对象/鼠标经过图像"命令，打开"插入鼠标经过图像"对话框。

（3）在"图像名称"文本框中输入"hancheng"，单击"原始图像"文本框后的 浏览... 按钮，在打开的对话框中选择 01.jpg 图像文件作为原始图像，用同样的方法选择 02.jpg 图像文件作为鼠标经过图像。

（4）选中 ☑ 预载鼠标经过图像 复选框，避免图像显示延迟，如图 4-4 所示。

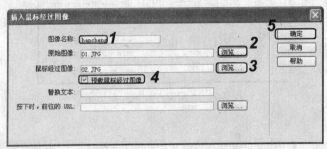

图 4-4　"插入鼠标经过图像"对话框

（5）单击 确定 按钮关闭对话框，保存网页文档，选择"文件/在浏览器中预览/IExplorer"命令进行网页预览，打开网页将显示原始图像，如图 4-5 所示（立体化教学:\源文件\第 4 章\鼠标经过图像\hancheng.html）。

（6）在网页中将鼠标光标移到图像上时将显示鼠标经过图像，如图 4-6 所示。

图 4-5　原始图像

图 4-6　鼠标经过图像

 提示：

鼠标经过图像的尺寸大小和原图像大小最好一致，否则 Dreamweaver 将自动调整鼠标经过图像与原始图像的大小一致。

4.2.4　插入导航条

导航条可以是图像也可以是图像组，当操作不同时，这些图像的显示内容也会不同。导航条元件有以下几种状态。

> **状态图像**：用户未进行操作时所显示的图像。
> **鼠标经过图像**：鼠标光标经过导航条时所显示的图像。
> **按下图像**：元件被单击后所显示的图像。
> **按下时鼠标经过图像**：单击元件后，光标滑过"按下图像"时所显示的图像。

【例 4-3】　在网页中添加导航条（立体化教学:\实例素材\第 4 章\导航条\）。

（1）将光标定位到需要插入导航条的位置，选择"插入记录/图像对象/导航条"命令，打开"插入导航条"对话框。

（2）单击"状态图像"文本框后的 浏览... 按钮，在打开的"选择图像源文件"对话框中选择 01.GIF 文件，如图 4-7 所示。

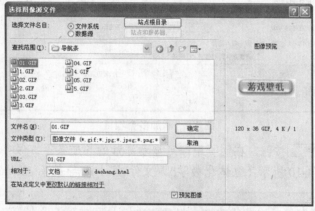

图 4-7　选择状态图像

（3）使用同样的方法设置"按下图像"为 1.GIF 文件，然后单击"插入导航条"对话框上方的"添加项"按钮，如图 4-8 所示。

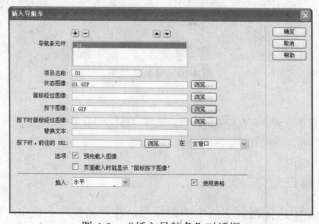

图 4-8　"插入导航条"对话框

提示：

> 在一个网页中只允许有一个导航条。在制作导航条时，可根据需要选择图像状态，通常只选用"状态图像"和"按下图像"这两种状态即可，并不一定要包含所有状态。在"插入导航条"对话框的"按下时，前往的 URL"文本框中输入网页路径或网站地址，可在按下导航条对象时打开相应的网页。

（4）使用相同的方法设置"状态图像"和"按下图像"分别为 05.GIF 和 5.GIF，完成后再单击 ⊞ 按钮，添加多个项目，如图 4-9 所示。

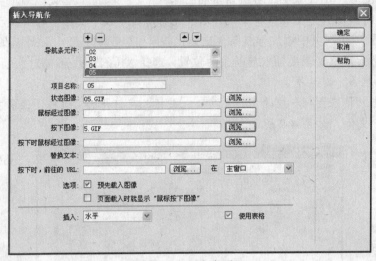

图 4-9　添加多个项目

（5）单击 确定 按钮，在网页中即可显示添加的导航条了。保存并预览网页，单击元件时，效果如图 4-10 所示（立体化教学:\源文件\第 4 章\导航条\daohang.html）。

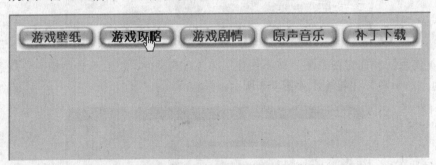

图 4-10　导航条效果

技巧：

> 如果需要修改导航条设置，可在打开的网页中选择"修改/导航条"命令，打开"修改导航条"对话框，在其中可进行添加或删除项、排序等操作。

4.2.5　设置图像属性

在 Dreamweaver 中选择网页文档中的图像后，在"属性"面板中可编辑图像的各种属性，如图 4-11 所示。

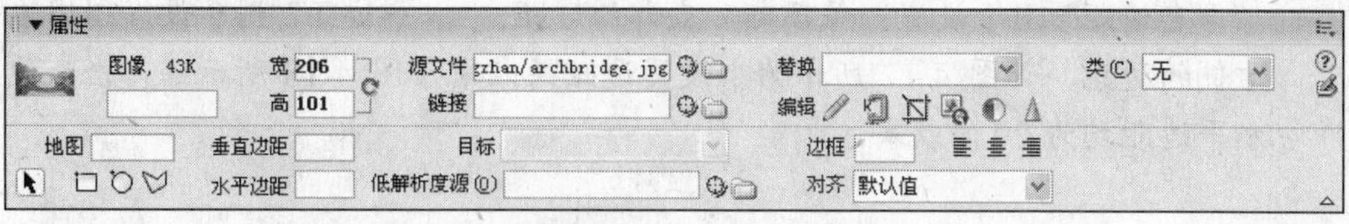

图 4-11　图像"属性"面板

"属性"面板中主要参数含义及操作如下。

- **图像命名**：在"图像"文本框中可以为图像重新命名，以便在 Dreamweaver 中进行行为或脚本撰写语言操作时引用该图像。

- **图像大小**：在"宽"和"高"文本框中显示图像原始大小，单位为像素。可在"宽"和"高"文本框中输入所需数据改变图像大小，也可选择图像后直接拖动图像四周的控制柄进行调整。

- **源文件设置**："源文件"文本框中显示了图像文件的地址，如果要重新插入一幅新图像，在"源文件"文本框中重新输入要插入图像的地址即可，也可以单击其后的 □ 按钮，在打开的"选择图像源文件"对话框中重新选择其他图像。

- **文本说明**：在"替换"下拉列表框中可以输入图像的文本说明，在浏览该网页时，当光标移动到图像上时会在鼠标指针右下方弹出该图像的文本说明，如图 4-12 所示。

図 4-12　文本说明

- **图像与文本的对齐**：在"属性"面板的"对齐"下拉列表框中可设置同一行上的图像与文本的对齐方式。其中，"默认值"为基线对齐，是指将文本基准线对齐图像底端，部分对齐方式效果如图 4-13～图 4-16 所示。

图 4-13　基线对齐

图 4-14　顶端对齐

图 4-15　居中对齐

图 4-16　底部对齐

☛ **图像边距**：在"垂直边距"和"水平边距"文本框中可以设置图像与文本的距离。"垂直边距"用于设置图像顶部和底部的边距；"水平边距"用于设置图像左侧和右侧的边距。如图 4-17 所示为未设置边距的效果，图 4-18 所示则为垂直边距和水平边距均为 20 的效果。

以拱作为上部结构主要承重构件的桥梁。中国的拱桥始建于东汉中后期，已有一千八百余年的历史。

图 4-17　未设置边距的效果

平面内以拱作为上部结构主要承重构件的桥梁。中国的拱桥始建于东汉中后期，已有一千八百余年的历史

图 4-18　设置边距后的效果

☛ **图像边框**：在"边框"文本框中可以为图像设置边框的宽度，其单位为像素，直接在文本框中输入所需数值即可，如图 4-19 所示为设置边框为 5 的效果。

图 4-19　设置边框为 5 的效果

☛ **裁剪图像**：如果图像某些部分不需要，可将其裁剪掉。选中需裁剪的图像，单击"属性"面板中的▣按钮，图像出现阴影边框，将鼠标光标移至图像边缘，当光标变为↕、↔、↖或↗形状时拖动鼠标，在所需位置释放鼠标，再单击▣按钮，阴影部分的图像将会被裁剪掉，如图 4-20 所示。

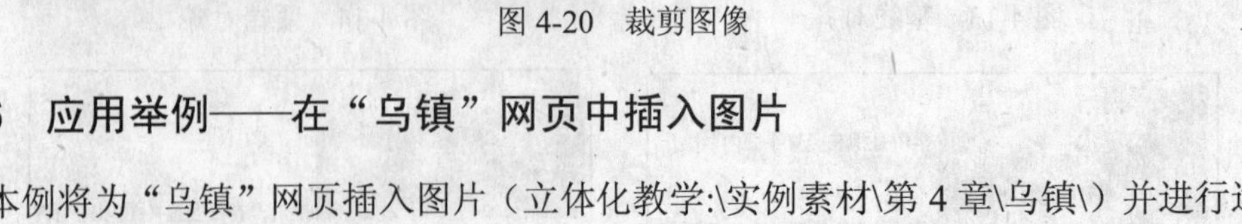

图 4-20　裁剪图像

4.2.6　应用举例——在"乌镇"网页中插入图片

本例将为"乌镇"网页插入图片（立体化教学:\实例素材\第 4 章\乌镇\）并进行适当调整，使网页更加生动形象，最终效果如图 4-21 所示（立体化教学:\源文件\第 4 章\乌镇\wuzhen.html）。

图 4-21　最终效果

（1）启动 Dreamweaver CS3，打开 wuzhen.html 网页文档（立体化教学:\实例素材\第 4 章\乌镇\wuzhen.html）。

（2）将光标插入点定位到文本上方，选择"插入记录/图像对象/鼠标经过图像"命令，打开"插入鼠标经过图像"对话框。

（3）单击"原始图像"文本框后的 浏览... 按钮，在打开的对话框中选择 1.JPG 图像文件作为原始图像，使用同样的方法选择 2.JPG 图像文件作为鼠标经过图像，如图 4-22 所示。

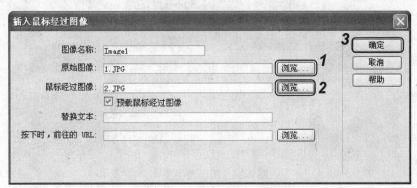

图 4-22　插入鼠标经过图像

（4）单击 确定 按钮插入图片并关闭对话框，将光标插入点定位到左侧表格中，选择"插入记录/图像"命令，打开"选择图像源文件"对话框。

（5）在对话框中选择 3.JPG 图像文件，单击 确定 按钮，打开"图像标签辅助功能属性"对话框，直接单击 确定 按钮完成图像的添加。

（6）在图片下方输入文本"逢源双桥"，并设置其字体样式，如图 4-23 所示。

图 4-23　插入图片并输入文字

（7）使用同样的方法在相应的位置添加图像和文本，并进行适当的调整，效果如图 4-21 所示。

（8）保存网页后按 F12 键对网页进行预览，将鼠标光标移至中央较大的图像上，该图像发生变化，如图 4-24 所示。

图 4-24　图像发生变化

4.3　上机及项目实训

4.3.1　为"企业文化"网页添加并设置图像

本次上机练习将为"诚与广告公司"站点的"企业文化"网页添加 Banner 以及其他图像，然后设置图像属性，使网页图文并茂。完成后的效果如图 4-25 所示（立体化教学:\源文件\第 4 章\企业文化\wenhua.html）。

图 4-25　最终效果

1. 添加图像

为"企业文化"网页添加图像（立体化教学:\实例素材\第 4 章\企业文化\），操作步骤如下：

（1）启动 Dreamweaver CS3，打开 wenhua.html 网页文档（立体化教学:\实例素材\第 4 章\企业文化\wenhua.html），如图 4-26 所示。

（2）双击页面顶部的 Banner 图像占位符，打开"选择图像源文件"对话框，在对话框中选择 BIAOTI.JPG 图像文件，单击 确定 按钮完成图像的添加，如图 4-27 所示。

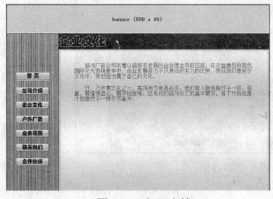

图 4-26　打开文档

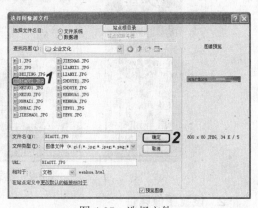

图 4-27　选择文件

（3）将光标插入点定位到文本上方，选择"插入记录/图像"命令，打开"选择图像源文件"对话框，选择 2.JPG 图像文件，单击 确定 按钮完成图像的添加。

（4）将光标插入点定位到文本下方，选择"插入记录/图像对象/鼠标经过图像"命令，打开"插入鼠标经过图像"对话框。

（5）单击"原始图像"文本框后的 浏览... 按钮，在打开的对话框中选择 3.JPG 图像文件作为原始图像，使用同样的方法选择 4.JPG 图像文件作为鼠标经过图像，如图 4-28 所示。

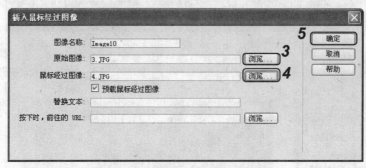

图 4-28　设置鼠标经过图像

（6）单击 确定 按钮关闭对话框，插入图像后的效果如图 4-29 所示。

图 4-29　插入图片后的效果

2. 设置图像属性

添加图像后的页面看上去还有些凌乱，需要对页面中图像的属性进行设置，使其布局更美观。下面将插入的图片进行美化设置，操作步骤如下：

（1）选择文本上方的图像，单击"属性"面板中的 按钮，图像出现阴影边框，将光标移至图像边缘，拖动鼠标调整裁剪范围，再单击 按钮将阴影部分的图像裁剪掉，如

图 4-30 所示。

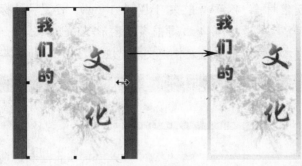

图 4-30　裁剪图像

（2）在"属性"面板中设置图像的宽和高分别为"135"和"100"。在"对齐"下拉列表框中选择"左对齐"选项，效果如图 4-31 所示。

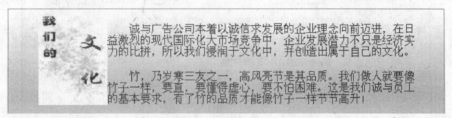

图 4-31　设置图像大小和对齐方式后的效果

（3）选择文本下面的鼠标经过图像，在"属性"面板的"替换"下拉列表框中输入文本"高风亮节"。

（4）保存文档并进行预览，将光标移至文本下的鼠标经过图像上，图像发生变化并出现注释文本。

4.3.2　制作小说网站导航条

结合本章所学知识，新建一个网页文档，在其中插入一个导航条，效果如图 4-32 所示（立体化教学:\源文件\第 4 章\导航条 1\dh.html）。

图 4-32　导航条效果

本练习可结合立体化教学中的视频演示进行学习（立体化教学:\视频演示\第 4 章\制作小说网站导航条.swf）。主要操作步骤如下：

（1）启动 Dreamweaver CS3，新建一个网页文档，保存为 dh.html。

（2）将光标插入点定位到合适位置，选择"插入记录/图像对象/导航条"命令，打开"插入导航条"对话框。

（3）单击"状态图像"文本框后的 浏览... 按钮，选择"状态图像"为"图形 1.jpg"文件（立体化教学:\实例素材\第 4 章\导航条 1\图形 1.jpg），设置"鼠标经过图像"为"图形-1.jpg"（立体化教学:\实例素材\第 4 章\导航条 1\图形-1.jpg）。

（4）在"替换文本"文本框中输入替换文本"玄幻小说"，如图 4-33 所示。

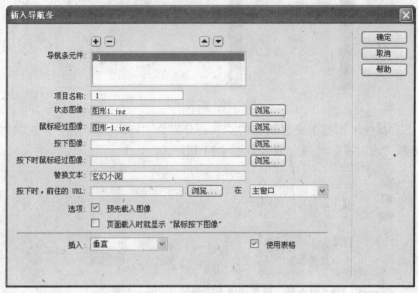

图 4-33   设置导航条

（5）单击 ➕ 按钮，使用同样的方法设置其他导航条的图像（立体化教学:\实例素材\第 4 章\导航条 1\）及替换文本，完成后的导航条如图 4-32 所示。

4.4   练习与提高

（1）新建一个网页，在其中创建一个鼠标经过图像（立体化教学:\实例素材\第 4 章\1.JPG、2.JPG），参考效果如图 4-34 所示。

原始图像 ——   鼠标经
                                                            过图像

图 4-34   鼠标经过图像参考效果

（2）在网页中插入 3.JPG 图像文件（立体化教学:\实例素材\第 4 章\3.JPG），然后将该图像进行裁剪，如图 4-35 所示。

图 4-35　插入图像并进行裁剪

（3）在网页中插入图像 4.JPG（立体化教学:\实例素材\第 4 章\4.JPG），并输入文本，设置图像属性为居中对齐，如图 4-36 所示。

（4）利用提供的素材（立体化教学:\实例素材\第 4 章\导航素材）创建一个垂直导航条，参考效果如图 4-37 所示，将光标移至导航条上，导航元件发生变化。

提示：制作该效果的方法与鼠标经过图像类似，只是需要一次插入多个图像。本练习可结合立体化教学中的视频演示进行学习（立体化教学:\视频演示\第 4 章\创建导航条.swf）。

图 4-36　设置图像属性　　　　　　　　　　图 4-37　插入导航条

 添加与设置图像属性时的注意事项

　　本章介绍了网页图像的添加和属性设置方面的知识，在进行图像添加和设置时，需注意以下几点：

➥　添加图像前一定要有所准备，如需要添加什么样的图像、图像的大小和尺寸是多少等，这样将有助于网页布局的规划。如果图像暂时还没有找到，若使用图像占位符，在进行图像处理时一定要使图像符合占位符的尺寸，太大或太小都会导致页面跳板。

- 如果改变了图像的尺寸，需要将其还原到原始大小，可选中图像对象后单击"属性"面板中"宽"文本框和"高"文本框之间的 ⟳ 按钮快速还原。
- 在进行网页图像添加时，除了要考虑图像的美观外，还需要考虑图像的大小，太大的网页图像会使网页的打开非常缓慢，如果需要用到较大的图片，可先使用 Photoshop 或 Fireworks 等图像处理软件将图像进行切片输出，以减小文件大小。
- 插入导航条其实就是插入一组制作好的图片，经过对图片进行超级链接设置来达到导航的目的，所以在插入导航条前需要事先规划导航条目并制作导航图片，然后才进行插入。
- 同一个网页中只能创建一个导航条，但是可以将同样的导航条复制到其他网页中进行应用。

第 5 章　添加多媒体元素

学习目标

☑　能够在网页中添加背景音乐和音乐链接等音乐元素
☑　掌握在网页中添加各种 Flash 媒体元素的方法
☑　了解添加其他相关媒体元素的方法

目标任务&项目案例

添加 Flash 按钮

添加音乐播放器

添加 Flash 影片

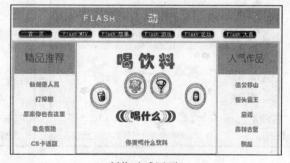

制作动感网页

在网页中只有文本和图像还不够吸引浏览者，在制作网页时，还可以添加一些多媒体元素来丰富网页，如添加背景音乐、Flash 影片、Flash 按钮、Flash 文本等，将网页做得更具特色，甚至可以将网页中的 Logo、Banner 等做成 Flash 动画，让网页更具动感效果。

5.1　添加音乐元素

在网页中插入声音文件可使网页更生动。声音文件有多种格式，如 mp3、wma、wav、midi、ra、ram 以及 aif 等。其中 mp3、wma、ra、ram 文件为压缩音乐文件；wav 和 aif 文件为可以进行录制的音乐文件；midi 是通过电脑软件合成的音乐，其文件较小，但不能被录制。下面将介绍在网页中添加音乐元素的具体方法。

5.1.1　添加背景音乐

背景音乐是在网页后台播放的音乐，当打开网页时，会自动播放该音乐。在 Dreamweaver 中添加背景音乐的方法有很多，可以采用在源代码中添加代码的方法来添加背景音乐，也可以使用行为来添加背景音乐，还可以通过标签来添加背景音乐。

【例 5-1】　使用标签的方式添加背景音乐。

（1）打开需要添加背景音乐的网页文档，选择"插入记录/标签"命令，打开"标签选择器"对话框。

（2）展开对话框左侧的"HTML 标签"选项，选择其中的"页元素"选项，如图 5-1 所示。

（3）在右侧的列表框中选择 bgsound 选项，然后单击 插入(I) 按钮，如图 5-2 所示。

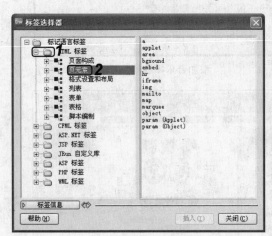

图 5-1　选择标签类别

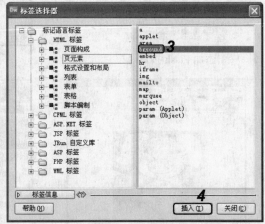

图 5-2　选择标签

（4）打开"标签编辑器"对话框，在"源"文本框中输入背景音乐的路径及名称，也可单击 浏览... 按钮进行选择。

（5）在"循环"下拉列表框中选择"无限"选项，单击 确定 按钮确定插入，如图 5-3 所示。

（6）返回"标签选择器"对话框，单击 关闭(C) 按钮关闭对话框，完成背景音乐的添加。

图 5-3 "标签编辑器"对话框

提示：

添加背景音乐后，切换到"代码"视图中可发现其中添加了一段代码，如图 5-4 所示。通常在<body>与</body>标签之间添加这个格式的代码可实现通过代码添加背景音乐。

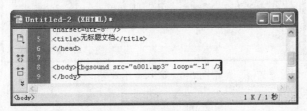

图 5-4 背景音乐代码

5.1.2 添加音乐链接

在网页中除了可以添加背景音乐外，还可以为网页对象创建音乐链接，当浏览者单击链接对象后即可启动默认音乐播放器播放该音乐，如图 5-5 所示。

在网页中选中要链接音乐文件的网页对象，在"属性"面板的"链接"文本框中输入音乐文件的路径及名称即可。

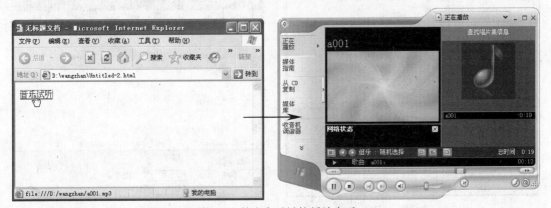

图 5-5 单击音乐链接播放音乐

5.1.3 在页面中嵌入音乐

要将音乐文件嵌入到网页中直接播放，需要浏览者具有所选音乐文件的相应插件才行。

嵌入音乐的方法是在需要嵌入音乐的位置选择"插入记录/媒体/插件"命令，在打开的"选择文件"对话框中选择需嵌入的音乐文件，然后在"属性"面板中进行相应的设置即可。嵌入音乐后浏览者可以直接在网页中控制音乐的播放状态和播放进度。

5.1.4 应用举例——在网页中嵌入音乐

在网页中嵌入音乐，让浏览者可以直接在网页中播放和控制音乐，效果如图 5-6 所示。

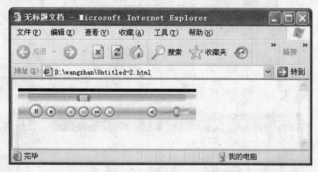

图 5-6　嵌入音乐效果

操作步骤如下：

（1）打开需要嵌入音乐的文档，在需嵌入音乐的位置选择"插入记录/媒体/插件"命令，打开"选择文件"对话框。

（2）在"查找范围"下拉列表框中选择音乐文件所在的目录，在文件列表框中选择要嵌入的文件，然后单击 确定 按钮，如图 5-7 所示。

（3）在"属性"面板中设置其宽和高分别为"300"和"50"，如图 5-8 所示。

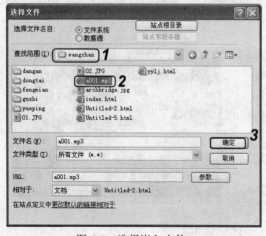

图 5-7　选择嵌入文件

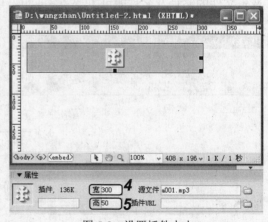

图 5-8　设置插件大小

（4）保存网页文档并执行浏览命令，可通过其中的各个按钮进行播放控制和音量调整。

5.2　插入 Flash 媒体元素

Flash 动画就是一种网页动态元素，为网页添加动态元素，可使网页具有动态效果，使网页更吸引人。

5.2.1　认识 Flash 文件

Flash 动画是一种矢量动画，可使用网页三剑客之一的 Adobe Flash 动画制作软件制作，其生成的动画文件较小。此外，使用 Swish 可创建 Flash 文本特效，使用 3D Flash Animator 可制作 3D Flash 动画。

Flash 文件主要有.fla、.swf、.swt 和.flv 等几种类型。

- ➤ .fla：该类文件是 Flash 的源文件，在 Flash 应用程序中创建并且只能在 Flash 中打开。.fla 文件需要在 Flash 中将其导出为.swf 或.swt 格式的文件才可以在浏览器中播放。

- ➤ .swf：该类文件是 Flash 电影文件，是一种压缩格式的 Flash 文件。这种文件可以在浏览器和 Dreamweaver 中播放，但不能在 Flash 中对其进行编辑。Dreamweaver 自带的 Flash 按钮和 Flash 文本创建的文件就是这种类型的文件。

- ➤ .swt：该类文件是 Flash 库文件，这种类型的文件允许修改 Flash 动画文件中的信息。这类文件常用于 Flash 按钮对象中，可以利用自己的文本或链接来修改模板，创建自己的.swf 文件来插入到网页中。

- ➤ .flv：flv 是 Flash Video 的简称，它是一种流媒体格式的视频文件，由于它形成的文件极小、加载速度极快，有效地解决了将视频文件导入 Flash 后再导出的 swf 文件体积庞大的问题，解决了观赏网络视频的缓冲量大的问题。

5.2.2　插入 Flash 动画

同嵌入音乐文件类似，插入 Flash 动画影片也需要准备好需要插入的 Flash 动画，然后选择"插入记录/媒体/Flash"命令选择 Flash 对象，并在"属性"面板中进行设置即可。

【例 5-2】　在网页中插入 Flash 动画影片。

（1）启动 Dreamweaver CS3，打开 fla.html 素材文档（立体化教学:\实例素材\第 5 章\benzhu\fla.html），将光标插入点定位到文本下方。

（2）选择"插入记录/媒体/Flash"命令，打开"选择文件"对话框，在该对话框中选择 pig.swf 文件，如图 5-9 所示。

（3）单击 确定 按钮，完成 Flash 影片的添加，选择插入的 Flash 影片，在"属性"面板的"宽"文本框中输入"310"，在"高"文本框中输入"300"。

（4）单击 ▶ 播放 按钮，可直接在 Dreamweaver 窗口中播放插入的 Flash 影片，保存文档并在浏览器中浏览，效果如图 5-10 所示（立体化教学:\源文件\第 5 章\benzhu\fla.html）。

图 5-9　选择 Flash 文件

图 5-10　浏览效果

5.2.3　插入 Flash 按钮

用户可以将自己制作的 Flash 按钮插入到网页中，也可以插入 Dreamweaver 中集成的 Flash 按钮。下面将讲解插入 Dreamweaver 集成的 Flash 按钮的方法。

【例 5-3】　在网页中插入 Flash 按钮。

（1）将光标插入点定位到需插入 Flash 按钮的位置。选择"插入记录/媒体/Flash 按钮"命令，打开"插入 Flash 按钮"对话框，如图 5-11 所示。

（2）在"样式"列表框中选择所需的按钮样式，这里选择 Blip Arrow 选项，在"范例"栏中将显示其效果。

（3）在"按钮文本"文本框中输入需要在按钮上显示的文本，这里输入"进入论坛"。

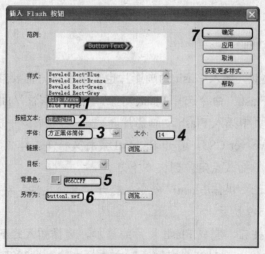

图 5-11　"插入 Flash 按钮"对话框

（4）在"字体"下拉列表框中选择"方正黑体简体"选项，在"大小"文本框中输入

"14"，在"背景色"文本框中输入"#66CCFF"。

📢提示：

单击"链接"文本框后的 浏览... 按钮，在打开的对话框中可选择单击 Flash 按钮时要链接的文档；在
"目标"下拉列表框中可设置所链接文件的打开方式。

（5）在"另存为"文本框中输入 Flash 按钮保存的路径及文件名，单击 确定 按
钮关闭对话框，插入的 Flash 按钮如图 5-12 所示。

图 5-12　Flash 按钮

📢提示：

选中插入的 Flash 按钮，在其"属性"面板中可设置相关的属性，如宽、高、文件名、对齐方式等，
另外，Flash 按钮名称不能用中文，且其文件最好与网页保存在同一个文件夹中。

5.2.4　插入 Flash 文本

在网页中还可插入 Flash 文本。Flash 文本是 Dreamweaver 中集成的文本动画，与插入
Flash 按钮的方法类似。

【例 5-4】　在网页中插入 Flash 文本。

（1）将光标插入点定位到需插入 Flash 文本的位置。

（2）选择"插入记录/媒体/Flash 文本"命令，打开"插入 Flash 文本"对话框，如
图 5-13 所示。

图 5-13　"插入 Flash 文本"对话框

（3）在"字体"下拉列表框中选择 Flash 文本的字体，在"大小"文本框中输入字号
大小，并设置文本颜色及转滚颜色。

（4）在"文本"文本框中输入要显示的文本，并在"链接"文本框中设置链接文档，在"目标"下拉列表框中选择所链接文件的打开方式。

（5）设置"背景色"，在"另存为"文本框中输入 Flash 文本的文件名，设置完成后单击 确定 按钮关闭对话框，完成 Flash 文本的插入。

📢提示：

如果该 Flash 文本不需要设置链接，则无须设置"链接"文本框和"目标"下拉列表框中的选项。

5.2.5 插入 FlashPaper

FlashPaper 是一种特殊的 Flash 动画，可以使用 FlashPaper 软件来制作。在网页中插入 FlashPaper 后，在浏览器中打开包含 FlashPaper 文档的网页时即可直接浏览 FlashPaper 中的所有页面，而无须加载新的网页。

插入 FlashPaper 的方法是选择"插入记录/媒体/FlashPaper"命令，打开"插入 FlashPaper"对话框，在"源"文本框中输入 FlashPaper 文件的路径及名称，并设置其高度和宽度，如图 5-14 所示。单击 确定 按钮后将打开"对象标签辅助功能属性"对话框，在其中输入标题等属性后单击 确定 按钮即可，如图 5-15 所示。

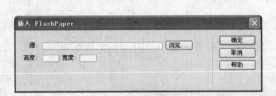
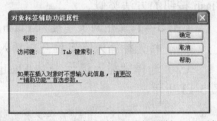

图 5-14 "插入 FlashPaper"对话框   图 5-15 "对象标签辅助功能属性"对话框

5.2.6 插入 Flash 视频

可以在网页中添加 flv 格式的视频文件，其插入方法也很简单，在需要插入视频的位置选择"插入记录/媒体/Flash 视频"命令，在打开的对话框中做相应的设置即可。

【例 5-5】 在网页中插入 Flash 视频。

（1）将光标插入点定位到需要插入视频的位置，选择"插入记录/媒体/Flash 视频"命令，打开"插入 Flash 视频"对话框。

（2）在 URL 文本框中输入视频所在的路径及名称，在"外观"下拉列表框中选择视频播放器的外观。

（3）在"宽度"和"高度"文本框中设置视频的宽度和高度，选中 ☑ 自动播放 复选框使网页在加载完视频后自动播放。

（4）设置完后单击 确定 按钮完成 Flash 视频的插入，如图 5-16 所示，插入后窗口中将显示视频对象，如图 5-17 所示，选择插入的视频对象后也可在"属性"面板中修改其属性。

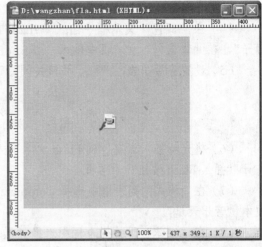

图 5-16　"插入 Flash 视频"对话框　　　　图 5-17　插入的 Flash 视频

5.2.7　应用举例——在网页中插入 Flash 元素

本例将为"阳光论坛"网页添加 Flash 文本、Flash 按钮和 Flash 影片，最终效果如图 5-18 所示（立体化教学:\源文件\第 5 章\yangguang\yangguang.html）。

图 5-18　最终效果

操作步骤如下：

（1）启动 Dreamweaver，打开 yangguang.html 网页文档（立体化教学:\实例素材\第 5 章\阳光论坛\yangguang.html）。

（2）将光标插入点定位到左侧空白表格区域，选择"插入记录/媒体/Flash 文本"命令，打开"插入 Flash 文本"对话框。

（3）在"字体"下拉列表框中选择"隶书"选项，在"大小"文本框中输入"20"。

（4）在"颜色"文本框中输入"#E28F14"，在"文本"文本框中输入"阳光灿烂的日子"，在"背景色"文本框中输入"#FBE6B9"。

（5）设置完后单击 确定 按钮关闭对话框，插入的 Flash 文本如图 5-19 所示。

阳光灿烂的日子

图 5-19　插入的 Flash 文本

（6）将光标插入点定位到 Flash 文本下方，选择"插入记录/媒体/Flash 按钮"命令，打开"插入 Flash 按钮"对话框。

（7）在"样式"列表框中选择 Corporate-Orange 选项，在"按钮文本"文本框中输入文本"音乐天地"。

（8）在"字体"下拉列表框中选择"黑体"选项，在"大小"文本框中输入"14"，在"背景色"文本框中输入"#FFCC66"，如图 5-20 所示，

（9）单击 确定 按钮关闭对话框，按 Enter 键换行，使用同样的方法添加其他 Flash 按钮，组成导航条，效果如图 5-21 所示。

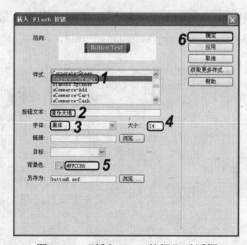

图 5-20　"插入 Flash 按钮"对话框

图 5-21　插入的 Flash 按钮

（10）将光标插入点定位到 Flash 按钮下面，选择"插入记录/媒体/Flash"命令，打开"选择文件"对话框，在该对话框中选择 hygl.swf 文件，单击 确定 按钮，完成 Flash 影片的添加。

（11）选中添加的 Flash 影片，在"属性"面板的"宽"、"高"文本框中分别输入"165"和"130"，单击 ▶ 播放 按钮播放 Flash 影片，效果如图 5-22 所示。

（12）完成后保存并预览网页。

图 5-22　播放中的 Flash 影片

5.3　插入其他媒体元素

在 Dreamweaver 中除了可以插入 Flash 媒体元素，还可以插入 Shockwave 影片、Applet 和插件等其他媒体元素。

5.3.1　插入 Shockwave 影片

Shockwave 影片的压缩格式文件较小，可以被快速下载，且能被目前的主流浏览器所支持。Shockwave 影片可以通过 Macromedia Director 来制作，其扩展名为.dcr、.dxr 或.dir。

在网页中添加 Shockwave 影片可以通过选择"插入记录/媒体/Shockwave"命令，在打开的"选择文件"对话框中选择相应的文件即可。

5.3.2　插入 Applet

Applet 插件能在网页中实现一些特殊效果，如下雪、水纹等。Applet 是一种 Java 应用程序，也是一种动态、安全、跨平台的网络应用程序。Java Applet 常被嵌入到 HTML 语言中，可以实现较为复杂的控制，也可以实现各种动态效果。

插入 Applet 的操作与其他媒体元素的插入方法类似，将光标插入点定位到需插入 Applet 的位置后选择"插入记录/媒体/Applet"命令，在打开的"选择文件"对话框中选择需要插入的 Applet 文件后单击 确定 按钮，即可将 Applet 插入到网页中，如图 5-23 所示为插入 Applet 的显示图标。

图 5-23　Applet 在网页中显示的图标

5.3.3　插入插件

利用插入插件功能可以在网页中插入各种类型的媒体元素，要实现该功能需要在用户的电脑中安装相应的插件才能正常浏览网页中的特定内容。如前面介绍的嵌入音乐和插入 Shockwave 影片都属于插件的一种。要插入插件，可选择"插入记录\媒体\插件"命令，在打开的"选择文件"对话框中选择相应插件类型的文件即可。

5.4　上机及项目实训

5.4.1　插入 Flash 影片和 Flash 按钮

本次上机练习将为"Flash 动起来"网页添加动态元素，使网页更具动感，更吸引人。本例主要练习为网页添加一个 Flash 动画作为 Banner，然后为其添加 Flash 按钮作为导航条。最终效果如图 5-24 所示。

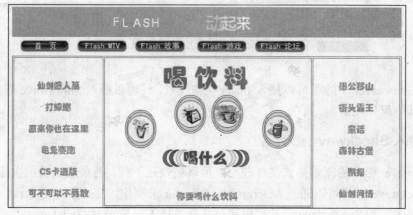

图 5-24　最终效果

1．插入 Flash 影片

首先为网页插入 Flash 影片。操作步骤如下：

（1）启动 Dreamweaver CS3，打开 flash.html 网页文档（立体化教学:\实例素材\第 5 章\动起来\flash.html），将光标插入点定位到网页顶端表格中。

（2）选择"插入记录/媒体/Flash"命令，如图 5-25 所示。

（3）打开"选择文件"对话框，在该对话框中选择 banner.swf 文件，单击 确定 按钮，完成 Flash 影片的添加，如图 5-26 所示。

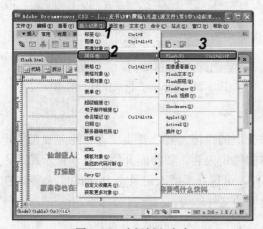

图 5-25　选择插入命令

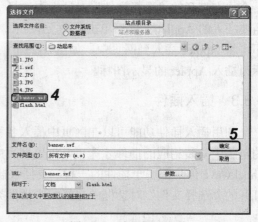

图 5-26　选择插入文件

（4）选中添加的 Flash 影片，在"属性"面板中单击 ▶ 播放 按钮播放 Flash 影片，如图 5-27 所示。

图 5-27　播放 Flash 影片

（5）将光标插入点定位到中间表格的"你要喝什么饮料"文本前面，使用同样的方法插入 1.swf 文件。

（6）选中添加的 Flash 影片，在"属性"面板中单击 ▶ 播放 按钮播放 Flash 影片，效果如图 5-28 所示。

图 5-28　播放 Flash 影片

2. 插入 Flash 按钮

下面为网页插入 Flash 按钮作为导航条。操作步骤如下：

（1）将光标插入点定位到 Banner 下方的表格中，选择"插入记录/媒体/Flash 按钮"命令，打开"插入 Flash 按钮"对话框。

（2）在"样式"列表框中选择 Blue Warper 选项，在"按钮文本"文本框中输入文本"首　页"。

（3）在"字体"下拉列表框中选择"黑体"选项，在"大小"文本框中输入"16"，在"背景色"文本框中输入"#E3F7F9"，如图 5-29 所示。

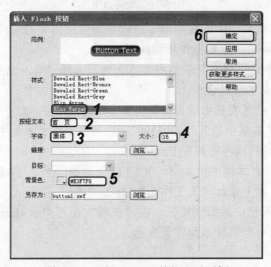

图 5-29　"插入 Flash 按钮"对话框

（4）单击 确定 按钮关闭对话框，使用同样的方法添加其他 Flash 按钮，组成导航条，注意每个导航条之间的距离，并设置居中显示，效果如图 5-30 所示。

图 5-30　Flash 导航条

5.4.2　插入 Flash 文本和背景音乐

继续在上述实例的 flash.html 网页中插入 Flash 文本，并为网页设置自己喜欢的背景音乐，添加 Flash 文本后的效果如图 5-31 所示（立体化教学:\源文件\第 5 章\dong\flash.html）。

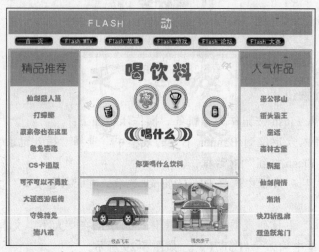

图 5-31　最终效果

本练习可结合立体化教学中的视频演示进行学习（立体化教学:\视频演示\第 5 章\插入 Flash 文本和背景音乐.swf）。主要操作步骤如下：

（1）将光标插入点定位到左侧表格中文本上方，选择"插入记录/媒体/Flash 文本"命令，打开"插入 Flash 文本"对话框。

（2）在"字体"下拉列表框中选择"华文隶书"选项，在"大小"文本框中输入"30"。

（3）在"颜色"文本框中输入"#003399"，在"文本"文本框中按两次 Enter 键换行，输入文本"精品推荐"，然后再按两次 Enter 键。

（4）在"背景色"文本框中输入"#00CCFF"，单击 [　确定　] 按钮关闭对话框，用同样的方法在右侧表格的文本上添加"人气作品"Flash 文本。

（5）单击文档工具栏中的 [代码] 按钮，在"代码"视图中的<head>和</head>之间的任何位置加入背景音乐代码为网页添加背景音乐。

💭注意：

> 在插入 Flash 按钮、Flash 文本等元素时，其文件名、元素文件名以及网页所在文件夹不能为正文汉字，否则不能正常插入。

5.5　练习与提高

（1）在网页中添加一个 Flash 文本，并为网页添加背景音乐，参考效果如图 5-32 所示。

提示：字体为"黑体"，字号为"30"，颜色为"#009933"，背景色为"#99FFCC"，文本为"欢迎光临本网站"。

（2）在网页中添加一个 Flash 按钮组成的导航条，参考效果如图 5-33 所示。

提示：选择按钮样式为 Chrome Bar 型按钮，按钮文本字体为"华文行楷"，字号为"14"。

欢迎光临本网站

图 5-32　Flash 文本效果　　　　　　图 5-33　Flash 按钮效果

（3）创建一个音乐播放页面，当打开网页时即可播放音乐，并可根据自己的看法在网页中添加其他动态元素使网页不致太单调。

经验技巧　充实网页内容时的注意事项

本章主要讲解了各种动态元素的添加方法，使网页内容更加丰富多彩，其操作都非常简单。但是在为网页充实内容的同时，也要注意以下一些细节问题：

◣ 在为网页添加背景音乐时，为使网页的主题内容能尽快显示，一般不要使用太大的音乐文件来作背景音乐，否则会影响浏览速度，弄巧成拙。

◣ 在网页中添加 Flash 按钮和 Flash 文本等元素时，Dreamweaver 会自动在网页所在的文件夹中生成 swf 文件，这些文件不能删除，否则添加的元素将不能正常显示。

◣ 添加 Flash 元素的网页不要放置在中文文件夹目录下，否则将有可能不能正确添加 Flash 元素。

◣ 在 Dreamweaver 中还可以通过添加插件的方式添加其他格式的视频文件，其方法与在网页中嵌入音乐的方式相同，只需在"选择文件"对话框中选择相应的视频文件即可。

第6章　创建超级链接

学习目标

- ☑ 了解超级链接的概念
- ☑ 认识超级链接的分类
- ☑ 掌握创建文本超级链接和锚链接的方法
- ☑ 掌握创建图像超级链接的方法
- ☑ 掌握创建电子邮件超级链接的方法
- ☑ 掌握创建空链接的方法

目标任务&项目案例

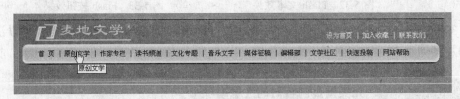

创建导航条热点链接

邮件链接

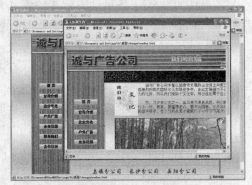

在新窗口中打开链接对象

　　超级链接是网页中至关重要的组成元素，只有通过它才能够实现页面与页面之间的跳转，从而有机地将网站中的每个页面连接起来，并且可以链接站点外其他网站的网页。可以说没有超级链接的网页是不完整的，本章将详细介绍超级链接的概念、种类以及创建方法，使读者熟练掌握超级链接的使用。

6.1　超级链接的概念

网站是由一个个的网页组成的，而连接这些网页的桥梁就是超级链接，通过它能够实现页面与页面之间的跳转，从而有机地将网站中的每个页面连接起来。

通常鼠标光标在移至超级链接处时会显示手形，并表示单击鼠标可跳转到链接的页面。超级链接可以是文本、图像或是其他的网页元素。超级链接由源端点和目标端点两部分组成，有链接的一端称为源端点，跳转到的页面称为目标端点。

6.1.1　源端点的链接

源端点的链接主要有文本链接、图像链接和表单链接 3 种，其含义如下。

- **文本链接**：文本链接是以文字作为超级链接源端点，在 Dreamweaver 中建立文本链接后，其文字下方通常会有下划线。
- **图像链接**：图像链接即是以图像为源端点的超级链接，单击该图像可跳转到相关的页面。图像链接具有美观、实用的特点，在网页设计中较常用。
- **表单链接**：表单链接是一种比较特殊的超级链接，当填写完某个表单后，单击相应的按钮会自动跳转至目标页面。

6.1.2　目标端点的链接

目标端点的链接根据类型的不同可分为外部链接、内部链接、局部链接和电子邮件链接几种。

- **外部链接**：外部链接是指目标端点不属于本网站的链接。外部链接可实现网站与网站之间的跳转，从而将浏览范围扩大到整个网络。如某些网站上的友情链接就是外部链接。
- **内部链接**：内部链接是指目标端点为本站点中的其他文档的超级链接。
- **局部链接**：通过局部链接可在浏览时跳转到当前文档或其他文档的某一指定位置。此类链接是通过文档中的命名锚记实现的。
- **电子邮件链接**：单击电子邮件链接可启动电脑中默认的电子邮件程序，并指定收件人的邮箱地址。

6.1.3　根据链接路径分类

超级链接根据链接路径的不同可分为以下几种类型。

- **文档相对路径链接**：文档相对路径是本地站点链接中最常用的链接形式，使用相对路径无须给出完整的 URL 地址，可省去 URL 地址的协议，只保留不同的部分即可。相对链接的文件之间相互关系并没有发生变化，当移动整个文件夹时不会出现链接错误的情况，也就不用更新链接或重新设置链接，因此使用文档相对路径创建的链接在上传网站时非常方便。

◆ **绝对链接**：这类链接给出了链接目标端点完整的 URL 地址，包括使用的协议，如 http://mail.sina.net/index.html。绝对链接在网页中主要用作创建站外具有固定地址的链接。

◆ **站点根目录相对路径链接**：这类链接是基于站点根目录的，如/tianshu/xiaoshuo .htm，在同一个站点中网页的链接可采用这种方法。

6.2　创建各类超级链接

通过上面的讲解，了解了网页中常见的超级链接种类，下面就分别介绍不同超级链接的创建方法。

6.2.1　创建文本链接

文本链接是最常见的链接，即通过单击文字，打开对应的目标对象。

【例 6-1】　创建普通文本超级链接。

（1）在网页中选中要作为超级链接的文本，打开"属性"面板，单击"链接"下拉列表框后的 按钮，打开"选择文件"对话框。

（2）在"查找范围"下拉列表框中指定需链接文档的位置，再在中间的列表框中选中所需文档。

（3）在"相对于"下拉列表框中选择"文档"选项，表示使用文档相对路径进行链接，如图 6-1 所示。

图 6-1　选择链接文件

（4）单击 确定 按钮关闭对话框，在"属性"面板的"目标"下拉列表框中指定链接网页打开的方式，完成文本链接的创建，如图 6-2 所示。

图 6-2　选择链接网页打开的方式

在"属性"面板的"目标"下拉列表框中有 4 个选项，即_blank、_parent、_self 和_top，其含义分别如下。

- _blank：表示单击该链接会重新启动一个浏览器窗口载入被链接的网页。
- _parent：表示在上一级浏览器窗口中显示链接的网页文档。
- _self：表示在当前浏览器窗口中显示被链接的网页文档。
- _top：表示在最顶端的浏览器窗口中显示链接的网页文档。

6.2.2　创建锚链接

锚链接实际就是文本的一种指向超级链接。使用命名锚记可在网页中指定的位置创建链接的目标端点，这种链接方式不仅可以跳转到其他网页中的指定位置，还可以跳转到当前网页中的指定位置。

锚链接的创建分为创建命名锚记和链接命名锚记两部分，下面将分别讲解。

1. 创建命名锚记

创建命名锚记的方法是将光标插入点定位到要创建命名锚记的位置或选中要指定命名锚记的文本，选择"插入记录/命名锚记"命令或单击"常用"插入栏上的 按钮，打开"命名锚记"对话框。在"锚记名称"文本框中输入锚的名称，单击 确定 按钮关闭对话框，命名锚记的文本旁边将出现一个锚记标记，如图 6-3 所示。

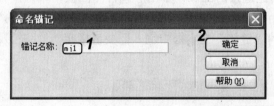

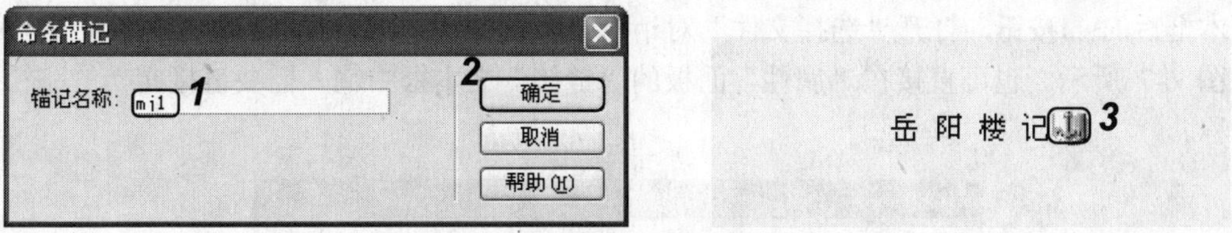

图 6-3　创建命名锚记

✍技巧：

锚记和文本一样可以进行剪切、复制和粘贴等操作，可以随意在网页中移动锚记的位置，如图 6-4 所示为将图 6-3 所示的锚记改变位置后的效果。

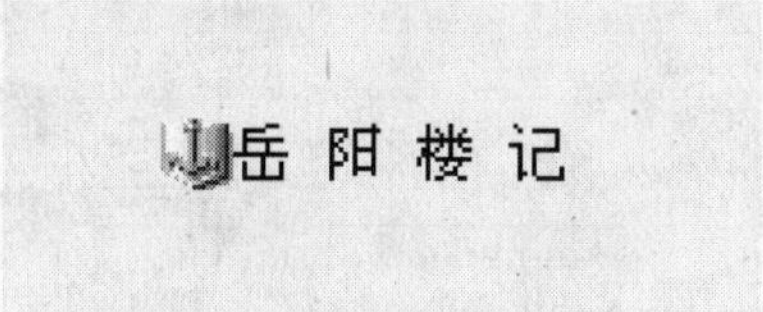

岳 阳 楼 记

图 6-4　改变锚记位置

2．链接命名锚记

要链接到网页中的锚记，必须创建对应的链接源端点。链接命名锚记的方法是先选中作为链接的文本，在"属性"面板的"链接"下拉列表框中输入锚记名称及相应的前缀。

如果链接的目标命名锚记位于当前网页，则在"属性"面板的"链接"下拉列表框中输入一个"#"符号，然后输入链接的锚记名称。例如，要链接当前网页中名为 mj1 的锚记位置，可以输入"#mj1"，如图 6-5 所示。

图 6-5　链接当前页面中的命名锚记

如果要链接的目标锚记在其他网页中，则需要先输入该网页的 URL 地址和名称，然后输入"#"符号和锚名称。例如，要链接当前目录下 tn.html 网页中的 tongnian 锚记位置，可以输入"tn.html# tongnian"，如图 6-6 所示。

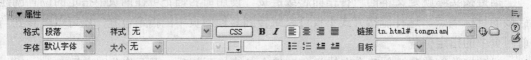

图 6-6　链接当前目录下其他页面中的命名锚记

6.2.3　创建图像链接

图像和文本一样也可创建超级链接，图像链接分为一般链接和热点链接。

1．创建图像的一般链接

创建图像一般链接的方法是选中需要创建链接的图像，单击"属性"面板中"链接"文本框后的□按钮，打开"选择文件"对话框，在该对话框中选择需要链接的文档即可，如图 6-7 所示。也可直接在"属性"面板的"链接"文本框中输入需要链接文档的路径及名称。

图 6-7　选择链接目标文件

在"属性"面板的"替代"下拉列表框中输入注释文本，浏览页面时，当鼠标移到图像上时会显示该文本。

技巧：

创建图像或文本超级链接的方法都基本相同，还可以选中需创建链接的图像或文本，将鼠标移动到"属性"面板的"链接"文本框右侧的"指向文件"图标🔘上，按住鼠标左键不放，将箭头拖向站点窗口中所需链接的文档，然后释放鼠标来创建链接，如图 6-8 所示。

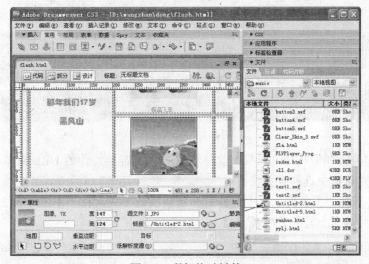

图 6-8 鼠标拖动链接

2．创建图像的热点链接

如果需要在一个图像对象中创建多个链接，可使用图像热点链接，利用热点工具将一个图像划分为多个热点作为链接点，再单独对每个热点添加相应的图像热点链接，达到一个对象链接多个目标的目的。

【例 6-2】 为图像创建热点链接。

（1）打开 redian.html 网页文档（立体化教学:\实例素材\第 6 章\redian\redian.html），选择导航图像，在"属性"面板的左下角单击□按钮，如图 6-9 所示。

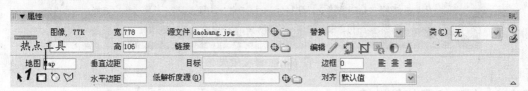

图 6-9 选择图像后的"属性"面板

提示：

"属性"面板中有 4 个热点工具按钮，其中 ▶ 按钮用于对热点进行操作，□按钮、○按钮和▽按钮用于绘制各种形状的热点。

（2）在图像上绘制一个矩形热点，如图 6-10 所示。

图 6-10　绘制矩形热点

（3）单击"指针热点工具"按钮 ，将鼠标移动到绘制的热点上拖动，可调整热点的位置和大小，如图 6-11 所示。

图 6-11　调整热点

（4）在"属性"面板的"链接"文本框中输入要链接文件的 URL 或单击其后的 按钮，在打开的对话框中选择链接文件。

（5）在"目标"下拉列表框中选择打开链接页的方式，在"替代"下拉列表框中输入鼠标移动到链接热点上时显示的提示信息，如图 6-12 所示。

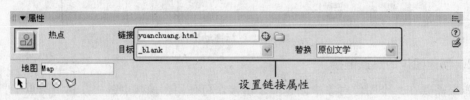

图 6-12　设置链接属性

（6）使用相同的方法创建其他热点链接，完成后保存并浏览网页，将鼠标移动到热点链接上的效果如图 6-13 所示，单击将打开链接的目标文档。

图 6-13　链接效果

6.2.4　创建电子邮件链接

电子邮件链接可方便浏览者为某邮箱发送邮件。创建电子邮件链接的方法是：选中要作为电子邮件链接的文本，选择"插入记录/电子邮件链接"命令，或在"常用"插入栏中单击 按钮，打开"电子邮件链接"对话框。在该对话框的"文本"文本框中会自动显示选中的文本，在 E-Mail 文本框中输入要链接的邮箱地址，单击 确定 按钮即可，如图 6-14 所示。

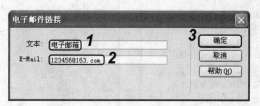

图 6-14　"电子邮件链接"对话框

✎技巧：

> 设置电子邮件链接后，在其"属性"面板的"链接"下拉列表框中将添加链接的邮箱地址，如图 6-15 所示，也可直接在"链接"下拉列表框中输入形如"mailto:123456@163.com"的电子邮件链接。

图 6-15　邮件链接"属性"面板

6.2.5　创建空链接

空链接是指未指定目标端点的链接。如果需要在文本上附加行为，以便通过调用 JavaScript 等脚本代码来实现一些特殊功能，就需要创建空链接。在编辑窗口中选中要建立空链接的文本或图像，然后在"属性"面板的"链接"下拉列表框中输入"#"符号，如图 6-16 所示，最后为其添加相应的行为即可。如未添加其他行为，空链接默认会跳转到页面顶部。

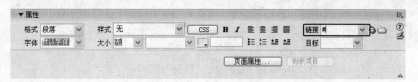

图 6-16　添加空链接

6.2.6　应用举例——为"责任制度"页面创建超级链接

下面将在"责任制度"网页中创建文本链接、锚链接、电子邮件链接和空链接，最终效果如图 6-17 所示（立体化教学:\源文件\第 6 章\制度\zhidu.html）。

操作步骤如下：

（1）启动 Dreamweaver，打开 zhidu.html 网页文档（立体化教学:\实例素材\第 6 章\制度\zhidu.html），拖动滚动条至页面底部，选中文本"下一则公告"，如图 6-18 所示。

（2）单击"属性"面板中"链接"下拉列表框后的🗀按钮，打开"选择文件"对话框，在该对话框中选择 tongzhi.html 网页文档（立体化教学:\实例素材\第 6 章\制度\tongzhi.html），单击 确定 按钮关闭对话框，如图 6-19 所示。

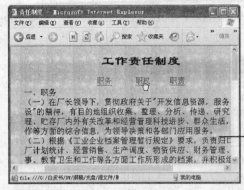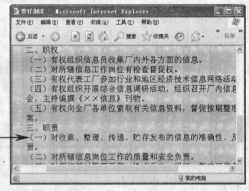

图 6-17　链接效果

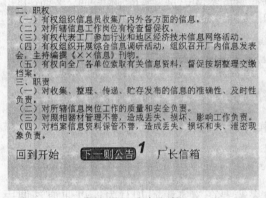

图 6-18　选中文本　　　　　　　　　　　图 6-19　选择链接文件

（3）在"属性"面板的"目标"下拉列表框中选择_blank 选项，表示将在新窗口中打开链接页面，如图 6-20 所示。

图 6-20　设置打开方式

（4）选中文本"回到开始"，在"属性"面板的"链接"下拉列表框中直接输入"#"符号，创建一个空链接，如图 6-21 所示。

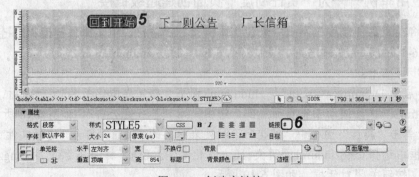

图 6-21　创建空链接

（5）选中文本"厂长信箱"，选择"插入记录/电子邮件链接"命令，打开"电子邮件链接"对话框。

（6）在 E-Mail 文本框中输入邮箱地址，如输入"123456@sina.com"，如图 6-22 所示，单击 确定 按钮关闭对话框，其"属性"面板的"链接"下拉列表框中将自动添加电子邮件链接，如图 6-23 所示。

图 6-22　创建电子邮件链接

图 6-23　添加的电子邮件链接

（7）将鼠标定位到正文第一段的"一"文本前面，单击"常用"插入栏中的 按钮，打开"命名锚记"对话框，在"锚记名称"文本框中输入名称，如这里输入"m1"，单击 确定 按钮关闭对话框，如图 6-24 所示。

（8）创建锚记后在该位置将出现一个 标记，如图 6-25 所示，用同样的方法在第二条和第三条前面创建名为 m2 和 m3 的锚记。

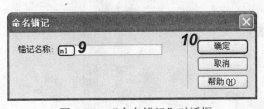

图 6-24　"命名锚记"对话框

图 6-25　创建锚记

（9）选中标题下面的"职务"文本，在"属性"面板的"链接"下拉列表框中输入"#m1"，如图 6-26 所示。

（10）用同样的方法分别将"职权"和"职责"文本链接到 m2 和 m3 锚记，保存并预览网页文档。

（11）分别单击标题下面的"职务"、"职权"或"职责"超级链接，页面将跳转到相关内容。

（12）单击页面底部的"回到开始"超级链接，页面将跳转到顶部，单击"下一则公告"超级链接，将在新的窗口中打开"通知"页面。

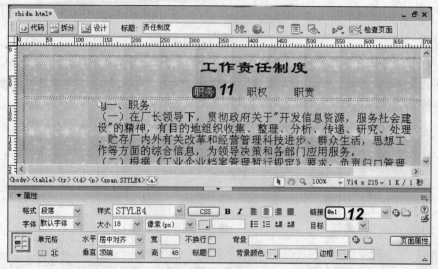

图 6-26 链接锚记

（13）单击"厂长信箱"超级链接，启动默认电子邮件客户端，并将 123456@sina.com 作为收件人地址，如图 6-27 所示。

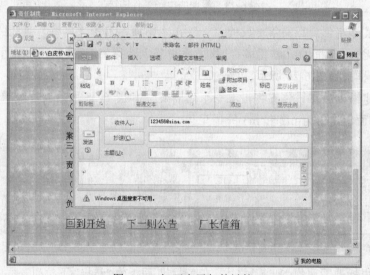

图 6-27 打开电子邮件链接

6.3 上机及项目实训

6.3.1 为"联系我们"页面创建超级链接

本次练习将为"诚与广告公司"站点的"联系我们"页面创建页面导航及文字链接和电子邮件链接，在完成后的网页上单击"企业文化"热点链接可打开"企业文化"页面，单击"乌镇分公司"文字链接可打开"乌镇分公司"页面，单击电子邮件链接可启动电子邮件软件，效果如图 6-28 所示（立体化教学:\源文件\第 6 章\chengyu\lianxi.html）。

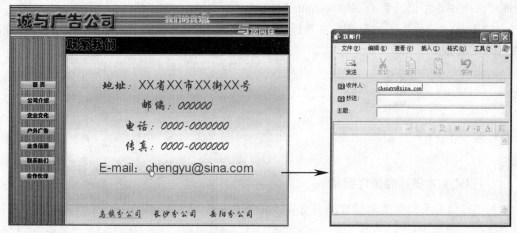

图 6-28　邮件链接效果

1. 创建图像热点链接

使用热点链接工具创建图像热点链接，操作步骤如下：

（1）打开 lianxi.html 网页文档（立体化教学:\实例素材\第 6 章\chengyu\lianxi.html），单击页面左侧的导航条图像以选中图像元素。

（2）在图像"属性"面板中单击"矩形热点工具"按钮，如图 6-29 所示。

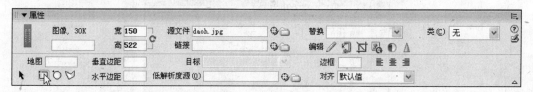

图 6-29　选择热点工具

（3）在"企业文化"区域拖动鼠标绘制热点，然后单击"指针热点工具"按钮调整热点的范围和大小，效果如图 6-30 所示。

图 6-30　绘制热点

（4）单击"属性"面板中"链接"文本框后的 按钮，打开"选择文件"对话框，在该对话框中选中同一目录下的 wenhua.html 文件，单击 确定 按钮。

（5）在"目标"下拉列表框中选择_blank 选项，表示在新的窗口中打开链接的网页，如图 6-31 所示。

图 6-31　设置链接属性

2. 创建文本链接和邮件链接

为"乌镇分公司"文本创建超级链接，并为 E-mail:chengyu@sina.com 创建电子邮件链接，操作步骤如下：

（1）选中"乌镇分公司"文本，选择"插入记录/超级链接"命令打开"超级链接"对话框，单击"链接"下拉列表框后面的 按钮，打开"选择文件"对话框，选择 wuzhen.html 文件作为目标端点。

（2）在"目标"下拉列表框中选择_blank 选项，然后单击 确定 按钮关闭对话框，如图 6-32 所示。

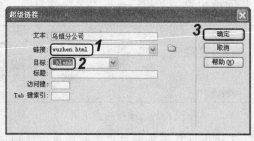

图 6-32　"超级链接"对话框

（3）选中 E-mail:chengyu@sina.com 文本，单击"常用"插入栏中的 按钮打开"电子邮件链接"对话框。

（4）在 E-Mail 文本框中输入邮件地址"chengyu@sina.com"，单击 确定 按钮关闭对话框，如图 6-33 所示。

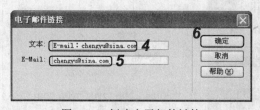

图 6-33　创建电子邮件链接

（5）保存并预览网页，单击相应的链接可打开相应的窗口，如图 6-34 所示为单击"企业文化"超级链接打开的窗口。

图 6-34　在新窗口中打开链接页面

6.3.2 创建其他页面链接

在相同目录下创建其他各内部页面和分公司页面文件，并设置相应的链接，以完善站点网页结构。

本练习可结合立体化教学中的视频演示进行学习（立体化教学:\视频演示\第 6 章\创建其他页面链接.swf）。主要操作步骤如下：

（1）在相同文件夹中分别创建各页面文件，并分别进行命名，如"首页"文件可命名为 index.html、"公司介绍"文件可命名为 jieshao.html。

（2）在"联系我们"页面的导航图片上分别创建各页面的热点链接，并指向相应的目标页面，链接目标可选择_self 选项，即在当前窗口中打开目标页面。

（3）为"长沙分公司"和"岳阳分公司"文本创建超级链接，并指向相应的目标页面，链接目标可选择_blank 选项，即在新的窗口中打开目标页面。

（4）设置好所有链接后保存页面，并将"联系我们"页面分别另存为其他各页面的文件名以替换原来的空白页面文件，然后即可在各页面中编辑不同的内容，而不用分别设置导航链接。

6.4　练习与提高

（1）创建一个简单的导航页面，通过热点链接的方式链接相应的子页文件，效果如图 6-35 所示。

（2）创建一个小说节选页面，为各主要段落添加锚记，并创建相应的超级链接以方便跳转到相应的页面，效果如图 6-36 所示。

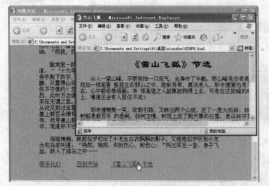

图 6-35　在新窗口中打开热点链接页面　　　　　图 6-36　创建小说节选页面

页面链接过程中的注意事项和操作技巧

本章主要讲解了各类超级链接的创建方法，超级链接的创建非常简单，但是需要细心，不能将链接的对象弄错了。在进行页面链接的过程中，可注意和借鉴以下几点：

▶ 在进行外部链接时，需输入完整的 URL 地址，如需链接网易首页，需输入链接完整的网址"http://www.163.com/"而不能输入"www.163.com"，如果输入"www.163.com"，系统会认为是链接站点内的"www.163.com"文件，而无法链接正确的网址。

▶ 对超级链接熟练了之后，创建链接时可不必每次都使用菜单命令或单击插入栏中的按钮，只需选中对象后在相应的"属性"面板的"链接"下拉列表框中输入链接路径及文件名称即可，这样可提高工作效率。

▶ 在直接输入链接对象时，如果链接对象与当前文档在同一个文件夹中，可直接输入文件名，如"wenhua.html"；如果链接对象在当前文档所在文件夹的下一级文件夹中，需输入下一级文件夹名称及链接文件的名称，如"dong/flash.html"；如果链接对象在当前文档的上一级文件夹中，则在文件名称前需加上"../"，如"../index.html"，若是上面两级，则加两个"../"符号，依此类推。

第 7 章　使用表格布局页面

学习目标

- ☑ 掌握在网页中插入和嵌套表格的方法
- ☑ 为表格添加内容
- ☑ 进行单元格的选择、合并及拆分等操作
- ☑ 进行行和列的插入和删除操作
- ☑ 设置表格和单元格的属性
- ☑ 表格中内容的移动和排序
- ☑ 表格中数据的导入和导出

目标任务&项目案例

制作表格并排序

制作日历

产品展示页面

制作影视网页

制作"合作伙伴"页面

　　页面布局是网页制作的一个重要部分，只有确定了网页的基本框架和布局思路才能让工作顺利进行下去。使用表格布局页面是一种最常用的布局方式，本章将学习在网页中插入表格以及表格的各种操作，让读者熟练掌握表格的使用。

7.1　表格的基本操作

在制作网页的过程中，表格的功能较多，可用表格对网页中的文本、图像及其他元素进行定位，也可有序地排列数据等，为制作网页提供了很大的方便。下面将讲解表格的创建方法及各种表格的基本操作。

7.1.1　插入表格

表格不仅可以为页面进行宏观的布局，还可以使页面中的文本、图像等元素更有条理。在网页中插入表格的操作也很简单，主要在"表格"对话框中进行。

【例 7-1】　在网页中插入一个 3 行 4 列的表格。

（1）将光标插入点定位到需插入表格的位置，选择"插入记录/表格"命令，或在"常用"插入栏中单击 按钮，打开"表格"对话框。

技巧：

按 Ctrl+Alt+T 键可快速打开"表格"对话框。

（2）在该对话框中可进行表格行数、列数、表格宽度、边框粗细、单元格边距、单元格间距以及页眉等属性的设置，这里设置行数为"3"，列数为"4"，表格宽度为"800"，其他保持默认设置不变，如图 7-1 所示。

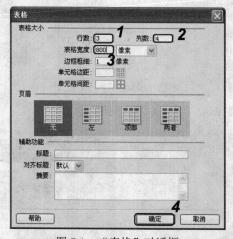

图 7-1　"表格"对话框

（3）设置好后单击 确定 按钮关闭对话框，完成表格的插入，如图 7-2 所示为插入的表格。

图 7-2　插入的表格

7.1.2　嵌套表格

当单个表格不能满足布局的需求时，可以进行嵌套表格的创建。嵌套表格是指在表格的某个单元格中再插入一个表格，其宽度受所在单元格宽度的限制。

创建嵌套表格时只需将光标插入点定位到需插入嵌套表格的单元格中，然后再执行表格插入的操作即可，如图 7-3 所示即为嵌套表格的效果。

嵌套表格——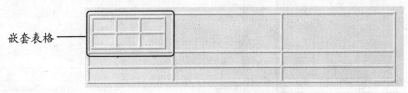

图 7-3　嵌套表格

【例 7-2】　在网页中插入一个 2 行 3 列的表格，并在第一个单元格中插入一个 2 行 2 列的嵌套表格。

（1）将光标插入点定位到需插入表格的位置，选择"插入记录/表格"命令，打开"表格"对话框。

（2）在"行数"文本框中输入"2"，在"列数"文本框中输入"3"，在"表格宽度"文本框中输入"300"，在"边框粗细"文本框中输入"2"，在"标题"文本框中输入"表格"，如图 7-4 所示。

（3）单击 确定 按钮完成表格的添加，插入的表格如图 7-5 所示。

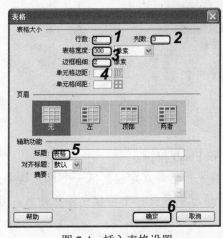

图 7-4　插入表格设置

表格

图 7-5　插入的表格

（4）将光标插入点定位到第一个单元格中，再次选择"插入记录/表格"命令，打开"表格"对话框。

（5）在"行数"文本框中输入"2"，在"列数"文本框中输入"2"，在"表格宽度"文本框中输入"100"，在"边框粗细"文本框中输入"1"，如图 7-6 所示。

（6）单击 确定 按钮完成表格的添加，效果如图 7-7 所示。

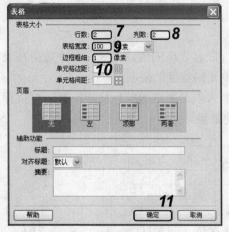

图 7-6　设置嵌套表格参数

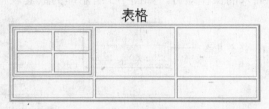

图 7-7　嵌套表格效果

7.1.3　在表格中添加内容

在表格中可添加各种网页元素。添加表格内容的方法很简单，只需将光标插入点定位到所需的单元格中，然后按照添加网页元素的方法操作即可，如图 7-8 所示为添加了图像和文本的表格。

图 7-8　添加了内容的表格

📢提示：

添加内容后，单元格会自动伸展以适应内容的尺寸。

【例 7-3】　在一个 2 行 1 列的表格中添加图片和 Flash 按钮。

（1）在网页中插入一个 2 行 1 列的表格，然后将光标插入点定位到第一个单元格中。

（2）选择"插入记录/图像"命令，在打开的对话框中选择一个图像文件并插入，效果如图 7-9 所示。

（3）将光标插入点定位到第二个单元格中，选择"插入记录/媒体/Flash 按钮"命令，打开"插入 Flash 按钮"对话框。

（4）在"样式"列表框中选择第一种按钮样式，在"按钮文本"文本框中输入"下一幅"。

（5）单击 ◻ 确定 ◻ 按钮关闭对话框，最终效果如图 7-10 所示。

图 7-9　在表格中添加图像　　　　图 7-10　最终效果

7.1.4　选中表格对象

在对表格进行操作之前需先选中相应的表格对象。可以选中整个表格，也可以只选中某行或某列，或者某个单元格。

1．选中整个表格

选中整个表格有以下几种方法：

➠ 将光标移到表格外边框线上，当边框线为红色且光标变为 形状时，单击即可选中整个表格，如图 7-11 所示。

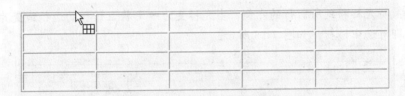

图 7-11　单击表格外框线选中表格

➠ 将光标移到表格中的任一边框上，当鼠标光标变为 或 形状时单击即可选中整个表格，如图 7-12 所示。

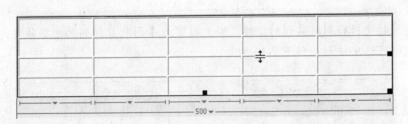

图 7-12　单击表格中的任一边框线选中表格

➠ 将光标插入点定位到表格的任一单元格中，单击窗口左下角标签选择器中的 \<table\> 标签即可，如图 7-13 所示。

➠ 将光标插入点定位到表格的任意单元格中，表格上端或下端将显示绿线的标志，单击表示整个表格宽度的绿线中的 按钮，在弹出的快捷菜单中选择"选择表格"命令，如图 7-14 所示。

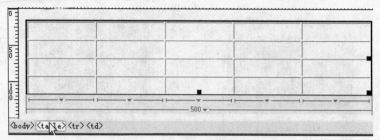

图 7-13　单击标签选中表格

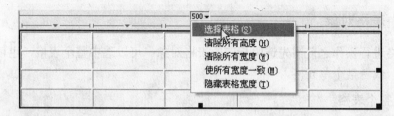

图 7-14　使用快捷菜单选择表格

2．选中行和列

选中表格行和列的方法如下：

➥　将鼠标光标移到所需行的左侧，当光标变为 ➡ 形状且该行的边框线变为红色时单击即可选中该行，如图 7-15 所示。

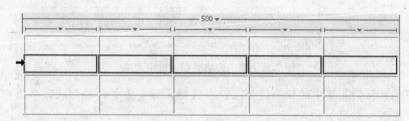

图 7-15　选中表格的行

➥　将鼠标光标移到所需列的上端，当光标变为 ⬇ 形状且该列的边框线变为红色时单击即可选中该列，如图 7-16 所示。

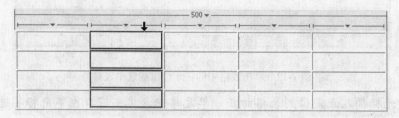

图 7-16　选中表格的列

✐ 技巧：

将光标插入点定位到表格中任意一个单元格中，单击需选中的列上端的绿线中的 ⬇ 按钮，在弹出的快捷菜单中选择"选择列"命令也可选择整列，如图 7-17 所示。

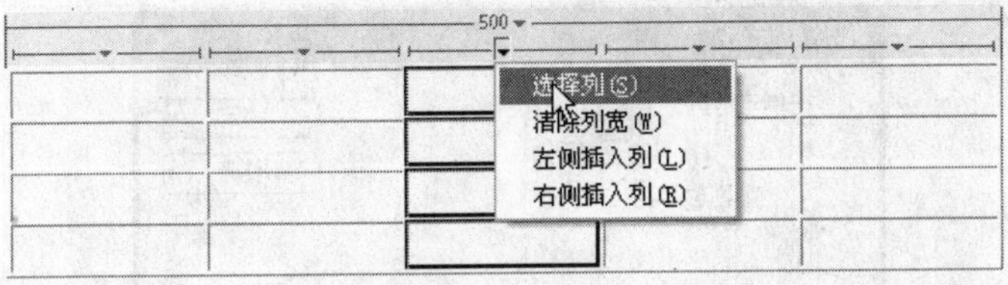

图 7-17　选择“选择列”命令

3．选中单元格

要选中单个单元格，只需将光标插入点定位到所需单元格中单击即可；如需选中多个单元格，主要有以下两种情况。

- **选中相邻单元格区域**：选中一个单元格，按住鼠标左键不放，作对角拖动鼠标，如从右下角到左上角，在需要选中的单元格区域中的最后一个单元格上释放鼠标即可选中相邻单元格区域，如图 7-18 所示为选中的相邻单元格区域。
- **选中不相邻单元格区域**：按住 Ctrl 键，单击要选中的单元格即可选中多个不相邻的单元格，如图 7-19 所示为选中的不相邻单元格区域。

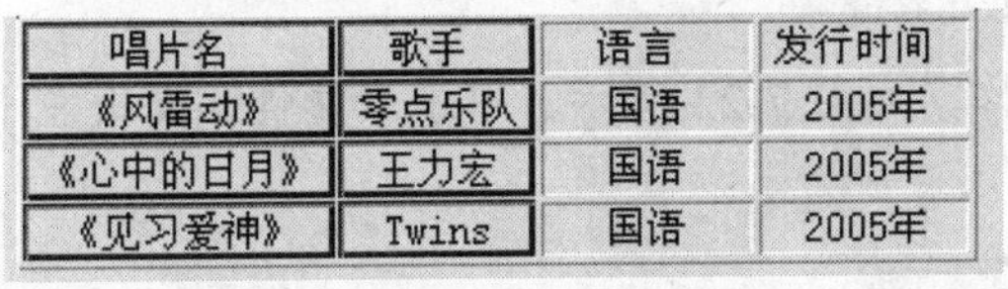

唱片名	歌手	语言	发行时间
《风雷动》	零点乐队	国语	2005年
《心中的日月》	王力宏	国语	2005年
《见习爱神》	Twins	国语	2005年

图 7-18　选中相邻单元格区域

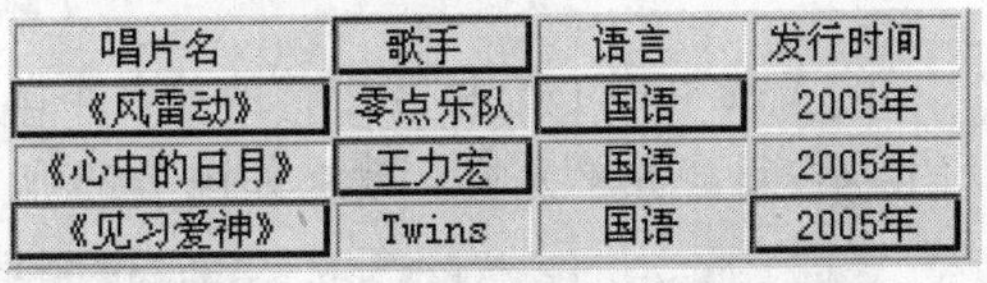

唱片名	歌手	语言	发行时间
《风雷动》	零点乐队	国语	2005年
《心中的日月》	王力宏	国语	2005年
《见习爱神》	Twins	国语	2005年

图 7-19　选中不相邻单元格区域

7.1.5　单元格的合并及拆分

为了更好地对网页进行布局，在使用表格时常常需要把单元格进行拆分或合并，以适应布局的需要。

1．单元格的合并

合并单元格的操作比较简单，选中要合并的单元格区域后，单击“属性”面板左下角的□按钮即可。也可在选中单元格区域后，单击鼠标右键，在弹出的快捷菜单中选择“表格/合并单元格”命令。

注意：

合并单元格操作只能针对连续的单元格区域。

2．单元格的拆分

当表格中某个区域的单元格不够使用时，可将单元格拆分成多个单元格。拆分单元格的操作是：将插入点定位到需拆分的单元格中，单击“属性”面板左下角的按钮（也可在需拆分的单元格上单击鼠标右键，在弹出的快捷菜单中选择“表格/拆分单元格”命令），打开“拆分单元格”对话框，如图 7-20 所示，在该对话框中可选择将单元格拆分为行或是列，并设置需拆分的行数或列数。

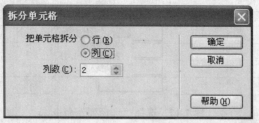

图 7-20 "拆分单元格"对话框

【例 7-4】 创建一个 4 行 4 列的表格，并对其单元格进行拆分和合并操作。

（1）创建一个如图 7-21 所示的 4 行 4 列的表格。

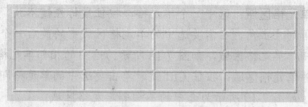

图 7-21 创建表格

（2）选中第 1 行和第 2 行的前两个单元格，如图 7-22 所示，单击"属性"面板左下角的 按钮合并单元格，效果如图 7-23 所示。

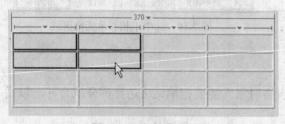

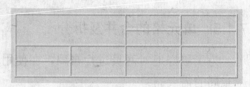

图 7-22 选中单元格

图 7-23 合并单元格

（3）将光标插入点定位到刚才合并的单元格中，单击"属性"面板左下角的 按钮，打开"拆分单元格"对话框。

（4）在该对话框中选中 单选按钮，在"行数"数值框中输入"3"，如图 7-24 所示，单击 按钮关闭对话框，完成单元格的拆分，效果如图 7-25 所示。

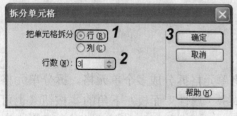

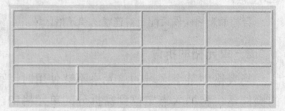

图 7-24 "拆分单元格"对话框

图 7-25 拆分后的表格

7.1.6 插入、删除行或列

在制作网页的过程中，若插入表格的行、列不够或太多，则可根据实际情况进行插入或删除行、列的操作。

1．插入行或列

插入行或列主要分为单行、单列的插入以及多行、多列的插入两种情况，下面分别进行讲解。

> ➥ **单行或单列的插入**：将光标插入点定位到所需插入行或列的单元格中，单击鼠标右键，在弹出的快捷菜单中选择"表格/插入行"命令，将在选中单元格的上面插入一行新的单元格；若在弹出的快捷菜单中选择"表格/插入列"命令，将在选中单元格的左侧插入一列新的单元格。

> ➥ **多行或多列的插入**：将光标插入点定位到所需插入行或列的单元格中，单击鼠标右键，在弹出的快捷菜单中选择"表格/插入行或列"命令，打开"插入行或列"对话框，在对话框中可选择插入行还是列，在"行数"或"列数"文本框中设置插入的行或列的数值，在"位置"栏中可选择插入单元格的位置，如图 7-26 所示。

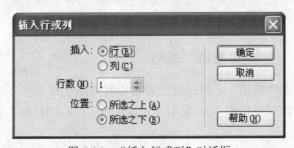

图 7-26　"插入行或列"对话框

【例 7-5】　对表格进行插入行、列的操作。

（1）在网页中创建一个表格，并输入数据以区分各个单元格，如图 7-27 所示。

（2）将光标插入点定位到"六"单元格中，单击鼠标右键，在弹出的快捷菜单中选择"表格/插入行"命令，在选中单元格的上面将会出现一行新的单元格，如图 7-28 所示。

图 7-27　创建的表格　　　　　图 7-28　插入行

（3）将光标插入点定位到"七"单元格中，单击鼠标右键，在弹出的快捷菜单中选择"表格/插入行或列"命令，打开"插入行或列"对话框。

（4）选中⊙列(C)单选按钮，在"列数"数值框中输入"2"，在"位置"栏中选中⊙当前列之前(B)单选按钮，如图 7-29 所示。

（5）单击　确定　按钮关闭对话框，完成单元格的插入，效果如图 7-30 所示。

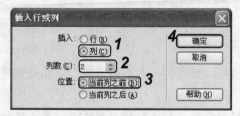

图 7-29　选择插入列　　　　　　　　　　图 7-30　插入列后的效果

2．删除行或列

将光标插入点定位到需删除行或列的单元格中，单击鼠标右键，在弹出的快捷菜单中选择"表格/删除行"命令可删除光标插入点所在的行；选择"表格/删除列"命令可删除光标插入点所在的列。

技巧：

> 如需删除多行或多列，可选中多行或多列单元格后，单击鼠标右键，在弹出的快捷菜单中选择"表格/删除行"或"表格/删除列"命令一次删除多行或多列。也可选中行或列后，选择"编辑/清除"命令或按 Delete 键执行删除行或列的操作。

7.1.7　应用举例——创建"日历"表格

在网页中创建一个"日历"表格，通过表格内容的添加和单元格的合并、拆分操作，熟悉表格的基础操作，效果如图 7-31 所示（立体化教学:\源文件\第 7 章\rili\rili.html）。

5	心想事成		2011
			【农历辛卯年】

星期日	星期一	星期二	星期三	星期四	星期五	星期六
1	2	3	4	5	6	7
8	9	10	11	12	13	14
15	16	17	18	19	20	21
22	23	24	25	26	27	28
29	30	31				

图 7-31　"日历"表格

操作步骤如下：

（1）在 Dreamweaver 中新建一个 rili.html 网页文档，设置其背景色为"#FFFFCC"，在编辑窗口中选择"插入记录/表格"命令，打开"表格"对话框。

（2）在"行数"文本框中输入"7"，在"列数"文本框中输入"7"，在"表格宽度"文本框中输入"400"，如图 7-32 所示。

（3）单击 确定 按钮关闭对话框，插入的表格如图 7-33 所示。

图 7-32　"表格"对话框

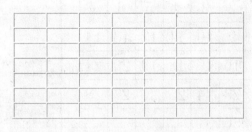

图 7-33　插入的表格

（4）选中第 1 行最后两个单元格，单击"属性"面板中的 ⊞ 按钮合并单元格，效果如图 7-34 所示。

（5）将光标插入点定位到合并后的单元格中，单击"属性"面板中的 ⊪ 按钮，打开"拆分单元格"对话框。

（6）选中 ⊙ 行(R) 单选按钮，在"行数"数值框中输入"2"，单击 确定 按钮关闭对话框，效果如图 7-35 所示。

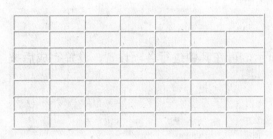

图 7-34　合并单元格

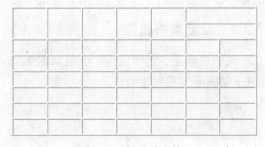

图 7-35　拆分单元格

（7）用同样的方法合并第 1 行的第 2～4 个单元格，然后分别在各单元格中输入文本，并设置文本的字体和颜色等属性，效果如图 7-36 所示。

（8）将光标插入点定位到第 1 行的第 2 个单元格中，选择"插入记录/图像"命令，打开"选择图像源文件"对话框。

（9）在该对话框中选择 xxsc.jpg 图像文件（立体化教学:\实例素材\第 7 章\xxsc.jpg），如图 7-37 所示。

📢提示:

在表格中添加内容时，单元格的高度和宽度可能会发生一定的变化，如需调整单元格的高度或宽度，只需将光标移动到相应的边框上，当其变为 ⇕ 或 ⟷ 形状时按住鼠标左键不放，上下或左右拖动即可改变其高度或宽度。

5					2011	
					【农历辛卯年】	
星期日	星期一	星期二	星期三	星期四	星期五	星期六
1	2	3	4	5	6	7
8	9	10	11	12	13	14
15	16	17	18	19	20	21
22	23	24	25	26	27	28
29	30	31				

图 7-36　输入表格内容

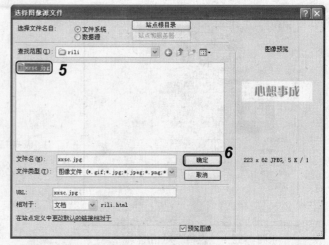

图 7-37　插入图像

（10）单击 确定 按钮关闭对话框，将图像对象插入到表格中。

7.2　表格的高级操作

对表格的操作还有很多，如表格和单元格属性的设置、表格内容的移动、表格中数据的排序以及数据的导入与导出等，下面分别进行讲解。

7.2.1　设置表格属性

选中表格后，其“属性”面板如图 7-38 所示，可在其中进行各项设置，设置完成后按 Enter 键即可使设置生效。

图 7-38　表格“属性”面板

各项参数的含义如下。

- **“表格 Id”下拉列表框**：在该下拉列表框中可以为表格命名。
- **“行”和“列”文本框**：设置表格的行数和列数。
- **“宽”文本框**：设置表格的宽度，在其后的下拉列表框中可选择单位，如像素或百分比。
- **“填充”文本框**：设置单元格边界和单元格内容之间的距离。
- **“间距”文本框**：设置相邻单元格之间的距离。
- **“对齐”下拉列表框**：设置表格与文本或图像等网页元素之间的对齐方式，只限于和表格同段落的元素。

- ➡ "边框"文本框：设置边框的粗细。
- ➡ "边框颜色"文本框：设置边框的颜色。
- ➡ "背景颜色"文本框：设置表格的背景色。
- ➡ "背景图像"文本框：设置背景图像。单击文本框右侧的 按钮，在打开的"选择图像源文件"对话框中可选择背景图像。
- ➡ 按钮：单击该按钮，可删除表格的列宽值。
- ➡ 按钮：单击该按钮，可删除表格的行高值。
- ➡ 按钮：单击该按钮，可将表格宽度单位从浏览器窗口的百分比转换为像素。
- ➡ 按钮：单击该按钮，可将表格宽度单位从像素转换为百分比。

7.2.2　设置单元格属性

除了可以设置整个表格的属性外，还可以对表格中的单元格、行或列的属性进行设置。选中要设置属性的单元格、行或列，其"属性"面板如图 7-39 所示，其中的设置与表格属性的设置大致相同，这里不再赘述。需要说明的是，在"水平"下拉列表框中可选择单元格中文本在水平方向上的对齐方式；在"垂直"下拉列表框中可选择单元格中的文本在垂直方向上的对齐方式。设置完成后按 Enter 键即可使设置生效。

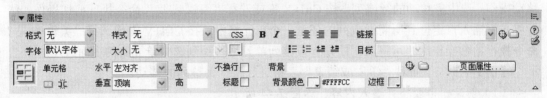

图 7-39　"属性"面板

【例 7-6】　下面为表格进行单元格背景及表格边框的属性设置。

（1）在页面中创建一个表格，并合并部分单元格，如图 7-40 所示。

（2）将光标插入点定位到左侧最大单元格中，在"属性"面板中单击"背景"文本框后的 按钮，在打开的对话框中选择一个图像文件作为单元格的背景，效果如图 7-41 所示。

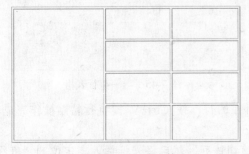

图 7-40　创建表格

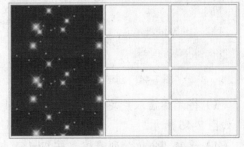

图 7-41　设置单元格背景

（3）选中整个表格，在"属性"面板的"间距"文本框中输入"0"，在"边框"文本框中输入"3"，在"边框颜色"文本框中输入"#33CCFF"，如图 7-42 所示。

图 7-42　设置属性

（4）设置完后按 Enter 键确认设置，效果如图 7-43 所示。

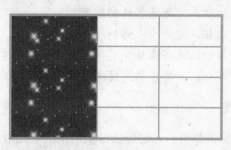

图 7-43　设置属性后的表格

7.2.3　移动整行或整列表格的内容

当需要将表格内某行或某列的内容移动到其他位置时，可进行表格整行或整列内容的移动操作。选中需移动的行或列，按 Ctrl+X 键或选择"编辑/剪切"命令执行剪切操作，然后将光标插入点定位到所需行或列的任意一个单元格中，按 Ctrl+V 键或选择"编辑/粘贴"命令执行粘贴操作，即可将剪切的整行或整列单元格移动到选中单元格的上面或左边。

【例 7-7】　下面对"学生成绩表"表格进行整行、整列的移动。

（1）创建一个表格并输入内容，如图 7-44 所示。

（2）选中学号为 1003 所在的行，如图 7-45 所示，按 Ctrl+X 键剪切该行。

学生成绩表			
学号	姓名	班级	分数
1001	林月	一班	86
1002	张晓欣	一班	72
1004	陈松	一班	91
1003	柳林	一班	87
1005	马芬	一班	70

图 7-44　创建表格

学生成绩表			
学号	姓名	班级	分数
1001	林月	一班	86
1002	张晓欣	一班	72
1004	陈松	一班	91
1003	柳林	一班	87
1005	马芬	一班	70

图 7-45　选中整行表格

（3）将光标插入点定位到学号为 1004 所在的行，按 Ctrl+V 键执行粘贴操作完成移动，如图 7-46 所示。

（4）选中"分数"列表格，按 Ctrl+X 键剪切该列，然后将光标插入点定位到"班级"列表格，按 Ctrl+V 键执行粘贴操作完成移动，效果如图 7-47 所示。

学生成绩表			
学号	姓名	班级	分数
1001	林月	一班	86
1002	张晓欣	一班	72
1003	柳林	一班	87
1004	陈松	一班	91
1005	马芬	一班	70

图 7-46　移动行效果

学生成绩表			
学号	姓名	分数	班级
1001	林月	86	一班
1002	张晓欣	72	一班
1003	柳林	87	一班
1004	陈松	91	一班
1005	马芬	70	一班

图 7-47　移动列效果

7.2.4　表格的排序

表格是一种常见的处理数据的形式，在 Dreamweaver 中可对其中的数据进行排序。排序的方法是选中需排序的表格或将光标插入点定位到表格中的任一单元格中，选择"命令/排序表格"命令，打开"排序表格"对话框，如图 7-48 所示。

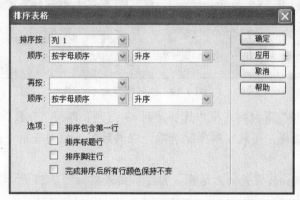

图 7-48　"排序表格"对话框

在对话框的"排序按"下拉列表框中选择将以哪列作为主排序列；在"顺序"下拉列表框中选择是按字母还是按数字以及是以升序还是降序对列进行排序；在"再按"下拉列表框中可选择第二排序依据的列，再在其下的"顺序"下拉列表框中选择第二排序列的排序方式，当主排序的内容相同时，将以此项作为排序依据进行排序。

在"选项"栏中还可进行相关设置，其中各项参数的含义如下。

- ☑ 排序包含第一行 复选框：选中该复选框，可将表格的第 1 行包括在排序中。如果第 1 行是标题或表头，则取消选中该复选框。

- ☑ 排序标题行 复选框：选中该复选框，可指定使用与 body 行相同的条件对表格 thead 部分中的所有行进行排序，前提是 thead 部分存在。

- ☑ 排序脚注行 复选框：选中该复选框，可指定使用与 body 行相同的条件对表格 tfoot 部分中的所有行进行排序，前提是 tfoot 部分存在。

- ☑ 完成排序后所有行颜色保持不变 复选框：选中该复选框，可指定排序后表格行的属性保持与相同内容的关联。如果表格行使用两种交替的颜色，则取消选中该复选框以确保排序后的表格仍具有颜色交替的行。如果行属性特定于每行的内容，则选中此复选框以确保这些属性保持与排序后表格中正确的行关联在一起。

【例7-8】 下面将"学生成绩表"表格按照分数由高到低进行排序。

（1）创建"学生成绩表"表格并输入内容，将光标插入点定位到表格中，选择"命令/排序表格"命令，打开"排序表格"对话框，如图7-49所示。

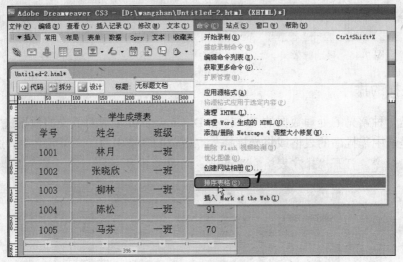

图7-49　选择排序命令

（2）在"排序按"下拉列表框中选择"列4"选项，即按"分数"列进行排序；在"顺序"下拉列表框中选择"按数字顺序"选项；在其后的下拉列表框中选择"降序"选项，如图7-50所示。

（3）单击 确定 按钮关闭对话框，排序后的表格如图7-51所示。

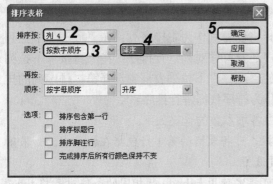

图7-50　"排序表格"对话框

学生成绩表			
学号	姓名	班级	分数
1004	陈松	一班	91
1003	柳林	一班	87
1001	林月	一班	86
1002	张晓欣	一班	72
1005	马芬	一班	70

图7-51　排序效果

7.2.5　表格中数据的导入与导出

在Dreamweaver中，可对表格中的数据进行导入和导出操作，这样就不用在做网页时进行大量的数据输入，给网页制作提供了很大的方便。

1．表格数据的导入

需在页面中添加表格时，如果预先有表格数据存储在其他应用程序（如记事本、Word）中，可以直接将数据导入。

导入数据的方法是将光标插入点定位到需导入表格数据的位置，选择"文件/导入/表格式数据"命令，打开"导入表格式数据"对话框，如图 7-52 所示。

图 7-52 "导入表格式数据"对话框

技巧：

选择"插入记录/表格对象/导入表格式数据"命令也可打开"导入表格式数据"对话框。

在"导入表格式数据"对话框中单击"数据文件"文本框后的 浏览 按钮，在打开的对话框中选择需导入的数据文档，也可直接在文本框中输入数据文档所在的路径及其名称；在"定界符"下拉列表框中可选择文档中分隔表格数据各项内容的符号，如选择"其他"选项，可在后面的文本框中自定义定界符；在对话框中还可以进行表格宽度、单元格边距、单元格间距、边框等表格属性的设置。

注意：

选择定界符时要注意符号为半角还是全角，如果不统一会造成表格的格式混乱。

【例 7-9】 从记事本中导入"学生资料"表格到网页中。

（1）新建一个记事本文件，在其中输入如图 7-53 所示的数据内容，保存并将其命名为 ziliao.txt。

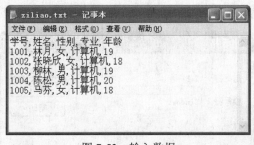

图 7-53 输入数据

（2）将窗口切换到 Dreamweaver 中，将光标插入点定位到需插入表格的位置，选择

"文件/导入/表格式数据"命令，打开"导入表格式数据"对话框。

（3）单击"数据文件"文本框后的 浏览 按钮，在打开的对话框中选择 ziliao.txt 文件。

（4）在"定界符"下拉列表框中选择"逗点"选项，在"格式化首行"下拉列表框中选择"粗体"选项，如图 7-54 所示。

图 7-54　导入数据

（5）单击 确定 按钮关闭对话框，完成表格数据的导入，效果如图 7-55 所示。

学号	姓名	性别	专业	年龄
1001	林月	女	计算机	19
1002	张晓欣	女	计算机	18
1003	柳林	男	计算机	19
1004	陈松	男	计算机	20
1005	马芬	女	计算机	18

图 7-55　导入的表格

技巧：

如果需要将 Excel 表格中的数据导入到网页中，只需将光标插入点定位到需要导入表格的位置，然后选择"文件/导入/Excel 文档"命令，在打开的对话框中选择需导入的 Excel 文档，单击 打开⑩ 按钮即可。

2．表格数据的导出

进行表格数据的导出操作可将网页中的表格数据用其他应用程序存储。方法是将光标插入点定位到需导出表格的任一单元格中，选择"文件/导出/表格"命令，打开"导出表格"对话框，如图 7-56 所示，再根据提示选择导出设置并保存导出文档即可。

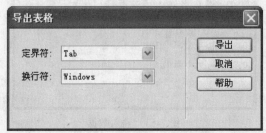

图 7-56　"导出表格"对话框

提示：

在"导出表格"对话框中的"换行符"下拉列表框中可以设置在什么操作系统中打开导出的文件，通常选择 Windows 操作系统即可。

【例 7-10】 将网页中的"学生成绩表"表格导出为 .txt 文件。

（1）在网页中创建"学生成绩表"表格并输入内容，如图 7-57 所示。

（2）将光标插入点定位到该表格中，选择"文件/导出/表格"命令，打开"导出表格"对话框。

（3）在"定界符"下拉列表框中选择 Tab 选项，在"换行符"下拉列表框中选择 Windows 选项，如图 7-58 所示。

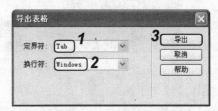

图 7-57 创建的表格　　　　图 7-58 "导出表格"对话框

（4）单击 导出 按钮，在打开的"表格导出为"对话框中选择保存位置，在"文件名"下拉列表框中输入"学生成绩表.txt"，如图 7-59 所示。

（5）单击 保存(S) 按钮关闭对话框，打开"学生成绩表.txt"文件，效果如图 7-60 所示。

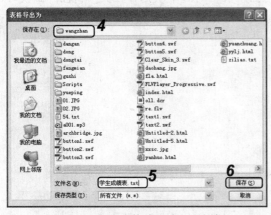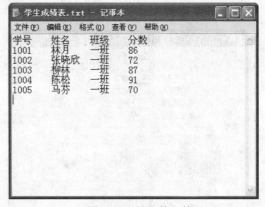

图 7-59 "表格导出为"对话框　　　　图 7-60 导出的文件

7.2.6 应用举例——制作"影视天地"网页

使用表格布局方式创建影视列表网页，主要熟悉表格的创建、表格的属性设置、表格内容的添加等操作，效果如图 7-61 所示（立体化教学:\源文件\第 7 章\影视\yingshi.html）。

图 7-61　影视天地网页效果

操作步骤如下：

（1）新建一个网页，保存为 yingshi.html，并设置其页面背景，选择"插入记录/表格"命令，打开"表格"对话框。

（2）在"行数"文本框中输入"3"，在"列数"文本框中输入"3"，在"表格宽度"文本框中输入"800"，在"单元格边距"文本框中输入"1"，如图 7-62 所示。

（3）单击 确定 按钮关闭对话框，保持插入表格的选中状态，在其"属性"面板的"对齐"下拉列表框中选择"居中对齐"选项，按 Enter 键确认，效果如图 7-63 所示。

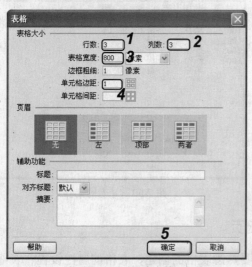

图 7-62　创建表格

图 7-63　居中对齐后的表格

（4）选中第 1 行所有单元格，单击鼠标右键，在弹出的快捷菜单中选择"表格/合并单元格"命令，用相同的方法合并最后一行的单元格，效果如图 7-64 所示。

图 7-64　合并单元格后的效果

（5）在第 1 行表格中输入"影视天地"文本，并设置文本格式，调整表格宽度，效果如图 7-65 所示。

图 7-65　添加文本内容

（6）将光标插入点定位到第 2 行第 2 列的单元格中，选择"插入记录/图像"命令，打开"选择图像源文件"对话框。

（7）在该对话框中选中 gych.jpg 图像文件（立体化教学:\实例素材\第 7 章\gych.jpg），单击 确定 按钮将图像插入到单元格中，并使用鼠标拖动表格边框调整表格位置，效果如图 7-66 所示。

图 7-66　在表格中插入图像

（8）分别在图像左右两侧的单元格中插入一个 7 行 1 列、表格宽度为 200 的表格，在插入的表格中输入相应的内容后设置文本格式。

（9）在最后一行的单元格中输入"联系我们：yingshitiandi@sina.com"。

7.3　上机及项目实训

7.3.1　用表格布局"合作伙伴"页面

本次练习将利用表格布局诚与广告公司站点的"合作伙伴"网页，布局效果如图 7-67 所示。

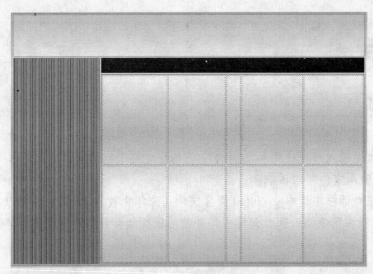

图 7-67　最终效果

操作步骤如下：

（1）启动 Dreamweaver，创建一个空白网页，将素材文件夹（立体化教学:\实例素材\第 7 章\合作\）中的 beijing.jpg 图像文件设置为背景图片。

（2）将光标插入点定位到编辑窗口中，选择"插入记录/表格"命令，打开"表格"对话框。

（3）在"行数"和"列数"文本框中分别输入"2"，在"表格宽度"文本框中输入"800"，单击 确定 按钮插入表格。

（4）选中第 1 行的两个单元格，单击"属性"面板中的 按钮将其合并，将光标插入点定位到第 2 行的第 2 个单元格中，单击 按钮，打开"拆分单元格"对话框。

（5）在该对话框中选中 行(R) 单选按钮，在"行数"数值框中输入"2"，单击 确定 按钮关闭对话框，完成单元格的拆分。

（6）将表格对齐方式设置为居中对齐，拖动单元格边框进行调整，参考效果如图 7-68 所示。

（7）将光标插入点定位到左侧单元格中，在"属性"面板中单击"背景"文本框后的 按钮，在打开的对话框中将 1.jpg 图像文件设置为背景图像。

（8）将光标插入点定位到右侧较小单元格中，在"属性"面板中单击"背景颜色"文

本框前的 ▢ 按钮，在打开的颜色列表框中选择黑色。

图 7-68　调整表格大小

（9）选中整个表格，在"属性"面板中的"边框颜色"文本框中输入"#339933"，按 Enter 键确认设置。

（10）将光标插入点定位到右侧最大的单元格中，选择"插入/表格"命令打开"表格"对话框。

（11）在"行数"和"列数"文本框中分别输入"2"和"5"，在"表格宽度"文本框中输入"590"，在"边框粗细"文本框中输入"0"。

（12）单击 确定 按钮插入嵌套表格，调整外部表格和嵌套表格的单元格大小，参考效果如图 7-67 所示。

7.3.2　在表格中添加网页元素

综合运用学习过的知识，在表格中添加网页元素，最终效果如图 7-69 所示（立体化教学:\源文件\第 7 章\合作\hezuo.html）。

图 7-69　最终效果

135

本练习可结合立体化教学中的视频演示进行学习（立体化教学:\视频演示\第 7 章\在表格中添加网页元素.swf）。主要操作步骤如下：

（1）将光标插入点定位到顶部单元格中，选择"插入记录/图像"命令，在打开的"选择图像源文件"对话框中选择素材文件夹（立体化教学:\实例素材\第 7 章\合作\）中的 biaoti.jpg 图像文件，并将其插入到单元格中，如图 7-70 所示。

图 7-70　添加的 Banner

（2）将光标插入点定位到右侧黑色背景单元格中，输入文本"合作伙伴"，并将文本字体设置为"华文彩云"，字号为"36"，颜色为"#66CCFF"，效果如图 7-71 所示。

图 7-71　输入文本

（3）将光标插入点定位到左侧单元格中，选择"插入记录/图像对象/导航条"命令，打开"插入导航条"对话框。

（4）按照添加导航条的方法插入导航条，使用素材文件夹中提供的按钮图片添加导航条，效果如图 7-72 所示。

（5）将光标插入点定位到嵌套表格的第 1 个单元格中，插入图像文件 tianjie.jpg，在其旁边的单元格中输入文本，并设置文本格式，如图 7-73 所示。

图 7-72　导航条

图 7-73　添加图像和文本

（6）用同样的方法为嵌套表格的其他单元格添加图像和文本，最后调整表格的位置和大小。

7.4　练习与提高

（1）使用表格布局方式制作一个产品展示页面，主要是创建表格并对表格进行设置，然后在单元格中插入导航条、图片和 Flash 按钮等内容，参考效果如图 7-74 所示。

图 7-74　产品展示页面参考效果

（2）在网页中导入"员工工资核算.xls"（立体化教学:\实例素材\第 7 章\员工工资核算.xls）电子表格数据，并对表格中的数据按"实得工资"和"提成"列进行由高到低的排序。

 表格应用技巧

网页中表格的应用需要一定的熟练程度才能很好地驾驭，下面总结几点表格的应用技巧：

❧ 在某个单元格中插入内容后，为适应内容大小，将使其他单元格的宽度或高度发生改变，这时需要进行手动调整，如果需要在多个单元格中添加内容，应该将所有内容都添加完后再统一进行调整。

❧ 如果页面中添加表格只是为了布局页面，应该将表格边框设置为 0，在浏览时将不显示表格边框，从而使网页更美观。

❧ 插入表格后，向单元格中添加内容时会改变相关单元格的尺寸，但一般不会改变整个表格的宽度，所以当表格宽度不足以容纳所有内容时，可手动拖动来增加其宽度。

第 8 章　使用 AP Div 布局页面

学习目标

☑　了解 AP Div 布局并能创建 AP Div

☑　掌握 AP Div 的移动、对齐、调整大小、设置堆叠顺序等编辑操作

☑　掌握 AP Div 的属性设置

☑　能够使用 Div-CSS 布局网页

目标任务&项目案例

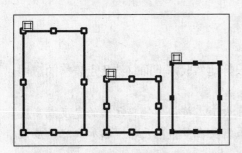

对齐 AP Div

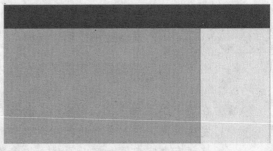

设置 AP Div

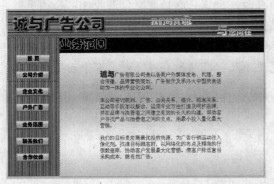

使用 AP Div 布局"业务范围"页面

使用 AP Div 布局风景页面

　　使用表格布局页面在一定程度上有局限性，使用 AP Div 则可以解决这一问题，如随意移动对象、随意添加对象等，使页面布局更加灵活方便。AP Div 的使用非常广泛，它在网页制作中起着非常重要的作用。本章将详细介绍 AP Div 的创建、编辑及设置等方法，让读者能够熟练使用 AP Div 进行页面布局。

8.1 认识 AP Div

AP Div 在之前的 Dreamweaver 版本中又称为层，通过在网页中创建 AP Div，并在 AP Div 中添加各种网页元素，达到布局网页的目的。在网页制作过程中，利用 AP Div 能够实现很多功能，如 AP Div 可将多个网页元素重叠在一起实现一些特殊的效果；在 AP Div 中可以放置文本和图像等元素，还可以进行嵌套；配合行为功能或脚本编码，可以使 AP Div 在网页中进行移动或变换，使页面中出现随机漂浮的图像效果等。

8.1.1 创建 AP Div

切换到"布局"插入栏后，单击"绘制 AP Div"按钮 ，当鼠标光标变为＋形状时，在编辑窗口中按住鼠标左键进行拖动即可创建 AP Div。如图 8-1 所示为创建的 AP Div，如图 8-2 所示为未处于选中或编辑状态的 AP Div。

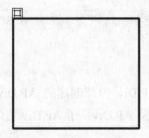

图 8-1 新创建的 AP Div

图 8-2 未处于选中状态的 AP Div

✍技巧：

> 选择"编辑/首选参数"命令，打开"首选参数"对话框，在该对话框左侧的"分类"列表框中选择"不可见元素"选项，在右侧的"显示"列表中选中 ☑AP 元素的锚点 复选框，如图 8-3 所示，单击 确定 按钮，将在页面中显示 AP Div 锚点标记，单击相应的锚点标记可选中其对应的 AP Div，如图 8-4 所示。

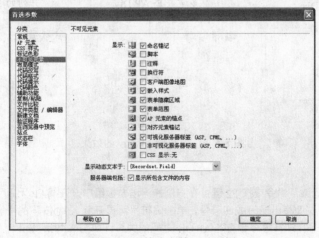

图 8-3 "首选参数"对话框

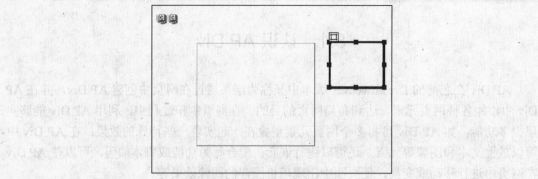

图 8-4　选中 AP Div 元素锚点

📢提示：

将光标插入点定位到所需位置，然后选择"插入记录/布局对象/AP Div"命令，Dreamweaver 将在该位置插入一个固定大小的 AP Div。

✎技巧：

在"布局"插入栏中单击 🔲 按钮后，按住 Ctrl 键在页面中拖动鼠标可连续绘制多个 AP Div。

8.1.2　创建嵌套 AP Div

和表格一样，AP Div 也可以进行嵌套。在某个 AP Div 内部创建的 AP Div 称为嵌套 AP Div 或子 AP Div，嵌套 AP Div 外部的 AP Div 称为父 AP Div。子 AP Div 可以浮动于父 AP Div 之外的任何位置，且大小不受父 AP Div 限制。

创建嵌套 AP Div 的方法很简单，将光标插入点定位到所需的 AP Div 中，选择"插入记录/布局对象/AP Div"命令即可在现有 AP Div 中创建一个嵌套 AP Div。若要逐级添加子 AP Div，只需将光标插入点定位到所需的子 AP Div 中，用相同的方法添加 AP Div 即可。如图 8-5 所示为几种嵌套 AP Div 的效果。

嵌套 AP Div　　　　　　　多重嵌套 AP Div　　　　　　　并列的子 AP Div

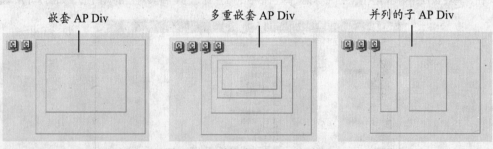

图 8-5　几种嵌套 AP Div 的效果

✎技巧：

选择"窗口/AP 元素"命令或按 F2 键可在右侧的浮动面板组中打开"AP 元素"面板。其中嵌套 AP Div 的父 AP Div 左侧将出现 ⊞ 或 ⊟ 符号，单击 ⊞ 符号可展开父 AP Div 下的子 AP Div 列表，此时 ⊞ 符号将变为 ⊟ 符号，在其中可查看各 AP Div 之间的关系，如图 8-6 所示。

🔊 提示：

移动子 AP Div 不会影响父 AP Div 的位置，移动父 AP Div 其子 AP Div 会随之移动。另外，拖动 AP Div 元素锚点到其他 AP Div 内，可使其成为该 AP Div 的嵌套 AP Div，如图 8-7 所示。同理，将 AP Div 元素锚点从其父 AP Div 拖出，可使其脱离嵌套关系。

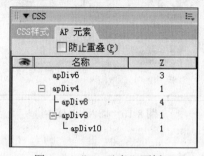

图 8-6　"AP 元素"面板

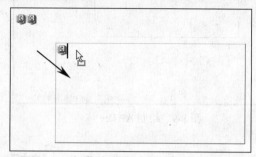

图 8-7　拖动锚点嵌套 AP Div

8.1.3　应用举例——创建嵌套 AP Div

在页面中创建嵌套的 AP Div，效果如图 8-8 所示。

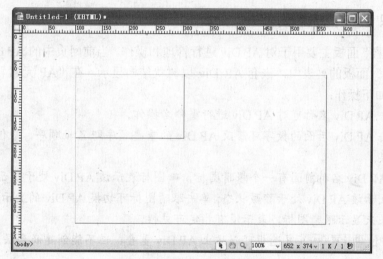

图 8-8　创建嵌套 AP Div 效果

操作步骤如下：

（1）启动 Dreamweaver CS3，新建一个页面，单击"布局"插入栏中的"绘制 AP Div"按钮🖱。

（2）将光标插入点移动到编辑窗口中，当鼠标光标变为十形状时按住鼠标左键拖动，在页面中绘制一个较大的 AP Div，如图 8-9 所示。

（3）将光标插入点定位到绘制好的 AP Div 中，然后选择"插入记录/布局对象/AP Div"命令，在其中插入一个固定大小的 AP Div，如图 8-10 所示，插入后的效果如图 8-8 所示。

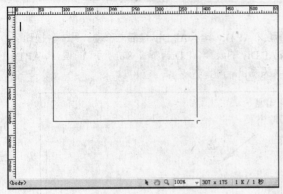

图 8-9　绘制 AP Div

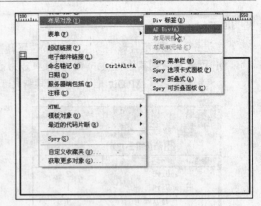

图 8-10　插入 AP Div

8.2　编辑 AP Div

对 AP Div 可进行选择、移动、调整大小、对齐、设置堆叠顺序等操作，这些操作大多数都可在"AP 元素"面板中进行。

8.2.1　认识"AP 元素"面板

"AP 元素"面板主要用于对 AP Div 进行管理和操作。当前网页中的 AP Div 都会显示在"AP 元素"面板的列表中，嵌套 AP Div 以树状结构显示。在"AP 元素"面板中可对 AP Div 进行如下操作：

- ➥ 双击 AP Div 名称可对 AP Div 进行重命名操作。
- ➥ 单击 AP Div 后面的数字可修改 AP Div 的重叠顺序即 Z 轴顺序，数值大的将位于上层。
- ➥ 在 AP Div 名称前面有一个眼睛图标，👁图标表示该 AP Div 处于显示状态；👁图标表示该 AP Div 处于隐藏状态；单击眼睛图标可切换 AP Div 的显示或隐藏状态。如果未显示眼睛图标，表示没有指定可见性。
- ➥ 选中 ☑防止重叠(P) 复选框可以防止 AP Div 重叠，但不能创建嵌套层。

8.2.2　选择 AP Div

要对 AP Div 进行操作和设置，需先将其选择，选择单个 AP Div 和选择多个 AP Div 的方法也有所不同。

1．选择单个 AP Div

选择单个 AP Div 主要有如下几种方法：

- ➥ 单击所需 AP Div 的边框。
- ➥ 在"AP 元素"面板中单击所需 AP Div 的名称。
- ➥ 按住 Shift+Ctrl 键在所需 AP Div 的范围内单击。

选择 AP Div 后，该 AP Div 的边框将以蓝色加粗状态显示，在"AP 元素"面板中会以反白方式显示该 AP Div 的名称，如图 8-11 所示。

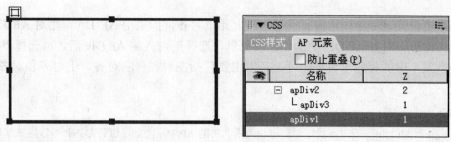

图 8-11 选择单个 AP Div

2. 选择多个 AP Div

选择多个 AP Div 时，可按住 Shift 键后依次单击需要的 AP Div，也可按住 Shift 键后依次在"AP 元素"面板中单击需要选择的 AP Div 名称，如图 8-12 所示。

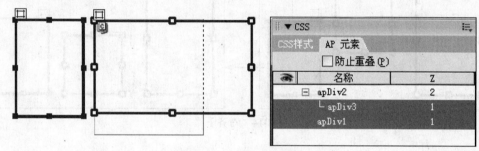

图 8-12 选择多个 AP Div

8.2.3 移动 AP Div

选择需移动的 AP Div 后，将光标移到其边框上，当鼠标光标变为✛形状时按住鼠标左键将其拖动到需要的位置后释放鼠标即可，如图 8-13 所示。

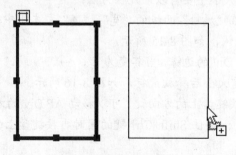

图 8-13 移动 AP Div

✍技巧：

如果只需将选择的 AP Div 移动 1 个像素，可使用键盘上的方向键，若按住 Shift 键的同时再按方向键，可一次移动 10 个像素。

8.2.4 对齐 AP Div

在网页设计过程中经常需要将某些网页元素对齐，如果用 AP Div，则对 AP Div 进行对齐操作即可。对齐 AP Div 的操作比较简单，选择需对齐的 AP Div 后，再选择"修改/排序顺序"菜单中的相应子命令即可。其中主要包括左对齐、右对齐、上对齐和对齐下缘几种方式。

📢提示：

> 在对多个 AP Div 进行对齐操作时，将以最后选中的 AP Div 为基准进行对齐，所以应该最后选择基准 AP Div。选择多个 AP Div 后，最后选择的 AP Div 的边框控制点将以实心状态显示，而其他 AP Div 的边框控制点则以空心状态显示，如图 8-14 所示为以最后一个 AP Div 为基准进行对齐下缘操作的效果。

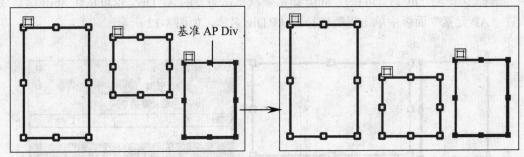

图 8-14 对齐下缘

8.2.5 调整 AP Div 的大小

创建的 AP Div 的大小并不一定符合网页制作的要求，通常还需要对其大小进行调整。调整单个 AP Div 大小和调整多个 AP Div 大小的方法也各不相同。

1. 调整单个 AP Div 的大小

调整单个 AP Div 的大小主要有以下几种方法：

- 选择 AP Div，在"属性"面板的"宽"、"高"文本框中输入所需的宽度和高度值，再按 Enter 键确认，如图 8-15 所示。
- 将光标移至 AP Div 的边缘，当其变为↕、↔、↘ 或↗ 形状时按住鼠标左键不放，将其拖动到所需大小后释放鼠标，如图 8-16 所示。
- 按住 Ctrl 键再按键盘上的方向键，可以移动 AP Div 的右边框和下边框，每次调整 1 个像素的大小；按住 Shift+Ctrl 键的同时再按键盘上的方向键可每次调整 10 个像素的大小。

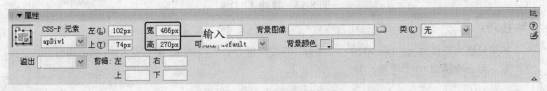

图 8-15 通过"属性"面板调整

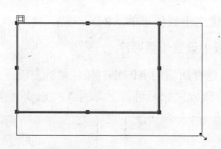

图 8-16　拖动鼠标调整

2．调整多个 AP Div 的大小

选择需调整大小的多个 AP Div，然后选择"修改/排列顺序"菜单中的"设成宽度相同"或"设成高度相同"命令，则所有选择的 AP Div 将设置为最后选择的 AP Div 的宽度或高度。也可在"属性"面板的"宽"、"高"文本框中输入所需的宽度和高度值，按 Enter 键确认后，选择的所有层将调整为设定的大小。如图 8-17 所示为选择"修改/排列顺序/设成宽度相同"命令后的效果。

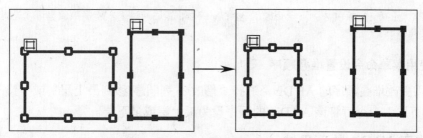

图 8-17　设成宽度相同

8.2.6　设置 AP Div 的堆叠顺序

AP Div 的堆叠顺序是指 AP Div 在 Z 轴上的排列顺序，设置堆叠顺序可以使某个对象优先于每个对象在网页中显示。如图 8-18 所示为两个重叠 AP Div 进行堆叠显示的例子。设置层的堆叠顺序可以在"属性"面板或"层"面板中进行，也可以通过菜单命令来设置。

图 8-18　堆叠显示的 AP Div

1．在"属性"面板中设置堆叠顺序

选择需要设置堆叠顺序的 AP Div，在"属性"面板中的"Z 轴"文本框中输入所需的

数值，数值大的 AP Div 将优先于数值小的 AP Div 显示。

2．在"AP 元素"面板中设置堆叠顺序

打开"AP 元素"面板，选择所需的 AP Div，按住鼠标左键不放将其上下拖动，如图 8-19 所示，当到达所需的位置后释放鼠标即可，上方的 AP Div 堆叠顺序优先于下方的 AP Div。

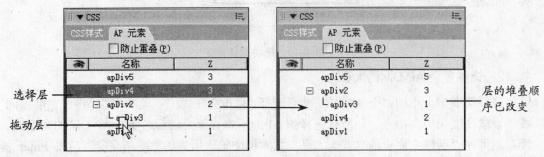

图 8-19　拖动 AP Div 设置堆叠顺序

✍技巧：

单击"AP 元素"面板中 Z 列下要更改的 AP Div 编号，然后通过输入所需数值也可以设置 AP Div 的堆叠顺序。

3．使用菜单命令设置堆叠顺序

选择需更改堆叠顺序的 AP Div，选择"修改/排列顺序/移到最上层"或"修改/排列顺序/移到最下层"命令可将该 AP Div 的顺序设为最上层或最下层。

8.2.7　改变 AP Div 的可见性

AP Div 的可见性可以控制 AP Div 内元素的显示与隐藏状态。设置 AP Div 的可见性比较简单，选择所需的 AP Div，单击鼠标右键，在弹出的快捷菜单中选择"可见性/隐藏"命令可隐藏该 AP Div；选择"可见性/可见"命令可显示该 AP Div；选择"可见性/继承"命令可继承其父 AP Div 的可见性；选择"可见性/默认"命令则按照其默认方式显示，通常为可见。

在"AP 元素"面板中也可通过对眼睛图标的控制来设置 AP Div 的可见性，其方法在前面已经讲过，这里不再赘述。

8.2.8　应用举例——整理宠物图片页面

将排列凌乱的宠物图片页面进行调整和排列，效果如图 8-20 所示（立体化教学:\源文件\第 8 章\gou\ap.html）。

操作步骤如下：

（1）在 Dreamweaver 中打开 ap.html 素材文件（立体化教学:\实例素材\第 8 章\gou\ap.html），如图 8-21 所示。

图 8-20　最终效果

图 8-21　打开素材文件

（2）选择第 1 个 AP Div 对象，将光标移动到其左下角，当其变为 ↖ 形状时按住鼠标左键拖动，使 AP Div 的大小与其中的图片相一致，如图 8-22 所示。

（3）使用 Shift 键选中所有 AP Div，注意最后选择调整了大小的 AP Div，然后依次选择"修改/排列顺序/设成宽度相同"命令和"修改/排列顺序/设成高度相同"命令调整所有 AP Div 的大小一致，如图 8-23 所示。

图 8-22　调整单个 AP Div 大小

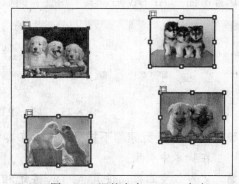

图 8-23　调整多个 AP Div 大小

（4）将光标移动到第 2 个 AP Div 上面，当其变为 ✥ 形状时按住鼠标左键将其拖动到临近第 1 个 AP Div 的右边位置，如图 8-24 所示。

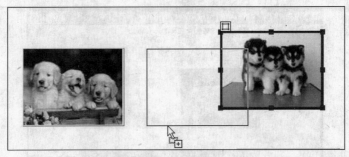

图 8-24　移动 AP Div

（5）保存移动的 AP Div 的选中状态，按住 Shift 键再选择第 1 个 AP Div，选择"修改/排列顺序/上对齐"命令使其对齐。

（6）用同样的方法拖动下面第 1 个 AP Div 到临近第 1 个 AP Div 的下面位置，选择"修改/排列顺序/左对齐"命令使其对齐。

（7）用同样的方法将最后一个 AP Div 分别与上面第 2 个 AP Div 执行"右对齐"命令，与下面第 1 个 AP Div 执行"对齐下缘"命令，完成后的效果如图 8-20 所示。

8.3　AP Div 高级操作

掌握了 AP Div 的基础操作后，还需要对其进行设置，以及进一步使用 Div+CSS 方式布局网页，下面将进行具体介绍。

8.3.1　AP Div 的属性设置

与图像、文本等网页对象一样，AP Div 也可以在"属性"面板中进行设置，下面分别讲解单个 AP Div 和多个 AP Div 属性设置的方法。

1. 单个 AP Div 的属性设置

选择所需的 AP Div 后，其"属性"面板如图 8-25 所示，面板中各设置项含义如下。

图 8-25　单个 AP Div 的"属性"面板

- ➥ **"CSS-P 元素"下拉列表框**：在其中输入名称可为当前 AP Div 命名，该名称可在脚本中引用。
- ➥ **"左"文本框**：设置 AP Div 左边相对于页面左边或父 AP Div 左边的距离。
- ➥ **"上"文本框**：设置 AP Div 顶端相对于页面顶端或父 AP Div 顶端的距离。
- ➥ **"宽"文本框**：设置 AP Div 的宽度值。
- ➥ **"高"文本框**：设置 AP Div 的高度值。

- ➡ **"Z 轴"文本框**：设置 AP Div 的 Z 轴顺序，也就是设置 AP Div 在网页中的重叠顺序，较高值的 AP Div 位于较低值的 AP Div 上方。

- ➡ **"可见性"下拉列表框**：设置 AP Div 的可见性，其中 default 表示默认值，其可见性由浏览器决定；inherit 表示继承其父 AP Div 的可见性；visible 表示显示 AP Div 及其内容，而与父 AP Div 无关；hidden 表示隐藏 AP Div 及其内容，而与父 AP Div 无关。

- ➡ **"背景图像"文本框**：用于设置背景图像，单击 按钮，在打开的"选择图像源文件"对话框中选择所需背景图像。

- ➡ **"背景颜色"文本框**：设置 AP Div 的背景颜色。

- ➡ **"类"下拉列表框**：选择 AP Div 的样式。

- ➡ **"溢出"下拉列表框**：选择当 AP Div 中的内容超出 AP Div 的范围后显示内容的方式，其中 visible 表示当 AP Div 中的内容超出 AP Div 范围时，AP Div 自动向右或向下扩展，使 AP Div 能够容纳并显示其中的内容；hidden 表示当 AP Div 中的内容超出 AP Div 范围时，AP Div 的大小保持不变，也不出现滚动条，超出 AP Div 范围的内容将不显示；scroll 表示无论 AP Div 中的内容是否超出 AP Div 范围，AP Div 的右端和下端都会出现滚动条；auto 表示当 AP Div 中的内容超出 AP Div 范围时，AP Div 的大小保持不变，但是在 AP Div 的左端或下端会出现滚动条，以便 AP Div 中超出范围的内容能够通过拖动滚动条来显示。

- ➡ **"剪辑"选项组**：在该选项组中可设置 AP Div 的可见区域。其中"左"、"右"、"上"和"下"4 个文本框分别用于设置 AP Div 在各个方向上的可见区域与 AP Div 边界的距离，其单位为像素。

2. 多个 AP Div 的属性设置

选择多个 AP Div 后，其"属性"面板如图 8-26 所示。

图 8-26　多个 AP Div 的"属性"面板

多个 AP Div 与单个 AP Div 的"属性"面板设置项基本相同，这里不再赘述，需要说明的是在"标签"下拉列表框中可指定用来定义所选 AP Div 的 HTML 标签。

8.3.2　设置 AP 元素的首选参数

选择"编辑/首选参数"命令，打开"首选参数"对话框，在"分类"列表框中选择"AP元素"选项，可以在该对话框中对其首选参数进行设置，如设置 AP Div 的显示方式、高、宽、背景颜色、背景图像以及嵌套设置等。进行首选参数设置后创建的 AP Div 会与默认状况下的 AP Div 有不同的样式。

【例 8-1】 对 AP Div 的首选参数进行设置，完成后创建一个 AP Div。

（1）选择"编辑/首选参数"命令，打开"首选参数"对话框，在左侧的"分类"列表框中选择"AP 元素"选项。

（2）在对话框右侧的"宽"和"高"文本框中分别输入"400"和"150"；单击"背景颜色"文本框前的□按钮，在打开的颜色列表中选择绿色作为背景颜色，如图 8-27 所示。

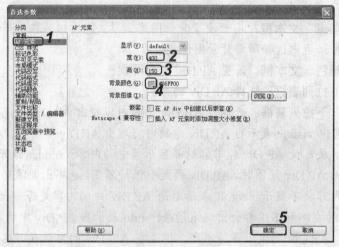

图 8-27　设置参数

（3）单击 确定 按钮关闭对话框，选择"插入记录/布局对象/AP Div"命令创建一个 AP Div，效果如图 8-28 所示。

📢提示：

使用上述实例中的方法可设置 AP Div 的默认属性，设置后创建的所有 AP Div 都将按这种样式显示。

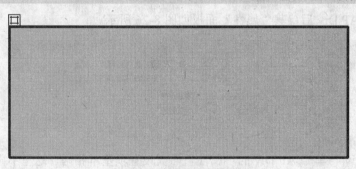

图 8-28　创建的 AP Div

8.3.3　使用 Div-CSS 布局网页

Div-CSS 布局网页是目前非常流行的一种新的页面设计方式，它摒弃了表格布局的传统方法，采用 Div 标签元素作为布局的主要容器，并通过 CSS 样式规则来对 Div 标签进行外观设置。下面将简单介绍使用 Div-CSS 布局网页的方法。

1．了解 CSS 的页面布局

其实 AP Div 就是一种典型的 Div-CSS 设计方式，只是因为 Dreamweaver 对其进行了专门的定义设置，简化了一些属性设置功能，让初学者使用起来更加方便，更容易上手。基于 CSS 的布局所包含的代码数量较具有相同特性的基于表格的布局中的代码数量要少很多，基于 CSS 的布局通常使用 Div 标签而非 table 标签来创建 CSS 布局块，它可以放置在页面上的任意位置，并为它们制定相应的属性。

相对于 AP Div 来说，Div-CSS 布局方式具有更强的操作性，设置更加灵活，功能也更为强大。所以，AP Div 是一个包含绝对位置的 Div 标签。

2．插入 Div 标签进行布局

布局网页时可以使用 Div 标签创建 CSS 布局块，并在网页文档中对其进行定位。在 Dreamweaver CS3 中可以通过单击"布局"插入栏中的"插入 Div 标签"按钮 或选择"插入记录/布局对象/Div 标签"命令打开"插入 Div 标签"对话框，进行 Div 标签的插入操作。

【例 8-2】　插入一个水平居中的 Div 标签，并进行 CSS 样式设置。

（1）选择"插入记录/布局对象/Div 标签"命令，打开"插入 Div 标签"对话框，在"类"下拉列表框中输入类名称，如"div1"，如图 8-29 所示。

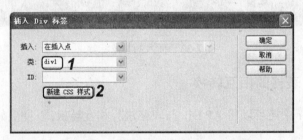

图 8-29　"插入 Div 标签"对话框

（2）单击 新建 CSS 样式 按钮，打开"新建 CSS 规则"对话框，在该对话框中选中 仅对该文档 单选按钮，再单击 确定 按钮，如图 8-30 所示。

图 8-30　"新建 CSS 规则"对话框

（3）打开".div1 的 CSS 规则定义"对话框，在左侧"分类"列表框中选择"背景"选项，设置其背景颜色为"#3366FF"，如图 8-31 所示。

（4）选择"方框"选项，在"宽"下拉列表框中输入"750"，在"高"下拉列表框中输入"100"，在"边界"栏的"上"下拉列表框中选择"自动"选项，如图 8-32 所示。

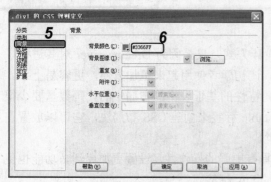

图 8-31　设置背景颜色

图 8-32　设置方框尺寸及对齐方式

（5）单击 确定 按钮返回"插入 Div 标签"对话框，直接单击 确定 按钮关闭对话框。

（6）此时将在网页中插入一个定义了 CSS 样式的 Div 标签，并且以水平居中的方式显示在网页中，效果如图 8-33 所示。

图 8-33　插入的 Div 标签

8.3.4　AP Div 与表格的相互转换

在 Dreamweaver 中还可以将 AP Div 与表格进行相互转换，以便更好地选择适当的布局方式。

1．将 AP Div 转换为表格

选择"修改/转换/将 AP Div 转换为表格"命令，打开"将 AP Div 转换为表格"对话框，在该对话框中进行相应的转换设置后单击 确定 按钮即可将页面中的 AP Div 转换为表格，如图 8-34 所示。

🔔注意：

重叠的 AP Div 和嵌套的 AP Div 将不能转换为表格。

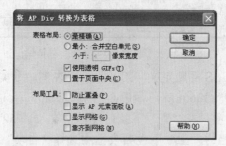

图 8-34　"将 AP Div 转换为表格"对话框

在"将 AP Div 转换为表格"对话框中部分设置参数的含义如下。

- ◉最精确(A) 单选按钮：表示将所有的 AP Div 都转换为表格。如果 AP Div 之间存在间距，则通过插入单元格的方法补充这些间距造成的空间。
- ◉最小: 合并空白单元(S) 单选按钮：表示如果 AP Div 之间的距离太近，会将这些 AP Div 创建为相邻的单元格。
- ☑使用透明 GIFs(T) 复选框：表示将转换后的表格最后一行填充为透明的 GIF 图像。
- ☑置于页面中央(C) 复选框：使生成的表格在页面中居中。
- ☑显示 AP 元素面板(A) 复选框：转换后显示"AP 元素"面板。

2．将表格转换为 AP Div

选择"修改/转换/将表格转换为 AP Div"命令，打开"将表格转换为 AP Div"对话框，在其中进行相应的选项设置后单击 确定 按钮即可将表格转换为 AP Div，如图 8-35 所示。

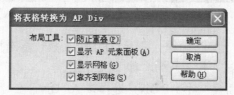

图 8-35 "将表格转换为 AP Div"对话框

8.3.5 应用举例——利用 AP Div 布局页面

下面将利用 AP Div 为网页布局页面，在页面中创建 3 个 AP Div，并分别用于添加网页的 Banner、导航条以及主要内容，设置不同的属性后，最终效果如图 8-36 所示（立体化教学:\源文件\第 8 章\apdiv-1.html）。

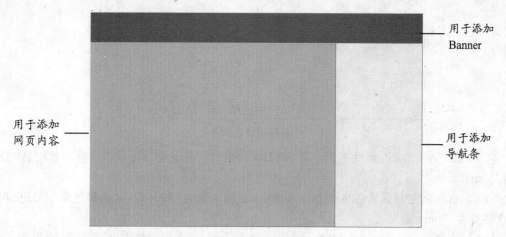

图 8-36 最终效果

操作步骤如下：

（1）启动 Dreamweaver，创建一个空白的基本页，切换到"布局"插入栏，单击"绘制 AP Div"按钮 ，在页面顶部创建一个用于添加 Banner 的 AP Div。

（2）选择该 AP Div，在"属性"面板的"宽"文本框中输入"800px"，在"高"文本框中输入"70px"，在"背景颜色"文本框中输入"#006699"，如图 8-37 所示。

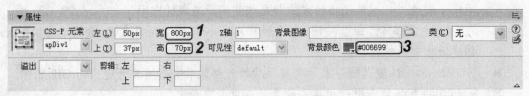

图 8-37　"属性"面板

（3）调整 AP Div 的大小如图 8-38 所示。

图 8-38　调整后的 AP Div

（4）选择"窗口/AP 元素"命令，打开 AP Div 面板，再选择先前创建的 AP Div，双击其名称，使其呈改写状态，输入新的名称"Banner"。

（5）在 Banner 下方新建一个 AP Div，选择该 AP Div，在"属性"面板的"高"文本框中输入"430px"，在"宽"文本框中输入"210px"，在"背景颜色"文本框中输入"#F7F9A2"。

（6）将新建的 AP Div 移动到 Banner 下方，使其上缘与 Banner 的下缘衔接，选中两个 AP Div，选择"修改/排列顺序/右对齐"命令，效果如图 8-39 所示。

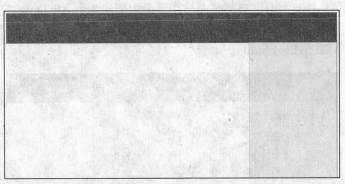

图 8-39　设置对齐

（7）在"AP 元素"面板中双击新 AP Div 的名称，使其呈改写状态，输入新的 AP Div 名称"dht"。

（8）在右侧空白区域创建一个新 AP Div，设置其宽为"590px"，背景颜色为"#33FF66"，修改名称为"neirong"。

（9）选中 neirong 和 dht AP Div，注意后选择 dht，选择"修改/排列顺序/设成高度相同"命令，然后再选择"修改/排列顺序/上对齐"命令。

（10）选中 neirong 和 Banner AP Div，注意后选择 Banner，选择"修改/排列顺序/左对齐"命令，完成后的效果如图 8-36 所示。

8.4 上机及项目实训

8.4.1 用 AP Div 布局页面

本次上机练习将利用 AP Div 布局诚与广告公司站点的"业务范围"网页，并在 AP Div 中添加网页元素，布局效果如图 8-40 所示（立体化教学:\源文件\第 8 章\yewu.html）。

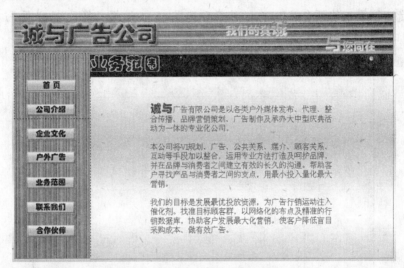

图 8-40 最终效果

1. 使用 AP Div 布局页面

首先使用页面布局方式，并用 AP Div 进行布局，操作步骤如下：

（1）启动 Dreamweaver CS3，创建一个完全空白的网页文件，并命名为"yewu.html"。

（2）将插入栏切换到"布局"插入栏，单击"绘制 AP Div"按钮，在页面顶部创建一个用于添加 Banner 的 AP Div。

（3）选择该 AP Div，在"属性"面板的"高"文本框中输入"80px"，在"宽"文本框中输入"800px"，如图 8-41 所示。

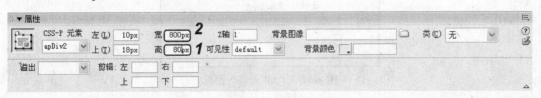

图 8-41 "属性"面板

（4）打开"AP 元素"面板，选择创建的 AP Div，双击其名称使其呈改写状态，输入新的 AP Div 名称"c1"，如图 8-42 所示。

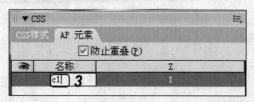

图 8-42 重命名 AP Div

（5）在 c1 下方新建一个 AP Div，选择该 AP Div，在"属性"面板中设置其宽为"160px"，高为"420px"。

（6）选中网页中的两个 AP Div（注意后选择 c1），选择"修改/排列顺序/左对齐"命令，编辑窗口如图 8-43 所示。

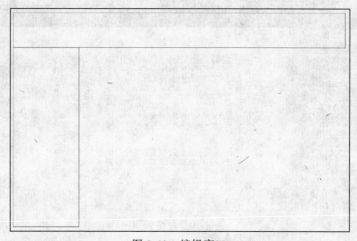

图 8-43 编辑窗口

（7）选中新创建的 AP Div，在"AP 元素"面板中将其重命名为"c2"。

（8）在左侧空白区域创建一个新 AP Div，选择该 AP Div，在"属性"面板中设置宽为"640px"，高为"420px"，并将其重命名为"c3"，重命名后的"AP 元素"面板如图 8-44 所示。

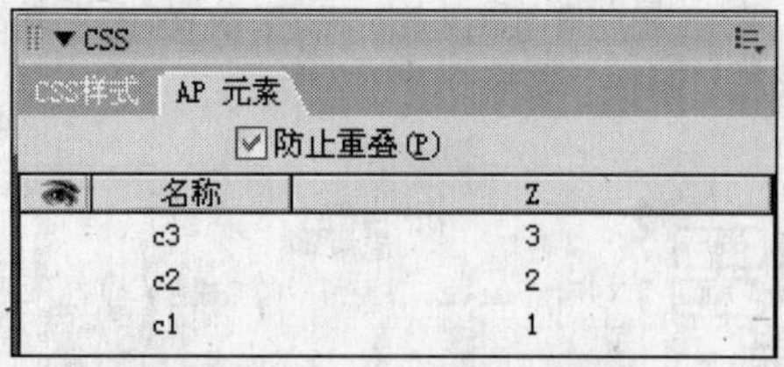

图 8-44　"AP 元素"面板

（9）依次选择 c3 和 c2 AP Div，然后选择"修改/排列顺序/上对齐"命令对齐 AP Div。

（10）依次选择 c3 和 c1 AP Div，然后选择"修改/排列顺序/右对齐"命令，完成后的效果如图 8-45 所示。

图 8-45　页面布局效果

2．添加网页元素

通过上文创建的 AP Div 在布局页面中添加嵌套 AP Div 并添加相应的网页元素，操作步骤如下：

（1）将光标插入点定位到顶部的 c1 AP Div 中，选择"插入记录/图像"命令，在打开的"选择图像源文件"对话框中选择 biaoti.jpg 图像文件（立体化教学:\实例素材\第 8 章\biaoti.jpg）。

（2）选中 c2 AP Div，单击"属性"面板中"背景图像"文本框后的 ▭ 按钮，在打开的对话框中选择 1.jpg 文件作为 AP Div 的背景。

（3）将光标插入点定位到 c3 AP Div 中，输入文本，并设置文本格式，效果如图 8-46 所示。

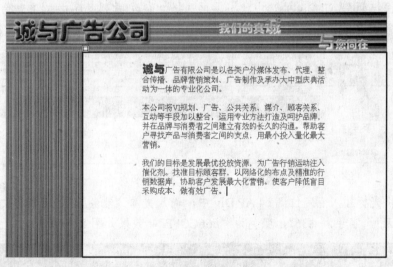

图 8-46　输入文本

（4）将光标插入点定位到 c2 AP Div 中，选择"插入记录/布局对象/AP Div"命令为其创建一个子 AP Div。

（5）将光标插入点定位到该子 AP Div 中，选择"插入记录/图像"命令，在打开的"选择图像源文件"对话框中选择 shouye.jpg 图像文件（立体化教学:\实例素材\第 8 章\shouye.jpg），并调整 AP Div 的大小，效果如图 8-47 所示。

（6）使用同样的方法添加其他并列子 AP Div，并在其中插入相应图像，调整位置组成导航条后的效果如图 8-48 所示。

图 8-47　在 AP Div 中添加图像　　　　图 8-48　创建导航条

（7）将光标插入点定位到 c3 AP Div 中，选择"插入记录/布局对象/AP Div"命令为其创建一个子 AP Div，并选择该 AP Div。

（8）在"属性"面板中设置其宽为"640px"，高为"45px"，背景颜色为"#000000"，并重命名该 AP Div 为"c4"。

（9）依次选中 c4 和 c3 AP Div，选择"修改/排列顺序/上对齐"命令使其与 c3 AP Div 的上缘对齐。

（10）保持两个 AP Div 的选中状态，再选择"修改/排列顺序/右对齐"命令执行右对齐操作，效果如图 8-49 所示。

图 8-49　新建子 AP Div 并对齐

（11）将光标插入点定位到 c4 AP Div 中，输入文本"业务范围"，并将文本字体设置为"华文彩云"，字号为"36"，颜色为"#66CCFF"，效果如图 8-50 所示。

图 8-50　添加文本

（12）单击"属性"面板的 页面属性... 按钮，在打开的"页面属性"对话框中将 beijing.jpg 图像（立体化教学:\实例素材\第 8 章\beijing.jpg）设置为页面背景，完成所有操作。

8.4.2　制作"四季歌"网页

综合运用本章所学知识，使用 AP Div 布局页面，通过在 AP Div 中添加网页元素并设置 AP Div 属性，制作的网页最终效果如图 8-51 所示（立体化教学:\源文件\第 8 章\four\Four.html）。

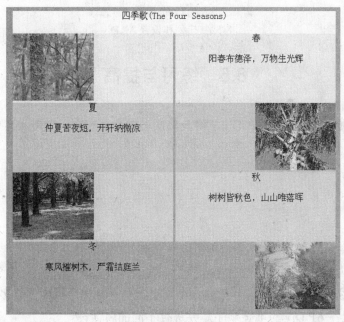

图 8-51　最终效果

本练习可结合立体化教学中的视频演示进行学习（立体化教学:\视频演示\第 8 章\制作"四季歌"网页.swf）。主要操作步骤如下：

（1）启动 Dreamweaver，新建一个网页文档，设置页面背景颜色为 "#999999"，单击"布局"插入栏中的 按钮，在页面上方绘制一个较长的 AP Div，设置其宽为 "596px"，高为 "40px"。

（2）再绘制一个 AP Div，设置其宽为 "296px"，高为 "124px"，然后复制 7 个，将各 AP Div 进行排列。

（3）排列好后为各行 AP Div 设置不同的颜色，效果如图 8-52 所示。

（4）在左侧第一、三和右侧第二、四个 AP Div 中插入不同季节的图片（立体化教学:\实例素材\第 8 章\four\）。

（5）在其他空的 AP Div 中输入网页标题和各季节的歌词，完成保存并预览文档。

图 8-52　排列和设置 AP Div

8.5　练习与提高

（1）在网页中创建两个 AP Div，将其依次设置为上对齐、宽度相同和高度相同，参考效果如图 8-53～图 8-56 所示。

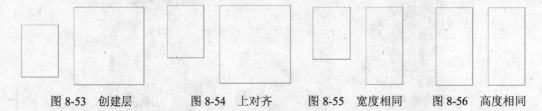

图 8-53　创建层　　　　图 8-54　上对齐　　　　图 8-55　宽度相同　　　　图 8-56　高度相同

（2）综合运用本章所学知识，新建一个网页文档，并在网页中创建多个 AP Div 和嵌套 AP Div，设置各 AP Div 的堆叠顺序，并进行不同的属性设置。

（3）利用 AP Div 布局页面，参考效果如图 8-57 所示（立体化教学:\源文件\第 8 章\练习\fengjing.html）。

提示：本练习主要是应用 AP Div 进行布局，并在 AP Div 中添加文本和图像（立体化教学:\实例素材\第 8 章\练习\）。可结合立体化教学中的视频演示进行学习（立体化教学:\视频演示\第 8 章\利用 AP Div 布局页面.swf）。

图 8-57　参考效果

 AP Div 使用过程中的一些经验技巧

本章主要讲解了 AP Div 的创建、编辑及设置等操作，通过 AP Div 可以很好地对页面进行布局，这摆脱了表格布局的局限性，让用户可以随时在网页中添加各种网页元素。下面是关于 AP Div 使用过程中的一些技巧：

➧ AP Div 的使用虽然方便，但在制作规模较大的站点网站时，基本的网页框架布局还是不要使用 AP Div，使用表格或框架布局会相对稳定一些，而在网页中进行其他内容的添加时则可首选 AP Div。

➧ 在页面中添加了 AP Div 后，最终结果以浏览器中的显示效果为准，因为在编辑窗口中所得到的效果，有时在网页中的位置会有一些偏差，所以应经常浏览网页效果以控制和调整网页对象的位置。

➧ 需要创建嵌套 AP Div 时，只能通过菜单命令在父 AP Div 中插入 AP Div 来实现，使用绘制的方法只能绘制平行 AP Div。

➧ 要将一个 AP Div 嵌入到另一个 AP Div 中，除了可以通过显示 AP 元素锚点，拖动锚点到相应的 AP Div 中进行嵌套，还可以在"AP 元素"面板中选中要作为子 AP Div 的 AP Div，按住 Ctrl 键的同时使用鼠标拖动该 AP Div 到要作为父 AP Div 的 AP Div 上进行嵌套。要将子 AP Div 与父 AP Div 分离，同样可以使用这两种方法来进行操作。

第 9 章　使用框架布局页面

学习目标

- ☑ 能够创建框架与框架集网页
- ☑ 进行框架的拆分
- ☑ 创建嵌套框架集
- ☑ 进行框架与框架集的选择及删除等操作
- ☑ 对框架和框架集进行设置
- ☑ 掌握保存框架和框架集的操作

目标任务&项目案例

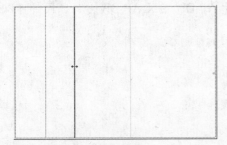

拆分框架

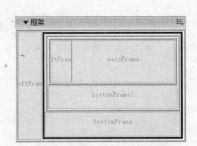

通过"框架"面板选择框架

Flash 动画欣赏页面

框架布局页面

　　框架、AP Div 和表格都是常用的网页布局工具，它们各有优缺点，在制作网页时需灵活选择和运用。本章将介绍框架的概念、创建框架的方法、框架属性的设置以及框架和框架集的保存等知识。

9.1　框架与框架集

在布局页面时除了可以使用 AP Div 和表格外，还可以使用框架，使用框架布局网页可以减少访问同一网站的网页时下载某些固定页面的流量。下面介绍框架的概念及创建、选择、删除等方法。

9.1.1　框架与框架集的概念

单个框架是指在网页上定义的一个区域，而框架集则记录了同一网页上多个框架的布局、链接和属性等信息。

利用框架可以把浏览器窗口划分为多个区域，每个区域可以添加任意的网页元素，也可分别显示不同的网页。

框架集与框架之间的关系是包含与被包含的关系，多个框架组成了框架集，如图 9-1 所示的框架集包含了框架 1、框架 2 和框架 3 共 3 个框架。

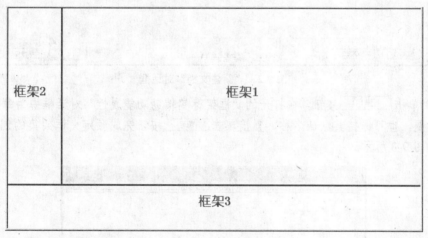

图 9-1　框架集

提示：

创建好框架或框架集后可对其属性进行设置，每个框架就是一个不同的 HTML 网页，需要分别保存每个框架文件和框架集文件。

9.1.2　创建框架与框架集

创建框架可以通过 Dreamweaver 中预定义的框架集直接创建，也可在页面中加载。

1．直接创建预定义框架集

直接创建预定义的框架集，可以通过 Dreamweaver 的"新建文档"对话框来创建。

【例 9-1】　直接创建 Dreamweaver 预定义框架集。

（1）启动 Dreamweaver CS3，选择"文件/新建"命令，打开"新建文档"对话框。

（2）在该对话框最左侧选择"示例中的页"选项卡，然后在对话框中间出现的"示例文件夹"列表框中选择"框架集"选项。

（3）在其右侧的框架集样式列表框中选择一种样式，如这里选择"上方固定，左侧嵌套"选项，在对话框右上方预览区将显示该样式的预览效果，如图 9-2 所示。

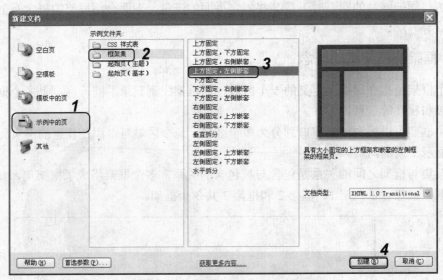

图 9-2　"新建文档"对话框

（4）单击 创建(R) 按钮，在打开的"框架标签辅助功能属性"对话框中为每个框架设置一个标题，也可保持其默认名称，直接单击 确定 按钮完成预定义框架集的创建，创建的效果如图 9-3 所示。

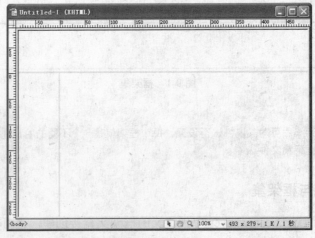

图 9-3　最终效果

2．加载预定义框架集

在现有的页面中还可加载预定义框架集。其方法是将插入栏切换到"布局"插入栏，单击□按钮右侧的▼按钮，在弹出的下拉列表中选择所需的框架类型选项，即可加载预定义框架集，如图 9-4 所示。

📎技巧：

加载预定义框架集也可以选择"插入记录/HTML/框架"命令，在其子菜单中选择需要的框架类型即可，如图 9-5 所示。

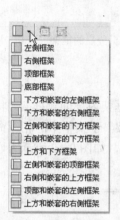

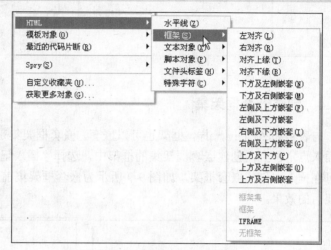

图 9-4 选择框架类型　　　　　图 9-5 通过菜单命令加载框架

9.1.3 拆分框架

预定义框架只有固定的一些样式，有时不能满足网页制作的需要，此时可以将框架进行拆分，创建自定义的框架样式。

拆分框架的方法是将光标插入点定位到需拆分的框架中，选择"修改/框架集"子菜单中的相应拆分命令，可将该框架进行左右或上下的拆分，如图 9-6 所示。

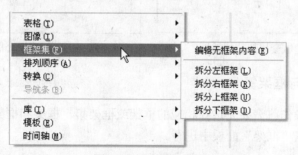

图 9-6 拆分框架命令

📎技巧：

拆分框架也可单击需要拆分的框架边框，当框架边框呈虚线显示时按住 Alt 键，将光标移到需拆分的边框上，当其变为 ↕ 或 ↔ 形状时按住鼠标左键拖动边框到所需位置释放鼠标即可，如图 9-7 所示，拆分后的框架如图 9-8 所示。

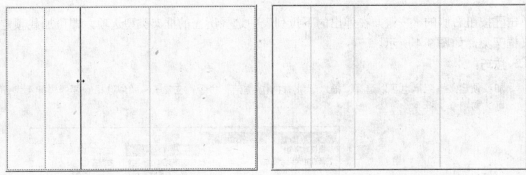

图 9-7　拖动光标　　　　　　　　　　　　　　图 9-8　拆分后的框架

9.1.4　创建嵌套框架集

与表格和 AP Div 一样，框架也可以嵌套，嵌套框架集是指在框架内部创建框架。将光标插入点定位到需创建嵌套框架集的框架中，选择"插入记录/框架"子菜单中的相应命令即可在框架中创建嵌套框架，如图 9-9 所示为嵌套框架集前的效果，如图 9-10 所示为嵌套框架后的效果。

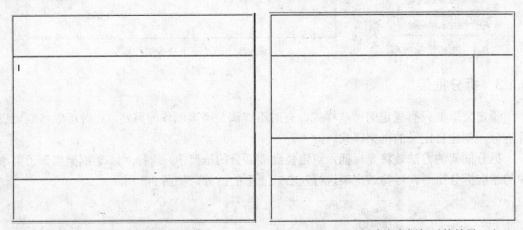

图 9-9　创建嵌套框架前的效果　　　　　　　图 9-10　创建嵌套框架后的效果

9.1.5　选择框架与框架集

在对框架进行操作前需要先选择相应的框架或框架集。框架和框架集的选择可在编辑窗口中进行，也可在"框架"面板中进行。

1．在编辑窗口中选择框架和框架集

下面介绍在编辑窗口中选择框架和框架集的方法。

- **选择框架**：按住 Alt 键，在所需的框架内单击鼠标左键即可选择该框架，如图 9-11 所示，被选择的框架边框呈虚线显示。
- **选择框架集**：单击需要选择的框架集边框即可选择该框架集，选择的框架集包含的所有框架的边框均呈虚线显示，如图 9-12 所示。

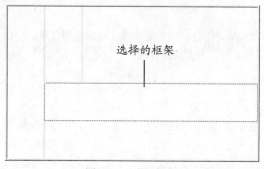

图 9-11　选择框架

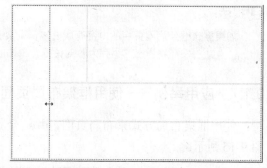

图 9-12　选择框架集

2．在"框架"面板中选择框架和框架集

通过"框架"面板也可选择框架和框架集，但是需要先打开"框架"面板，选择"窗口/框架"命令或按 Shift+F2 键在浮动面板组中打开"框架"面板。下面分别介绍在"框架"面板中选择框架和框架集的方法。

➲　**选择框架**：在"框架"面板中单击相应的框架区域即可选择该框架，如图 9-13 所示，被选择的框架以黑色边框显示。

➲　**选择框架集**：若要在"框架"面板中选择框架集，只需单击包含要选择框架集的边框即可，如图 9-14 所示，选中的框架集边框呈粗黑显示，若要选择整个框架集，直接单击框架最外面的边框即可。

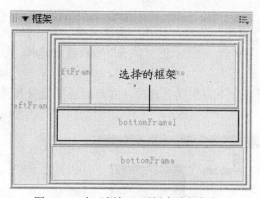

图 9-13　在"框架"面板中选择框架

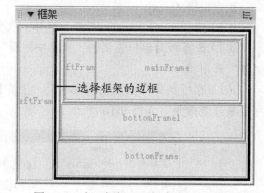

图 9-14　在"框架"面板中选择框架集

技巧：

选择一个框架后可用快捷键选择其他框架，其方法为按 Alt+→或 Alt+←键选择同级框架或框架集；Alt+↑键可以从文档编辑状态、框架、框架集逐步扩大范围选择，即升级选择；Alt+↓键则为降级选择。

9.1.6　删除框架

若需删除框架，可使用鼠标将要删除框架的边框拖至页面外即可；如果要删除嵌套框架，需将其边框拖到父框架边框上或拖离页面。

提示：

如果删除框架后网页中的内容有所变化，则会弹出询问对话框，询问是否将改动保存到框架，单击
<u>是(Y)</u> 按钮将弹出"另存为"对话框，单击 <u>否(N)</u> 按钮将直接删除框架。

9.1.7 应用举例——使用框架布局页面

使用框架布局方式来布局页面，并结合其他框架操作以达到合理的布局，布局效果如
图 9-15 所示。

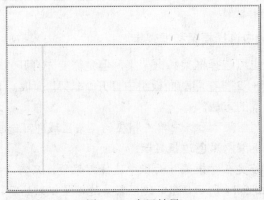

图 9-15 布局效果

操作步骤如下：

（1）启动 Dreamweaver CS3，选择"文件/新建"命令，打开"新建文档"对话框。

（2）选择该对话框左侧的"示例中的页"选项卡，在"示例文件夹"列表框中选择"框
架集"选项。

（3）在框架集样式列表框中选择"上方固定，下方固定"选项，右侧的预览区将显示
框架集预览效果，如图 9-16 所示。

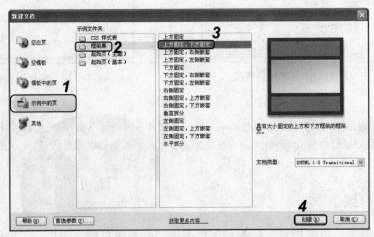

图 9-16 "新建文档"对话框

（4）单击 <u>创建(R)</u> 按钮关闭对话框，创建的框架集页面如图 9-17 所示。

（5）将光标插入点定位到中间的框架中，选择"修改/框架集/拆分右框架"命令，将框架左右拆分，效果如图 9-18 所示。

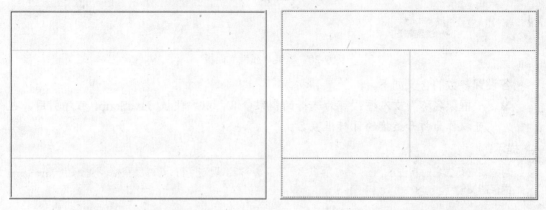

图 9-17　创建的框架集　　　　　　　　　　图 9-18　拆分后的框架

（6）将鼠标光标移动到中间的框架边框上，按住鼠标向左拖动调整框架大小，如图 9-19 所示，用相同的方法调整最下面框架的边框，完成使用框架集布局页面的操作。

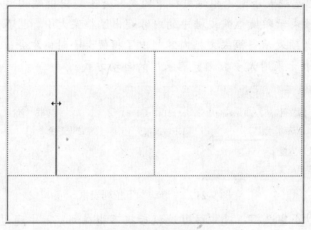

图 9-19　调整框架边框

9.2　设置和保存框架与框架集

创建框架后可对其进行设置和保存，设置框架和框架集可在"属性"面板中进行，如果要保存设置好的框架和框架集，其操作与一般网页文档的保存有些不同，下面分别进行讲解。

9.2.1　设置框架属性

选中需设置属性的框架，其"属性"面板如图 9-20 所示。

图 9-20　框架"属性"面板

各设置参数的含义如下。

➲ "框架名称"文本框：可为选择的框架命名，以方便被 JavaScript 程序引用，也可以作为打开链接的目标框架名。

🔊提示：

对框架进行命名时需注意，框架名必须以字母开头，不能出现连字符、句点及空格，不能使用 JavaScript 的保留关键字。

➲ "源文件"文本框：显示框架源文件的 URL 地址，单击文本框后的🗀按钮可在打开的对话框中重新指定框架源文件的地址。

➲ "滚动"下拉列表框：设置框架出现滚动条的方式，如图 9-21 所示，下拉列表框中的"是"选项表示无论框架文档中的内容是否超出框架的大小都会显示滚动条；"否"选项表示即使框架文档中的内容超出了框架大小，也不会出现框架滚动条；"自动"选项表示当框架文档内容超出了框架大小时，才会出现框架滚动条；"默认"选项表示采用大多数浏览器采用的自动方式。

图 9-21　"滚动"下拉列表框

➲ ☑不能调整大小复选框：选中该复选框后将不能在浏览器中通过拖动框架边框来改变框架大小。

➲ "边框"下拉列表框：有"是"、"否"和"默认"3 个选项，用于设置是否显示框架的边框。

➲ "边框颜色"文本框：设置框架边框的颜色。

➲ "边界宽度"文本框：输入当前框架中的内容距左右边框间的距离。

➲ "边界高度"文本框：输入当前框架中的内容距上下边框间的距离。

9.2.2　设置框架集属性

选择需设置属性的框架集，其"属性"面板如图 9-22 所示。其各设置参数含义和框架"属性"面板中的基本相同，不同的是在"行"或"列"文本框中可设置框架的行高或列宽，在"单位"下拉列表框中选择单位后即可输入所需数值。

图 9-22　框架集"属性"面板

📢**提示：**

> 框架属性设置的优先级高于框架集属性设置，也就是说框架集的属性设置不会影响框架属性。

9.2.3　设置框架集的网页标题

设置了框架集网页标题后，浏览者在浏览器中查看该框架集时，标题将显示在浏览器的标题栏中。其设置的方法与设置网页标题的方法相同，选择要设置框架集网页标题的框架集，在文档工具栏的"标题"文本框中输入网页标题即可，如图 9-23 所示。

图 9-23　设置框架集的网页标题

9.2.4　保存框架与框架集

在 Dreamweaver 中保存框架和框架集与一般网页文档的保存有所不同，用户可以保存某个框架文档，也可以单独保存框架集文档，还可以保存框架集文件和框架中出现的所有文档。

1．保存框架

保存框架的操作步骤为：将光标插入点定位到需保存的框架中，选择"文件/保存框架"命令或按 Ctrl+S 键，在打开的"另存为"对话框中指定保存路径、文件名和文件类型，完成后单击 保存(S) 按钮即可。

2．保存框架集

保存框架集文档的方法与保存框架类似，选择所需保存的框架集，然后选择"文件/保存框架页"命令或按 Ctrl+S 键，在打开的"另存为"对话框中指定保存路径、文件名和文件类型，完成后单击 保存(S) 按钮。

📢**提示：**

> 如果只是对已有的框架页修改后进行保存，选择保存命令后不会打开"另存为"对话框，而是直接将改动保存到原框架页中。

3．保存框架集中的所有文档

在框架页面中选择"文件/保存全部"命令即可保存框架集中的所有文档。如果框架集中有框架文档未被保存，则会打开"另存为"对话框，提示保存该文档；如果有多个文档未保存，则会依次打开多个"另存为"对话框。当所有的文档都已保存，Dreamweaver 将以原框架名保存文档，而不再打开"另存为"对话框。

9.2.5 使用超级链接控制框架的内容

在框架布局的页面中，通常需要将各框架的显示内容进行合理划分，如需要安排专门的 Banner 显示框架、导航信息框架以及用于显示链接页面的目标框架，使整个站点的主要网页能在一个框架集中正确显示。

用于显示固定页面的框架只需在其页面中添加固定内容即可，而用于显示链接页面的框架则主要是通过设置超级链接的目标位置来实现的，如在链接的"目标"下拉列表框中选择 mainFrame 选项，将在 mainFrame 框架中显示链接的网页内容。

9.3   上机及项目实训

9.3.1 制作动画欣赏网页

本次实训将制作一个简单的框架式动画网页，通过创建框架和框架集，并在框架页面中添加网页元素，制作出框架布局页面。其最终效果如图 9-24 所示（立体化教学:\源文件\第 9 章\donghua\index.html）。

图 9-24   最终效果

操作步骤如下：

（1）启动 Dreamweaver CS3，选择"文件/新建"命令，打开"新建文档"对话框，在该对话框中选择新建一个"上方固定，右侧嵌套"的框架集，如图 9-25 所示。

（2）单击 创建(R) 按钮创建框架集，选择"文件/新建"命令，在打开的"新建文档"对话框中新建一个空白网页文档。

（3）选择"文件/保存"命令，将该网页文档保存为"donghua1.html"。

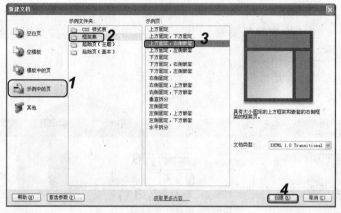

图 9-25　创建框架集

（4）在新建的网页中插入一个 2 行 1 列的表格，在第 1 行中输入文本 "Flash 动画欣赏>宁夏"，并设置其字体样式，如图 9-26 所示。

图 9-26　在表格中输入文本并设置样式

（5）将光标插入点定位到表格第 2 行中，选择 "插入记录/媒体/Flash" 命令，打开 "选择文件" 对话框，在该对话框中选择 "宁夏.swf" 文件（立体化教学:\实例素材\第 9 章\images\宁夏.swf）并将其插入到网页中，如图 9-27 所示。

（6）按 Ctrl+S 键保存该网页，然后选择 "文件/另存为" 命令，打开 "另存为" 对话框，将文件另存为 "donghua2.html"，并将第 1 行文本改为 "Flash 动画欣赏>盛夏的果实"，将下面的 Flash 文件删除并重新插入 "盛夏的果实.swf" 文件（立体化教学:\实例素材\第 9 章\盛夏的果实.swf），如图 9-28 所示。

图 9-27　制作 donghua1.html 网页　　　图 9-28　制作 donghua2.html 网页

（7）使用相同的方法，创建 donghua3.html、donghua4.html 网页，并插入不同的 Flash

173

文件。

（8）将网页文档切换到框架集窗口中，将鼠标光标定位到右侧框架中，单击"属性"面板中的 页面属性... 按钮。

（9）在打开的"页面属性"对话框中设置页面字体、大小、文本颜色和背景颜色等参数，如图9-29所示。

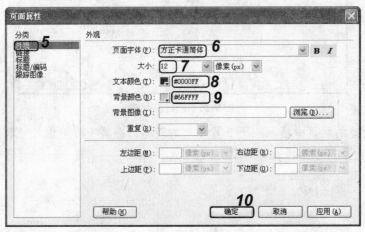

图9-29 设置页面属性

（10）将鼠标光标移动到框架左侧的边框上，当鼠标变为 ↔ 形状时按住鼠标向左拖动以调整框架的宽度，如图9-30所示。

（11）在该框架中插入一个1行1列、边框为0的表格，并在其中输入相应的文本，如图9-31所示。

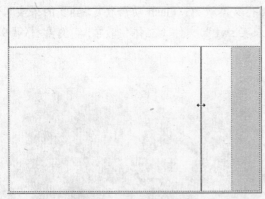

图9-30 调整框架宽度

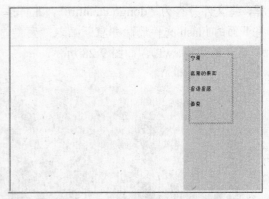

图9-31 添加表格和文本

（12）选择"窗口/框架"命令，打开"框架"面板，单击最外层的边框，选择框架集，如图9-32所示。

（13）选择"文件/保存框架页"命令，在打开的"另存为"对话框中将框架集保存为"index.html"文档，如图9-33所示。

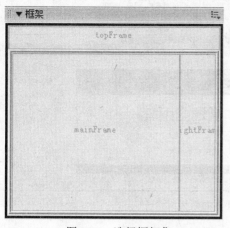

图 9-32　选择框架集

图 9-33　保存框架集

（14）选择"文件/全部保存"命令，对其他框架页面进行保存，注意都保存到同一目录下。

（15）按住 Alt 键，单击顶部的框架选择该框架，在"属性"面板中单击"源文件"文本框后的 按钮，打开"选择 HTML 文件"对话框。

（16）在该对话框中选择 top.html 文件（立体化教学:\实例素材\第 9 章\top.html）作为源文件，设置后的"属性"面板如图 9-34 所示。

图 9-34　顶部框架的"属性"面板

（17）选择"宁夏"文本，在"属性"面板中的"链接"下拉列表框中设置其链接为donghua1.html，在"目标"下拉列表框中设置目标为 mainFrame，如图 9-35 所示。

图 9-35　设置文本超级链接

（18）使用同样的方法设置其他文本的超级链接为相应的网页文档，目标均为mainFrame，完成后选择"文件/全部保存"命令保存所有网页。

（19）按 F12 键浏览网页，单击右侧相应的超级链接，将在左侧的框架中显示相应的页面，效果如图 9-36 所示。

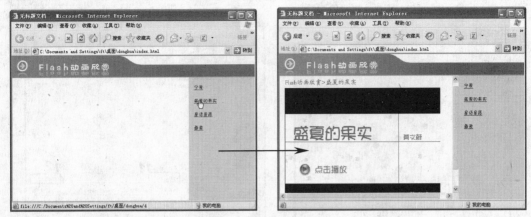

图 9-36　链接框架页面效果

9.3.2　设置诚与广告基本框架

综合运用本章所学知识，将使用表格布局的广告公司页面设置为框架布局方式。完成后的最终效果如图 9-37 所示（立体化教学:\源文件\第 9 章\chengyu\index.html）。

图 9-37　框架布局效果

本练习可结合立体化教学中的视频演示进行学习（立体化教学:\视频演示\第 9 章\设置诚与广告基本框架.swf）。主要操作步骤如下：

（1）启动 Dreamweaver CS3，选择"文件/新建"命令，创建一个"上方固定，左侧嵌套"的框架集页面。

（2）对框架进行拆分和调整操作，参考效果如图 9-38 所示。设置好后选中整个框架集，选择"文件/保存框架页"命令，将框架集保存为"index.html"。

（3）选择顶部的框架，插入 Banner 图像文件 biaoti.jpg（立体化教学:\实例素材\第 9 章\chengyu\biaoti.jpg）。

（4）在左侧框架中插入一个 AP Div，并在 AP Div 中插入导航条图片 daohang.jpg（立体化教学:\实例素材\第 9 章\chengyu\daohang.jpg），调整各框架的宽度和高度到合适位置。

（5）分别将光标定位到各框架页面中，设置各页面的背景图像均为 beijing.jgp 图像文件（立体化教学:\实例素材\第 9 章\beijing.jpg）。选择"文件/保存全部"命令，对各框架页面进行保存。

（6）新建一个 wenhua.html 页面，制作如图 9-39 所示的页面效果。

图 9-38 创建基本框架

图 9-39 制作"企业文化"页面

（7）用同样的方法制作其他各分页面，完成后在框架页面中为导航条图片设置热点链接，分别链接对应的分页面，链接目标均为 mainFrame 框架。

（8）在 mainFrame 框架中添加首页内容，并在底部框架中添加相应的公司地址或联系方式等信息。

（9）完成后保存全部页面，浏览网页，单击左侧框架中的导航按钮，将在右边的框架中打开相应的页面。

9.4　练习与提高

（1）创建一个左侧及上方嵌套的框架集，将框架颜色设置为绿色，如图 9-40 所示，然后将最大的框架拆分为两个框架，效果如图 9-41 所示。

图 9-40 创建框架集

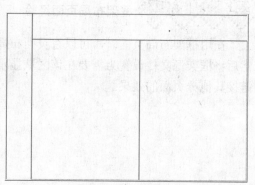

图 9-41 拆分框架

（2）创建一个"右侧固定"的框架集，然后在左侧框架中创建一个上方及下方的嵌套框架，并将框架边框设置为蓝色，参考效果如图9-42所示。

图9-42　嵌套框架

（3）利用框架布局页面，制作一个音乐网站，通过单击左侧的超级链接，可在右侧框架中打开相应页面，参考效果如图9-43所示。

图9-43　参考效果

经验技巧·框架布局页面经验

在用框架布局页面时，可以将页面布局妥当后，再分别制作各框架中需要的页面，然后将框架源文件设置为需要在该区域显示的页面文件，最后通过设置超级链接来达到链接其他分页面的效果。

第 10 章　模板与资源列表

学习目标

☑ 掌握模板的创建、编辑和删除等操作
☑ 掌握打开、更新和分离网页模板的方法
☑ 使用资源列表快速为网页添加网页对象

目标任务&项目案例

站点中的模板

从模板新建网页

"资源"面板

宏发广告模板

诚与广告模板

　　模板是统一站点网页风格的工具，使用模板可提高网页制作的效率，减少不必要的重复操作。本章将介绍模板的使用方法，学习模板的创建、编辑和套用等知识，并通过对资源列表相关知识的了解，让读者掌握模板及资源列表的使用，进一步提高网页制作的效率。

10.1 使 用 模 板

同一网站的网页需统一风格，如采用大致相同的网页布局结构，相同的版式、导航条和 Logo 等，若为每个页面都添加相同的内容，会很繁琐，此时可将一个包含共用网页元素的网页保存为模板，在该模板中添加可编辑区域，再通过这个模板创建其他的网页，在可编辑区域中输入新的内容即可。

✍技巧：

如果需要对 Logo、Banner、导航条、背景等共用内容进行修改，只需修改模板网页，则使用该模板创建的网页都会被更新，这样就极大地提高了网页制作的效率。

10.1.1 创建模板

在创建模板前需先创建站点，因为模板必须保存在站点中，否则创建模板时系统会提示创建站点。创建模板有两种方式，即将现有网页另存为模板和直接创建空白模板。

1. 将现有网页另存为模板

在制作好一个网页后，可以将其保存为模板，方法为在 Dreamweaver 中打开制作好的网页，选择"文件/另存为模板"命令，打开"另存模板"对话框，如图 10-1 所示。在"站点"下拉列表框中选择保存模板的站点，在"另存为"文本框中输入模板的名称，单击 保存 按钮关闭对话框，模板文件即被保存在指定站点的 Templates 文件夹中，文件格式为.dwt，如图 10-2 所示。

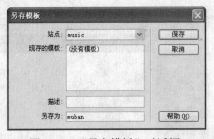

图 10-1 "另存模板"对话框

图 10-2 新建的模板

2. 直接创建空白模板

创建模板还可以直接创建一个空白的模板，然后为其他网页应用该模板。创建空白模板的方法是选择"文件/新建"命令，在打开的"新建文档"对话框中进行创建。

【例 10-1】 通过"新建文档"对话框创建空白模板。

（1）启动 Dreamweaver CS3，选择"文件/新建"命令，打开"新建文档"对话框。

（2）在对话框左侧选择"空模板"选项卡，在"模板类型"列表框中选择"HTML模板"选项，然后在"布局"列表框中选择一种布局样式，如图 10-3 所示。

（3）单击 创建(R) 按钮关闭对话框完成创建。

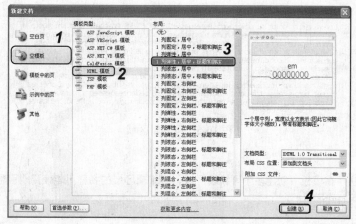

图 10-3　创建模板

（4）在编辑窗口中对模板进行编辑后，选择"文件/保存"命令或按 Ctrl+S 键，将打开"另存模板"对话框，对模板进行保存即可。

10.1.2　编辑模板

模板创建好后需对模板进行编辑，如创建可编辑区域、更改可编辑区域的名称、删除可编辑区域和创建重复区域等操作。

1．创建可编辑区域

可编辑区域是指通过模板创建的网页中可以进行添加、修改和删除网页元素等操作的区域。

【例 10-2】　为模板创建可编辑区域。

（1）在 Dreamweaver 中打开创建的模板网页，将光标插入点定位到需创建可编辑区域的位置或选择要设置为可编辑区域的对象，如表格、单元格、文本等。

（2）在"常用"插入栏中单击"模板"按钮 旁边的 按钮，在弹出的下拉菜单中选择"可编辑区域"命令或选择"插入记录/模板对象/可编辑区域"命令，打开"新建可编辑区域"对话框，如图 10-4 所示。

图 10-4　"新建可编辑区域"对话框

（3）在"名称"文本框中输入可编辑区域的名称。

（4）单击 确定 按钮关闭对话框，则模板中创建的可编辑区域以绿色边框显示，并以可编辑区域的名称标识，如图 10-5 所示。

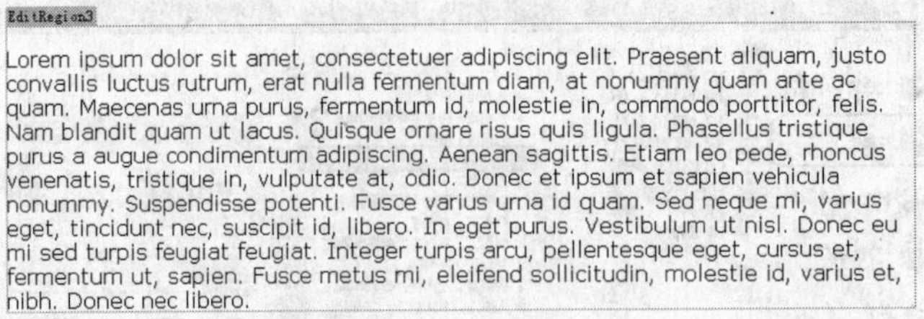

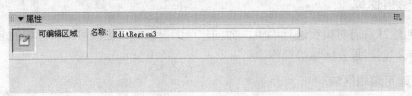

图 10-5　可编辑区域

🔊 **提示：**

> 用同样的方法可在模板中创建多个可编辑区域，可编辑区域的名称不能使用双引号、单引号、大于号、小于号等特殊字符。

2．更改可编辑区域的名称

插入可编辑区域后，可对其名称进行更改。更改可编辑区域的名称，可单击可编辑区域左上角的名称标签，选中该可编辑区域，此时"属性"面板如图 10-6 所示，在面板的"名称"文本框中输入一个新的名称，按 Enter 键即可完成修改。

图 10-6　更改名称

3．删除可编辑区域

单击可编辑区域左上角的可编辑区域标签或将光标插入点定位到可编辑区域中，选择"修改/模板/删除模板标记"命令即可删除该可编辑区域。

4．创建重复区域

用户还可以在模板中创建多个重复区域，再将其设置为可编辑区域，以达到在页面中创建多个相同的可编辑区域的目的。

创建重复区域的方法是将光标插入点定位到需要创建重复区域的位置，然后选择"插入记录/模板对象/重复区域"命令，打开"新建重复区域"对话框，如图 10-7 所示，输入重复区域名称后单击 确定 按钮即可创建重复区域，如图 10-8 所示为创建多个重复区域的效果。

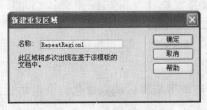

H2 级别的标题

重复：RepeatRegion1　重复：RepeatRegion2　重复：RepeatRegion3
RepeatRegion1 RepeatRegion2 RepeatRegion3

图 10-7　新建重复区域 　　　　　　　　图 10-8　多个重复区域

10.1.3　用模板创建网页

若要用模板创建新网页，可以从"新建文档"对话框中选择模板并创建网页，也可以通过"资源"面板，从已有模板创建新的网页，还可以为当前网页应用模板。

1.从"新建文档"对话框中创建网页

从"新建文档"对话框中创建新网页的方法为选择"文件/新建"命令，打开"新建文档"对话框，如图 10-9 所示。在该对话框中选择"模板中的页"选项卡，在"站点"列表框中选择模板所在的站点，然后从右侧的模板列表框中选择所需的模板，单击 创建(R) 按钮即可以该模板样式创建一个新的网页。

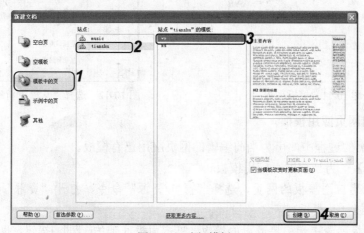

图 10-9　选择模板

📢提示：

通过模板创建的网页在编辑窗口的四周为淡黄色，只有将光标移至可编辑区域时，光标变为可编辑状态 I 时才能编辑网页，而移至其他区域时则变为不可编辑状态 ⊘ ，不能对网页进行编辑操作，如图 10-10 所示为不可编辑的区域。

> Lorem ipsum dolor sit amet, consectetuer convallis luctus rutrum, erat nulla fermentu quam. Maecena ⊘urna purus, fermentum id Nam blandit quam ut lacus. Quisque ornare purus a augue condimentum adipiscing. Ae venenatis, tristique in, vulputate at, odio.

图 10-10　不可编辑的区域

2.从"资源"面板中创建模板网页

通过"资源"面板也可以创建模板网页，但是在"资源"面板中只能使用当前站点中的模板创建网页。

【例 10-3】　从"资源"面板中创建模板网页。

（1）选择"窗口/资源"命令或按 F11 键打开"资源"面板。

（2）在"资源"面板中单击左侧的"模板"按钮 ，在右侧的列表框中将显示当前站点中的模板列表，如图 10-11 所示。

（3）在模板列表中选择需要使用的模板，并在其上单击鼠标右键，在弹出的快捷菜单中选择"从模板新建"命令，如图 10-12 所示，将在编辑窗口中打开以该模板新建的网页。

图 10-11　模板列表

图 10-12　选择"从模板新建"命令

3．为当前网页应用模板

在制作网页的过程中，可为当前编辑的网页应用已有模板。

【例 10-4】　为当前网页应用模板。

（1）打开需应用模板的网页，选择"窗口/资源"命令，打开"资源"面板，单击面板左侧的 按钮打开模板列表。

（2）在模板列表中选中要应用的模板，单击面板底部的 应用 按钮，也可在所需的模板上单击鼠标右键，在弹出的快捷菜单中选择"应用"命令。

（3）如果网页中有不能自动指定到模板区域的内容，会打开"不一致的区域名称"对话框，如图 10-13 所示。

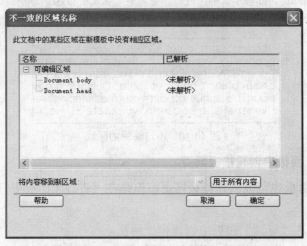

图 10-13　"不一致的区域名称"对话框

（4）在该对话框的"可编辑区域"列表中选择应用的模板中的所有可编辑区域。

（5）在"将内容移到新区域"下拉列表框中选择将现有内容移到新模板中的区域，如果选择"不在任何地方"选项则将不一致的内容从新网页中删除。

（6）单击 取消 按钮关闭对话框，即可将现有网页中的内容应用到指定的区域。

10.1.4　更新已有网页的模板

用户可以随时对已有的模板进行修改，模板修改后，还需将对应该模板的网页进行更新。通常在对模板进行编辑修改后，按 Ctrl+S 键或选择"文件/保存"命令保存模板，就会打开"更新模板文件"对话框，如图 10-14 所示。单击 更新(U) 按钮，可将更改移动到列表中的网页中，单击 不更新(D) 按钮则不会改变原有网页的内容。

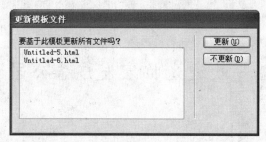

图 10-14　"更新模板文件"对话框

10.1.5　删除模板

用户可以将不需要的模板删除。在"资源"面板中选中需要删除的模板后，在其上单击鼠标右键，在弹出的快捷菜单中选择"删除"命令，或直接按 Delete 键，在打开的对话框中单击 是(Y) 按钮即可，如图 10-15 所示。

图 10-15　确认删除模板

✍技巧：

在一个应用了网页模板的页面编辑窗口中，选择"修改/模板/打开附加模板"命令可在编辑窗口中打开网页所使用的模板进行编辑。

10.1.6　分离网页模板

如果需要对应用了模板的网页进行更多的编辑操作，脱离模板对网页编辑的限制，可将网页与模板分离。分离后的网页将和一般网页一样，可以随意编辑和更改页面中的所有网页元素。分离网页模板的方法是打开需要分离的网页，选择"修改/模板/从模板中分离"命令。

10.1.7　应用举例——创建和应用模板

将 guanggao.html 网页文档存为模板文档，并为其创建可编辑区域，然后应用该模板。
操作步骤如下：

（1）在 Dreamweaver 中打开 guanggao.html 网页文档（立体化教学:\实例素材\第 10 章\
guanggao.html），如图 10-16 所示。

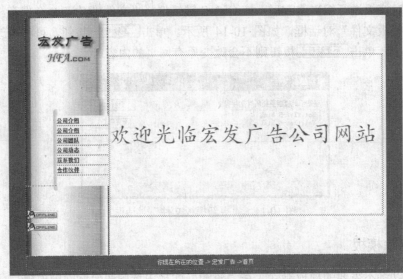

图 10-16　打开网页文档

（2）选择"文件/另存为模板"命令，打开"另存模板"对话框，在"站点"下拉列
表框中选择需要保存模板的站点，在"现存的模板"文本框中输入另存模板的名称，如
图 10-17 所示。

（3）单击 保存 按钮保存模板，选择右边文本所在的整个表格后，选择"插入记录/
模板对象/可编辑区域"命令，打开"新建可编辑区域"对话框。

（4）在"名称"文本框中输入名称，如"Edit1"，单击 确定 按钮创建可编辑区域，
如图 10-18 所示。

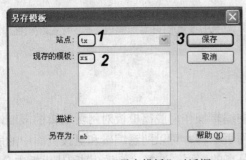

图 10-17　"另存模板"对话框

图 10-18　创建可编辑区域

（5）选中页面底部的"宏发广告->首页"文本，用相同的方法创建 Edit2 可编辑区域，

效果如图 10-19 所示。

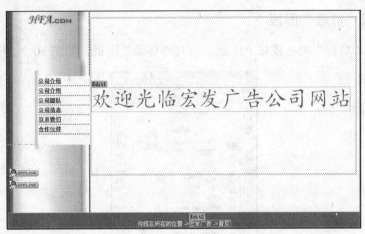

图 10-19 创建可编辑区域效果

（6）选择"文件/保存"命令保存模板，打开"资源"面板，单击左侧的"模板"按钮 ，在右侧的模板列表中选择刚才保存的模板。

（7）在选中的模板上单击鼠标右键，在弹出的快捷菜单中选择"从模板新建"命令，如图 10-20 所示。

（8）此时将在编辑窗口中打开一个新建的网页，通过在可编辑区域修改内容，可创建其他页面。

图 10-20 从模板新建页面

10.2 使用资源列表

在网页中用到的各种元素，如图像、影片等都称为资源。在制作网页的过程中通常需要向站点中添加资源，如果资源太多，查找起来就会比较凌乱，所以需要进行资源管理，而资源列表就是资源管理的场所。在"资源"面板中提供了站点和收藏两种查看资源的方式。站点资源包括整个站点的所有资源，收藏资源包括添加到收藏列表中的资源。当站点资源过多时可以将站点中常用的资源添加到收藏列表中，这样就能很方便地找到需要的资源。

10.2.1 认识“资源”面板

选择“窗口/资源”命令或按 F11 键，打开“资源”面板，如图 10-21 所示。

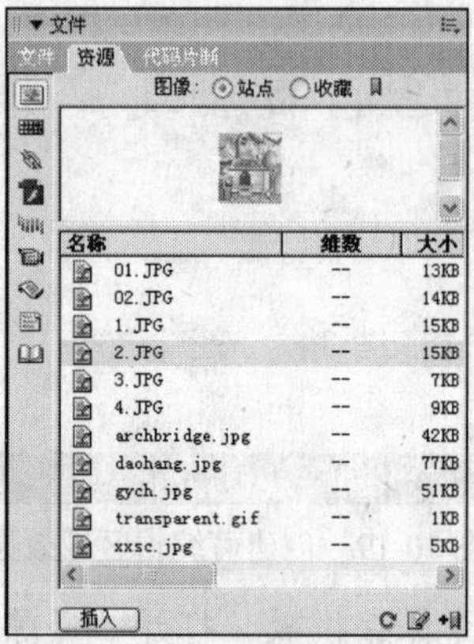

图 10-21 “资源”面板

在“资源”面板中，将站点中的资源分成多个类别，通过单击“资源”面板左侧相应类别的按钮可查看站点中包含的相应资源。各类别按钮的含义如下。

- “图像”按钮：包含站点中所有的 GIF、JPEG 或 PNG 等格式的图像文件。
- “颜色”按钮：包含站点的网页和样式表中使用的颜色。
- URLs 按钮：包含当前站点网页中的外部链接。
- Flash 按钮：包含所有的 Flash 格式文件。
- Shockwave 按钮：包含所有的 Shockwave 格式文件。
- “影片”按钮：包含所有的 QuickTime 或 MPEG 格式文件。
- “脚本”按钮：包含所有的 JavaScript 或 VBScript 文件。
- “模板”按钮：包含站点中的所有模板文件。
- “库”按钮：库项目，是在多个页面中使用的元素。

10.2.2 使用站点列表

使用站点列表可对资源进行管理操作，如删除、排序和编辑等，也可以方便地将资源插入到页面中。

1. 打开站点列表

打开“资源”面板，默认会显示站点列表，如果不是显示站点列表，可选中⊙站点单选按钮，打开站点列表，如图 10-21 所示。面板中各按钮的作用如下。

- 插入按钮：即可将选中的资源添加到网页中。
- 按钮：可以刷新资源列表。
- 按钮：可打开外部编辑器编辑选中的资源。
- 按钮：可将选中的资源添加到收藏列表中。

提示：

选择“资源”面板中的“颜色”和“模板”类别后，其下面的[插入]按钮将变为[应用]按钮，单击该按钮可应用相应的颜色或模板。

2．改变资源顺序

资源在默认情况下是按其名称字母顺序排列，要改变资源列表中各资源的排列顺序，可单击相应的标题栏，如单击“大小”栏可让资源按大小顺序排序；单击“格式”栏可让资源按文件格式排序。如图 10-22 所示为 Flash 资源按大小排序的效果。

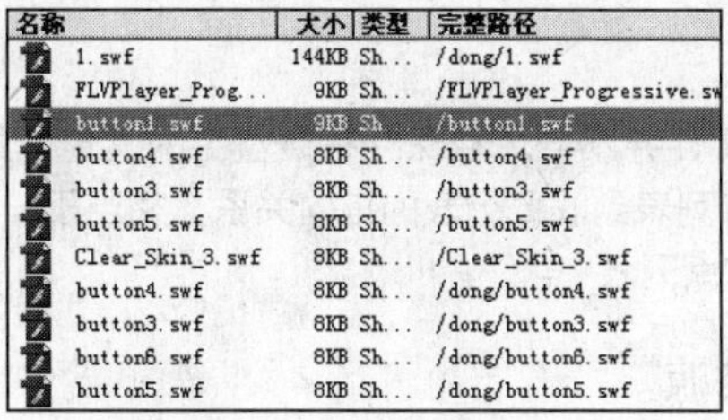

名称 | 大小 | 类型 | 完整路径
1.swf 144KB Sh... /dong/1.swf
FLVPlayer_Prog... 9KB Sh... /FLVPlayer_Progressive.sw
button1.swf 9KB Sh... /button1.swf
button4.swf 8KB Sh... /button4.swf
button3.swf 8KB Sh... /button3.swf
button5.swf 8KB Sh... /button5.swf
Clear_Skin_3.swf 8KB Sh... /Clear_Skin_3.swf
button4.swf 8KB Sh... /dong/button4.swf
button3.swf 8KB Sh... /dong/button3.swf
button6.swf 8KB Sh... /dong/button6.swf
button5.swf 8KB Sh... /dong/button5.swf

图 10-22　按大小排序

10.2.3　使用收藏资源

收藏列表的使用方法与站点列表的使用方法基本相同，但收藏列表比站点列表多一些功能。

1．打开收藏列表

在“资源”面板中选中◎收藏单选按钮可打开收藏列表，如图 10-23 所示为添加了资源的收藏列表。

文件
文件
资源
代码片断
图像：○站点 ◎收藏
昵称
维数
大小
1
--
15K
3
--
7K
插入

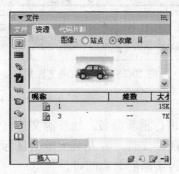

图 10-23　收藏列表

2．添加资源到收藏列表

可将常用的资源添加到收藏列表，添加的方法是在站点列表中选择需要收藏的资源，然后单击底部的“添加到收藏夹”按钮，也可在选择的文件上单击鼠标右键，在弹出的快捷菜单中选择“添加到收藏夹”命令。添加收藏后将打开如图 10-24 所示的提示对话框，提示资源已添加到收藏列表中，单击[确定]按钮关闭对话框，打开资源列表即可看到添加的资源。

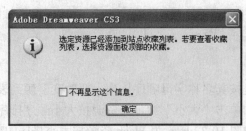

图 10-24 完成添加收藏

提示：

> 添加到收藏列表中的资源文件并不会单独保存在磁盘上的其他位置，它们是由站点列表提供的，
> **Dreamweaver** 会保留从站点列表到收藏列表的指向关系，相当于一个快捷方式。当资源从收藏列表
> 中删除时，它仍然显示在站点列表中。

3．从收藏列表中删除资源

如果收藏列表中有不再使用的资源，可将其从收藏列表中删除。选择要删除的资源文件，单击收藏列表窗口底部的"从收藏中删除"按钮 即可将其删除。也可选择所需文件，并在其上单击鼠标右键，在弹出的快捷菜单中选择"从收藏夹中移除"命令。

4．将资源分组

在收藏列表中可以对资源进行分组，单击"新建收藏夹"按钮 ，或单击鼠标右键，在弹出的快捷菜单中选择"新建收藏文件夹"命令，创建并命名收藏夹，然后将所需资源文件拖动到相应的收藏夹中即可。如图 10-25 所示为新建的"标题"收藏夹。

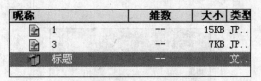

图 10-25 添加收藏文件夹

5．为收藏资源重命名

在收藏列表中可以为资源进行重新命名，让资源文件有一个容易记忆和区分的名称，便于用户查找。其方法是选择所需文件，并在其上单击鼠标右键，在弹出的快捷菜单中选择"编辑别名"命令，然后输入所需的名称即可。

10.3 上机及项目实训

10.3.1 创建并编辑模板

下面将创建一个空白网页，在其中添加 Banner、导航条、背景等站点页面的公用元素，然后将其保存为模板，并在其中创建可编辑区域。创建的模板效果如图 10-26 所示（立体化教学:\源文件\第 10 章\Templates\muban.dwt）

图 10-26　模板效果

操作步骤如下：

（1）启动 Dreamweaver，创建一个空白页面，单击"属性"面板中的 页面属性... 按钮，在打开的对话框中将背景图像设置为 BEIJING.JPG 图像文件（立体化教学:\实例素材\第 10 章\chengyu\BEIJING.JPG）。

（2）选择"插入/表格"命令，打开"表格"对话框，在"行数"和"列数"文本框中输入"2"，在"表格宽度"文本框中输入"800"。

（3）单击 确定 按钮插入表格，并选中插入的表格，在"属性"面板的"对齐"下拉列表框中选择"居中对齐"选项，设置对齐方式为居中对齐。

（4）选中第 1 行的两个单元格，单击"属性"面板左下角的 按钮将其合并。

（5）将光标插入点定位到第 2 行的第 2 个单元格中，单击 按钮，在打开的对话框中选中 行(R) 单选按钮，在"行数"文本框中输入"2"。

（6）单击 确定 按钮关闭对话框，完成单元格的拆分后对表格进行调整，参考效果如图 10-27 所示。

（7）将光标插入点定位到顶部单元格中，选择"插入记录/图像"命令，在打开的"选择图像源文件"对话框中选择 BIAOTI.JPG 图像文件（立体化教学:\实例素材\第 10 章\chengyu\BIAOTI.JPG）。

（8）将光标插入点定位到右侧较小表格中，在"属性"面板中单击"背景颜色"文本框前面的 按钮，在打开的颜色列表中选择黑色作为单元格背景颜色。

（9）将光标插入点定位到左侧表格中，在"属性"面板中单击"背景"文本框后的 按钮，在打开的对话框中将背景图像设置为 1.JPG 图像文件（立体化教学:\实例素材\第 10 章\chengyu\1.JPG）。

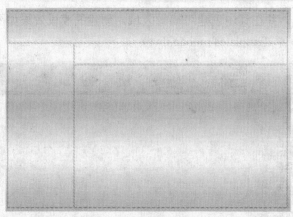

图 10-27　调整后的表格

（10）将光标插入点定位到左侧的单元格中，选择"插入记录/图像对象导航条"命令添加导航条，添加导航条后的页面效果如图 10-28 所示。

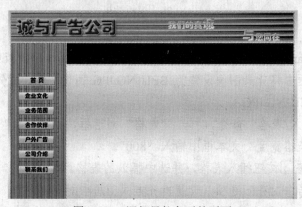

图 10-28　添加导航条后的页面

（11）选择"文件/另存为模板"命令，打开"另存模板"对话框，将其保存为名为 muban 的模板文件，如图 10-29 所示。

（12）选中右侧黑色背景的各单元格，选择"插入记录/模板对象/可编辑区域"命令，打开"新建可编辑区域"对话框。

（13）在"名称"文本框中输入"Edit1"，如图 10-30 所示，单击 确定 按钮关闭对话框，使用相同的方法为下面的单元格创建"Edit2"为可编辑区域。

图 10-29　另存为模板

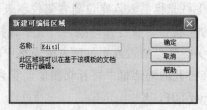

图 10-30　创建可编辑区域

（14）选择"文件/保存"命令保存模板，完成模板的创建，在编辑窗口中将显示可编辑标识。

10.3.2 应用模板

综合运用所学知识，通过创建的模板新建页面，并在页面的可编辑区域中添加网页元素，最终效果如图 10-31 所示（立体化教学:\源文件\第 10 章\huwai.html）。

图 10-31 使用模板创建的页面效果

本练习可结合立体化教学中的视频演示进行学习（立体化教学:\视频演示\第 10 章\应用模板.swf）。主要操作步骤如下：

（1）选择"窗口/资源"命令，打开"资源"面板，单击面板左侧的"模板"按钮 ，打开模板列表，选中 muban 模板。

（2）在选中的模板上单击鼠标右键，在弹出的快捷菜单中选择"从模板新建"命令，从模板新建的网页将会在编辑窗口中打开。

（3）将光标插入点定位到右侧较小单元格中，输入文本"户外广告"，并将文本字体设置为"华文彩云"，字号设置为"36"，颜色设置为"#66CCFF"，效果如图 10-32 所示。

图 10-32 设置文本

（4）在右侧较大的单元格中输入其余文本，并进行格式设置，完成后将其保存为"huwai.html"。

10.4 练习与提高

（1）制作一个模板文档，参考效果如图 10-33 所示。

提示：将 1.GIF、2.GIF、3.GIF、4.GIF、5.GIF 图像文件（立体化教学:\实例素材\第 10

章\练习\)作为导航条元件，将第 2 和第 3 两个单元格作为可编辑区域。

图 10-33　模板参考效果

（2）新建一个网页，套用上一练习制作的模板，并在可编辑区域添加新的内容，然后尝试将站点资源添加到收藏文件夹中。

 使用模板时的注意事项

使用模板可以很方便地制作布局和设计相同的网页，为设计者节省了大量的时间和精力。在使用模板时，应注意以下两点：

➥ 在模板中创建了可编辑区域，通常看起来只有一小块区域，但这并不影响网页的正常编辑。当编辑网页时，随着添加内容的增加，可编辑区域会随之扩大伸展以显示完整的内容。

➥ 在修改模板后，如需将站点中所有应用该模板的网页更新为模板修改后的内容，可在 Dreamweaver 编辑窗口中选择"修改/模板/更新页面"命令，打开"更新页面"对话框，如图 10-34 所示，在其中进行更新设置即可。

图 10-34　"更新页面"对话框

第 11 章　表单的应用

学习目标

- ☑ 了解表单在网页中的作用
- ☑ 在网页中创建表单并设置表单属性
- ☑ 添加文本类表单对象
- ☑ 添加选择类表单对象
- ☑ 添加其他表单对象
- ☑ 添加 Spry 表单构件

目标任务&项目案例

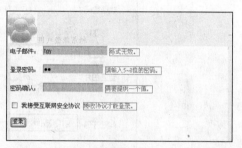

会员注册页面　　　　　　　　　　　　　登录验证页面

航班查询页面　　　　　　　　　　　　　用户留言页面

　　表单是收集用户信息和访问者反馈信息的有效方式,在网络中的应用非常广泛。本章将介绍什么是表单对象、表单的创建以及表单对象的插入方法。

11.1　创建和设置表单

在浏览网页时常会进行一些个人信息或其他信息的填写，如申请电子邮箱时填写个人信息、网上购物时填写购物单等，这些页面就是表单页面。下面将对表单的创建和属性设置进行讲解。

11.1.1　认识表单

表单通常由多个表单对象组成，如单选按钮、复选框、文本框以及按钮等，网站管理员可以通过表单来收集浏览者的相关信息，从而实现信息的传递。如图 11-1 所示为申请 QQ 号码时需要填写的一个表单页面。

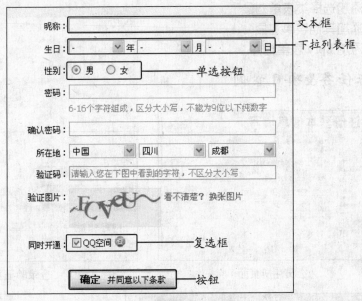

图 11-1　表单页面

11.1.2　创建表单

将插入栏切换到"表单"插入栏，如图 11-2 所示，单击该栏中的某个按钮或者选择"插入记录/表单"命令并进行相应的操作即可完成表单的创建及表单对象的添加。

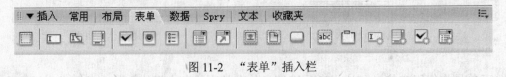

图 11-2　"表单"插入栏

📢提示：

各表单对象一般需要包含在表单中，通常需要先创建表单，然后再在表单中添加表单对象。

【例 11-1】 在网页中插入表单。

（1）将插入点定位到所需位置。

（2）单击"表单"插入栏中的"表单"按钮，即可在编辑窗口中插入一个表单，如图 11-3 所示。

图 11-3 创建的表单

提示：

插入的表单以红色虚线框显示，在浏览器中浏览时是不显示的。可以将整个网页创建成一个表单网页，也可以在网页中的部分区域添加表单对象。

11.1.3 设置表单属性

将插入点定位到表单中，在"属性"面板中可进行表单属性的设置。其"属性"面板如图 11-4 所示。

图 11-4 表单"属性"面板

"属性"面板中各设置参数的含义如下。

- **"表单名称"文本框**：设置表单的名称。
- **"动作"文本框**：指定处理表单的程序。
- **"方法"下拉列表框**：选择传送表单数据的方式。其中 GET 选项表示将表单中的信息以追加到处理程序地址后面的方式进行传送，使用这种方式不能发送信息量超过 8192 个字符的表单；POST 选项表示传送表单数据时将表单信息嵌入到请求处理程序中，理论上这种方式对表单的信息量是不受限制的；"默认"选项表示采用浏览器默认的设置对表单数据进行传送，一般以 GET 方式传送。
- **"目标"下拉列表框**：选择打开返回信息网页的方式。
- **"MIME 类型"下拉列表框**：指定提交给服务器进行处理的数据所使用的编码类型。默认为 application/x-www-form-urlencoded，通常与 POST 方式协同使用。如果要创建文件上传表单，应选择 multipart/form-data 类型。

11.2 添加表单对象

各个表单对象的添加方法大致相同，下面讲解向表单中添加各种对象的方法。

11.2.1 添加文本类表单对象

文本类表单对象主要包括文本字段、隐藏域和文本域，下面讲解各对象的作用和插入方法。

1．添加文本域

根据文本字段的行数和显示方式可分为单行文本域、多行文本域和密码域 3 种。文本域是最常见的表单对象之一，可接受任何类型文本内容的输入。

在"表单"插入栏中单击"文本字段"按钮▢或选择"插入记录/表单/文本域"命令，打开"输入标签辅助功能属性"对话框，如图 11-5 所示。在其中可进行相应的属性设置，也可先不设置，单击 确定 或 取消 按钮直接插入文本域，然后在"属性"面板中进行设置。

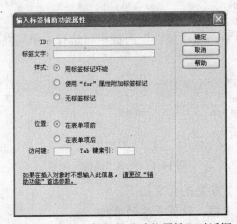

图 11-5 "输入标签辅助功能属性"对话框

1）单行文本域的添加

虽然单行文本域接受的文本内容较少，一般用作输入账户名称、邮箱地址等，用途较广泛。添加文本字段后，选中该对象，在"属性"面板的"类型"选项组中选中◉单行 单选按钮，然后进行相应的属性设置，如图 11-6 所示。

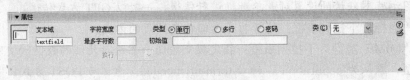

图 11-6 设置单行文本域

"属性"面板中各个设置项的作用如下。

- ➤ **"文本域"文本框**：设置文本域的名称。
- ➤ **"字符宽度"文本框**：设置文本域所占的宽度为多少个字符宽度。
- ➤ **"最多字符数"文本框**：设置单行文本域中所能输入的最大字符数。
- ➤ **"初始值"文本框**：在其中输入文本字段默认状态时显示的内容，若不输入内容，文本字段将显示空白。

➡ **"类"下拉列表框**：定义该对象的样式，可选择"附加样式表"选项来附加外部的 CSS 样式表定义样式。

2）多行文本域的添加

多行文本域常用作浏览者留言、个人介绍等，可接受较多内容的文本。添加文本字段后，选中该对象，在"属性"面板的"类型"选项组中选中◉多行 单选按钮，可进行多行文本域的设置，如图 11-7 所示。

图 11-7　设置多行文本域

其"属性"面板中增加了"行数"文本框和"换行"下拉列表框，其作用分别如下。

➡ **"行数"文本框**：可输入多行文本域的可见行数，即文本框高度。

➡ **"换行"下拉列表框**：可选择当文本字段中的内容超过一行时的换行方式。其中"默认"选项表示使用访问者浏览器默认的自动换行方式；"关"选项表示当编辑文本超过了文本域指定的宽度时，则自动为文本域的文本编辑区添加水平滚动条；"虚拟"选项表示若编辑文本超过了文本字段指定的宽度，则在排满文本域宽度时自动换行；"实体"选项表示若编辑文本超过了文本域指定的宽度，则在排满文本域宽度时也自动换行，这里的自动换行是带有回车符的强行换行。

🔊提示：

> 也可将光标插入点定位在表单中需添加多行文本域的位置，在"表单"插入栏中单击"文本域"按钮□直接添加多行文本域。

3）密码域的添加

由于密码具有保密性，因此在密码域中输入的数据为不可见，通常用"*"或圆点代替。添加文本字段后，选中该对象，在"属性"面板的"类型"选项组中选中◉密码 单选按钮，然后进行相应的属性设置即可。密码域的属性设置与单行文本域相同，如图 11-8 所示。

图 11-8　设置密码域

【例 11-2】 在网页表单中添加一个单行文本域用作输入用户名，添加两个密码域用作密码和验证密码的输入，添加一个多行文本域用作输入个性留言。

（1）将光标插入点定位到需要插入表单对象的位置，选择"插入记录/表单/表单"命令插入一个表单。

（2）将插入点定位到表单中，输入文本"用户名:"。

（3）将插入栏切换到"表单"插入栏，单击"文本字段"按钮，在打开的对话框中直接单击[确定]按钮，在表单中将会添加一个单行文本域，如图 11-9 所示。

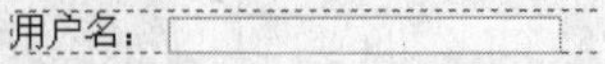

图 11-9　添加单行文本域

（4）选择该文本域，在"属性"面板的"文本域"文本框中输入"yhm"；在"字符宽度"文本框中输入"12"；在"最多字符数"文本框中输入"12"，如图 11-10 所示。设置后的文本域效果如图 11-11 所示。

图 11-10　设置后的"属性"面板　　　　　　　　图 11-11　设置后的单行文本域

（5）将插入点定位到文本域后面，按 Enter 键换行，输入"密码:"文本，在"表单"插入栏中单击按钮，可在表单域中添加一个单行文本域。

（6）选择该文本域，在"属性"面板的"类型"栏中选中◉密码 单选按钮将单行文本域转换为密码域。

（7）在"文本域"文本框中输入"mm"；在"字符宽度"文本框中输入"12"；在"最多字符数"文本框中输入"18"，如图 11-12 所示，设置后的密码域如图 11-13 所示。

图 11-12　设置密码域　　　　　　　　　　　　图 11-13　设置后的密码域

（8）换行输入文本"再次输入密码:"，在其后用相同的方法添加一个名为"mm1"的密码域。

（9）换行输入文本"个性留言:"后再换行，在"表单"插入栏中单击"文本域"按钮，在表单域中添加多行文本域，如图 11-14 所示。

图 11-14　添加多行文本域

（10）选中该文本域，在"属性"面板中进行如图 11-15 所示的设置，并在"初始值"文本框中输入"请输入个性留言"。

图 11-15　设置多行文本域

（11）调整各对象对齐，保存并预览网页，效果如图 11-16 所示。

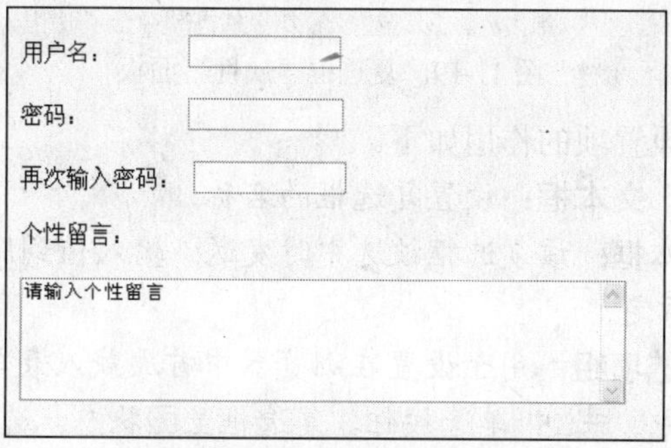

图 11-16　预览效果

2．添加隐藏域

隐藏域是用来收集或发送信息的不可见元素，用户在访问网页时，隐藏域是不可见的。当表单被提交时，隐藏域就会将信息用最初设置时定义的名称和值发送到服务器上。

添加隐藏域的方法是单击"表单"插入栏中的"隐藏域"按钮 或选择"插入记录/表单/隐藏域"命令，在插入点处将会添加一个隐藏域，显示为一个 图标，如图 11-17 所示，选中隐藏域图标，其"属性"面板如图 11-18 所示。

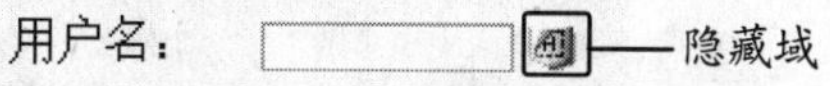

用户名：　　　　　　　　　　　隐藏域

图 11-17　隐藏域

图 11-18　隐藏域"属性"面板

提示：

> 在"属性"面板的"隐藏区域"文本框中可输入隐藏域的名称，该名称可以被脚本或程序所引用；在"值"文本框中可输入隐藏域的值。

11.2.2　添加选择类表单对象

选择类表单对象用于让浏览者在给定的选项中选择相应的选项，以达到交互性的作用。选择类表单对象包括复选框、单选按钮、单选按钮组以及列表/菜单和跳转菜单等。

1．添加复选框

如果想让浏览者在给定的选项中选择一个或多个选项，可在表单中添加复选框。添加复选框的方法是将插入点定位到表单中需添加复选框的位置，单击"表单"插入栏中的 按钮或选择"插入记录/表单/复选框"命令在表单中添加一个复选框。选中添加的复选框，其"属性"面板如图 11-19 所示。

图 11-19　复选框"属性"面板

"属性"面板中各设置项的作用如下。

❧ **"复选框名称"文本框**：设置复选框的名称。

❧ **"选定值"文本框**：该复选框被选中时发送；输入值到服务器，通常输入 0 表示否定，1 表示肯定。

❧ **"初始状态"选项组**：用于设置在浏览器中首次载入表单时该复选框是否处于选中状态。如选中 ⊙未选中 单选按钮，复选框呈 ☐ 状态；选中 ⊙已勾选 单选按钮，复选框呈 ☑ 状态。

【例 11-3】　在网页中添加复选框。

（1）将插入点定位到表单中，输入文本"爱好:"。

（2）单击"表单"插入栏中的 ☑ 按钮，在表单中添加一个复选框，然后在其后输入文本"文学"，如图 11-20 所示。

（3）选中该复选框，在"属性"面板的"复选框名称"文本框中输入"wenxue"，在"选定值"文本框中输入"1"，在"初始状态"选项组中选中 ⊙未选中 单选按钮，如图 11-21 所示。

爱好：　☐ 文学

图 11-20　添加复选框　　　　　　图 11-21　设置复选框属性

（4）用同样的方法添加其余的复选框，并将其中的 ☑ 音乐 复选框设置为选中状态，效果如图 11-22 所示。

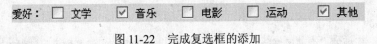

图 11-22　完成复选框的添加

2．添加单选按钮

单选按钮只能选其中一项，可用作性别等唯一选项的选择。添加单选按钮的方法同添加复选框相似，将插入点定位到表单中需添加单选按钮的位置，单击"表单"插入栏中的 ⊙ 按钮或选择"插入记录/表单/单选按钮"命令在表单中添加一个单选按钮，如图 11-23 所示。

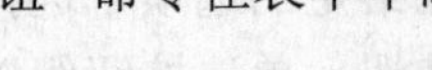

男：　⊙　　女：　○

图 11-23　选中和未选中的单选按钮

🔊**提示：**

单选按钮的属性设置和复选框的设置是相同的。

3．添加单选按钮组

单个添加的单选按钮达不到在网页中进行单选操作的目的，因为各单选按钮之间是单独存在的。要使各选项中只能选中一个，可添加单选按钮组。

　　添加单选按钮组的方法是单击"表单"插入栏中的图按钮或选择"插入记录/表单/单选按钮组"命令，打开如图 11-24 所示的"单选按钮组"对话框。在"名称"文本框中输入单选按钮组的名称；在"单选按钮"列表框的"标签"列中输入单选按钮后的文本；单击图按钮可添加单选按钮，单击图按钮可删除选中的单选按钮。

图 11-24　"单选按钮组"对话框

　　【例 11-4】　在网页中添加一个选择搜索项目的单选按钮组，其中包括 MP3、"电影"、"软件"和"网页"4 个单选按钮。

　　（1）在网页中输入文本"搜索项目"后换行，单击"表单"插入栏中的图按钮，打开"单选按钮组"对话框。

　　（2）单击"单选按钮"列表框中"标签"列下的单选按钮名称，在其中输入"MP3"，如图 11-25 所示。

　　（3）用同样的方法将第 2 个选项名称改为"电影"，单击图按钮添加两个单选按钮，并分别设置名称为"软件"和"网页"，完成后的对话框如图 11-26 所示。

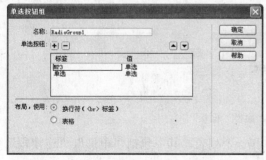

图 11-25　设置单选按钮标签

图 11-26　添加多个单选按钮

　　（4）单击 确定 按钮完成单选按钮组的添加，效果如图 11-27 所示。

搜索项目

○ MP3
○ 电影
○ 软件
○ 网页

图 11-27　单选按钮组

4．添加列表/菜单

列表和菜单可为浏览者提供预定选项，将插入点定位到表单中需添加列表或菜单的位置，单击"表单"插入栏中的"列表/菜单"按钮📋或选择"插入记录/表单/列表/菜单"命令，即可在指定位置添加一个菜单。

选择添加的菜单对象，其"属性"面板如图 11-28 所示，单击[列表值...]按钮，在打开的"列表值"对话框中可添加列表选项，如图 11-29 所示。

图 11-28　菜单"属性"面板

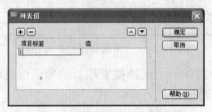

图 11-29　"列表值"对话框

在该对话框中可添加项目标签及相应的值。在列表框的"项目标签"列中输入项目名称，单击➕按钮添加下一条项目标签。添加列表值后，在"属性"面板的"初始化时选定"列表框中将出现添加的列表项目，在其中可选中浏览网页时最初选定的选项。

在添加了菜单后选中该菜单对象，在"属性"面板的"类型"选项组中选中⊙列表 单选按钮，可将添加的菜单改为列表，其"属性"面板中的一些选项将被激活，如图 11-30 所示。单击[列表值...]按钮也可进行列表值的添加。

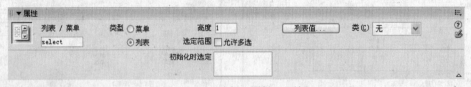

图 11-30　列表"属性"面板

【例 11-5】　在网页中分别添加一个菜单和一个列表，其中包括"电影"、"连续剧"、"综艺节目"和 MTV 4 个选项。

（1）将插入点定位到表单中所需位置，单击"表单"插入栏中的📋按钮，添加一个菜单。

（2）选择添加的菜单，单击"属性"面板中的[列表值...]按钮，打开"列表值"对话框。

（3）在列表框的"项目标签"列中输入"电影"，单击➕按钮，用同样的方法添加其他项目标签，如图 11-31 所示。

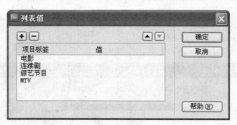

图 11-31 "列表值"对话框

（4）单击 确定 按钮关闭对话框，在"属性"面板的"初始化时选定"列表框中选择"电影"选项，如图 11-32 所示。

图 11-32 选择初始化选定选项

（5）返回编辑窗口，将插入点定位到菜单对象后面，单击"表单"插入栏中的 按钮，添加一个列表。

（6）选择该列表，在"属性"面板的"类型"选项组中选中 ◉列表 单选按钮，然后单击 列表值... 按钮，打开"列表值"对话框。

（7）用同样的方法添加 4 个列表项后，单击 确定 按钮关闭对话框完成列表对象的添加。选择该列表，在"属性"面板的"高度"文本框中输入"4"，并选中 ☑允许多选 复选框，再设置"初始化时选定"选项为"电影"，如图 11-33 所示。

图 11-33 设置列表选项

（8）完成后保存网页并预览，单击菜单的下拉按钮，将弹出其中的选项，其效果如图 11-34 所示。

图 11-34 菜单和列表

5．添加跳转菜单

在跳转菜单中，浏览者选择其中的选项后将跳转到其指定的页面。添加跳转菜单的方法与添加菜单的方法基本相同，只是需要制定选择时跳转到的 URL 页面。

将插入点定位到页面表单中需要添加跳转菜单的位置，单击"表单"插入栏中的"跳转菜单"按钮🔲或选择"插入记录/表单/跳转菜单"命令，打开"插入跳转菜单"对话框，如图 11-35 所示。

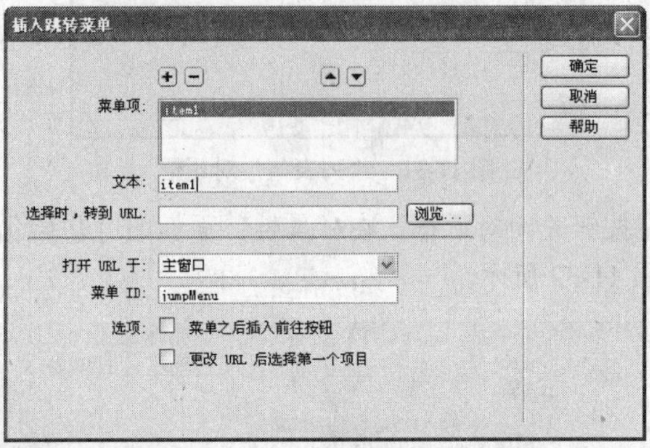

图 11-35 "插入跳转菜单"对话框

对话框中主要的设置项作用如下。

➥ **"文本"文本框**：用于定义菜单项的名称，输入名称后上方"菜单项"列表中的名称会相应改变。

➥ **"选择时，转到 URL"文本框**：为当前选中的菜单项添加链接。

➥ **"打开 URL 于"下拉列表框**：用于选择打开链接的方式。

➥ **"菜单 ID"文本框**：用于设置该菜单项的名称。

➥ □ 菜单之后插入前往按钮**复选框**：选中该复选框后会在该菜单项后添加一个 前往 按钮，单击该按钮后才会前往相应的链接页面。

➥ □ 更改 URL 后选择第一个项目**复选框**：选中该复选框，当使用跳转菜单跳转到某个页面后，如果返回到跳转菜单页面，此时页面中的跳转菜单默认显示的依然是第一项内容。

➥ ⊞**按钮和**⊟**按钮**：可进行菜单项的添加和删除操作。

➥ ▲**按钮和**▼**按钮**：可将选中的菜单项顺序向上或向下调整。

📣**提示：**

> 添加跳转菜单后，在编辑窗口中选择菜单对象，其"属性"面板与普通菜单对象是一样的，也可单击 列表值... 按钮来添加或删除菜单项。

11.2.3 添加其他表单对象

在 Dreamweaver 中还可以为网页添加文件域、按钮、图像域以及字段集等表单对象，下面分别讲解。

1．添加文件域

利用文件域可实现浏览者上传文件的功能。其方法是单击"表单"插入栏中的"文件域"按钮🔲或选择"插入记录/表单/文件域"命令，即可在表单中添加文件域。在编辑窗口中选择添加的文件域，在"属性"面板中对其进行设置，各设置参数含义与文字字段的"属性"面板相同，如图 11-36 所示。

图 11-36　文件域 "属性" 面板

添加的文件域如图 11-37 所示，在浏览网页时，单击其 浏览... 按钮可打开 "选择文件" 对话框，以选择电脑中的文件。

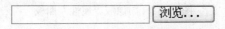

图 11-37　添加的文件域

2．添加按钮

浏览者提交表单信息必须要有按钮才能实现。添加按钮的方法是单击 "表单" 插入栏中的 "按钮" 按钮 或选择 "插入记录/表单/按钮" 命令。插入的按钮默认为 "提交" 按钮，也可设置为其他名称。选择添加的按钮，其 "属性" 面板如图 11-38 所示。

图 11-38　按钮 "属性" 面板

各设置参数的含义如下。

❥　**"按钮名称" 文本框**：设置按钮的名称。

❥　**"值" 文本框**：设置显示在按钮上的文本，默认为 "提交"。

❥　**"动作" 选项组**：选中 ⊙提交表单 单选按钮表示单击该按钮可提交表单；选中 ⊙无 单选按钮表示需手动添加脚本才能执行相应操作，否则单击无回应；选中 ⊙重设表单 单选按钮表示单击按钮可清空表单中已填写的信息以重新填写。

🔊**提示：**

> 在没有对按钮的 "值" 进行修改的情况下，如果选中 ⊙提交表单 单选按钮，其值默认为 "提交"，选中 ⊙无 单选按钮，其值默认为 "按钮"，选中 ⊙重设表单 单选按钮，其值默认为 "重置"。

【例 11-6】　在表单中添加一个 "搜索" 按钮。

（1）将插入点定位到表单中需添加按钮的位置，单击 "表单" 插入栏中的 按钮插入按钮，如图 11-39 所示。

（2）选中添加的按钮，在其 "属性" 面板的 "值" 文本框中输入 "搜索"，设置后的按钮如图 11-40 所示。

|提交|　　　　　　　　　　　　　　　　|搜索|

图 11-39　添加的按钮 　　　　　　　　　　　图 11-40　设置后的按钮

3．添加图像域

在网页中添加自制的按钮可使网页更具个性化。要添加自制按钮需添加图像域，方法

是单击"表单"插入栏中的 ![按钮] 按钮或选择"插入记录/表单/图像域"命令，打开"选择图像源文件"对话框，在该对话框中选择要添加的图像即可。单击添加的图像，其"属性"面板如图 11-41 所示。

图 11-41　图像域"属性"面板

其中各设置参数的含义如下。

- ➥ **"图像区域"文本框**：设置图像区域的名称。
- ➥ **"源文件"文本框**：单击文本框后的 ![按钮] 按钮可在打开的对话框中重新选择图像，也可直接在文本框中输入图像的路径。
- ➥ **"对齐"下拉列表框**：设置图像的对齐方式。
- ➥ **编辑图像 按钮**：单击可启动电脑中默认的图像编辑软件编辑图像。

4．添加字段集

在表单中添加字段集后，字段集中的表单对象将以圆角矩形的分组方式显示，使表单看起来更具层次感。

【例 11-7】　在表单中添加字段集。

（1）将插入点定位到需插入字段集的位置，单击"表单"插入栏中的"字段集"按钮 ![]。

（2）在打开的"字段集"对话框的"标签"文本框中输入标签名称"用户登录"，如图 11-42 所示。

图 11-42　"字段集"对话框

（3）单击 确定 按钮创建字段集，将插入点定位到其矩形框中，选择"插入记录/表单/文本域"命令，在其中添加"用户名"和"密码"两个文本域，并设置相应的属性，效果如图 11-43 所示。

图 11-43　在字段集中添加表单对象

（4）将插入点定位到文本域下方的合适位置，选择"插入记录/表单/按钮"命令在下面添加一个按钮，并设置其值为"登录"，保存并预览网页，效果如图 11-44 所示。

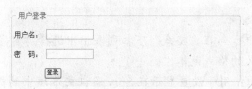

图 11-44　字段集表单效果

11.2.4　插入 Spry 表单构件

Spry 表单构件是 Dreamweaver CS3 新增的一项基于 Ajax 的框架的表单功能。在网页中使用它可以向访问者提供更丰富的体验以及对表单信息的验证。

1．插入 Spry 验证文本域

Spry 验证文本域构件是一个文本域，与普通文本域的不同之处在于该域可以实现对用户输入信息进行验证，并显示相应的提示信息。

单击"表单"插入栏中的"Spry 验证文本域"按钮 或选择"插入记录/Spry/Spry 验证文本域"命令即可插入 Spry 验证文本域。设置 Spry 验证文本域的属性可以在编辑窗口中单击其蓝色的标签，然后在"属性"面板中进行各项设置，其"属性"面板如图 11-45 所示。

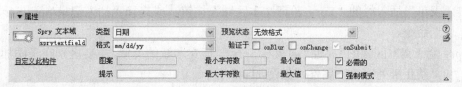

图 11-45　Spry 验证文本域"属性"面板

🔔注意：

> 插入 Spry 验证文本域后，如果单击页面中的 Spry 对象，Spry 验证文本域将和普通文本域的显示一样，将鼠标光标移动到文本域上，其上方才会显示 Spry 验证文本域标签，如图 11-46 所示。单击标签才能出现其"属性"面板，如果单击下面的文本域，其"属性"面板将与普通文本域的一样。

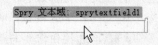

图 11-46　Spry 的 Spry 验证文本域

Spry 验证文本域"属性"面板中各设置项的含义和功能如下。

- **"类型"下拉列表框**：设置输入信息的类型，按该类型的判断条件对该 Spry 验证文本域进行判断，如电子邮件地址、日期、时间等。
- **"格式"下拉列表框**：根据"类型"的不同向用户提供相应的可选输入格式。其中某些类型不需进行选择，会呈不可操作状态。
- **"预览状态"下拉列表框**：用于切换在不同状态下文本域错误信息的内容预览。
- **"验证于"选项组**：用于设置在何种事件发生时启动验证，包括 onBlur（模糊，焦点离开该文本框）、onChange（更改）和 onSubmit（提交）3 个复选框，其中

onSubmit 为必选项。

❧ **"图案"文本框**：当在"格式"下拉列表框中选择"自定义模式"选项时，需在此处设置自定义的格式范本。

❧ **"提示"文本框**：用于设置显示在 Spry 验证文本域中的提示信息，该信息不作为文本框的实际内容，不影响验证的有效性。

❧ **"最小字符数"和"最小值"文本框**："最小字符数"文本框用于设置字符数下限判断条件，如设置为"8"，则输入的字符小于"8"时将会出现错误提示。对于部分数值类型，如货币，可以设置"最小值"属性，该属性与"最小字符数"属性类似，若用户输入的值小于"最小值"，则会出现错误提示。

❧ **"最大字符数"和"最大值"文本框**：这两项属性设置的意义与"最小字符数"和"最小值"属性相反，设置方法相同。

❧ ☑必需的 **复选框**：选中该复选框会要求用户必须输入内容，否则出现错误提示。

❧ ☑强制模式 **复选框**：选中该复选框，可禁止用户在该文本域中输入无效字符，如"整数"类型的文本框在"强制模式"下就无法输入字符。

2．插入 Spry 验证文本区域

Spry 验证文本区域其实就是多行的 Spry 验证文本域。插入 Spry 验证文本区域的方法是单击"表单"插入栏的"Spry 验证文本区域"按钮▤或选择"插入记录/Spry/Spry 验证文本区域"命令。

Spry 验证文本区域的"属性"面板与 Spry 验证文本域的类似，主要区别在于添加了"计数器"和"禁止额外字符"属性，如图 11-47 所示。

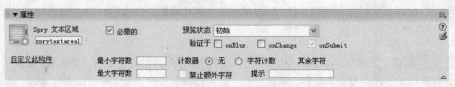

图 11-47　Spry 验证文本区域"属性"面板

"计数器"和"禁止额外字符"的含义和功能如下。

❧ **"计数器"选项组**：若选中 ◉ 字符计数 单选按钮，将会统计用户输入的字符总数并显示在文本区域旁；而 ◉ 其余字符 单选按钮需要与最大字符数设置配合，每当用户输入一个字符，文本区域旁都会显示当前可输入的剩余字符数。

❧ ☑禁止额外字符 **复选框**：只在"最大字符数"文本框中有具体参数时才可选，选中该复选框后，当用户输入的字符数达到最大字符数时，将无法继续输入。

3．插入 Spry 验证复选框

与传统复选框相比，Spry 验证复选框的最大特点是当用户选中或没有选中该复选框时会提供相应的操作提示信息。Spry 验证复选框的插入方法是单击"表单"插入栏中的"Spry 验证复选框"按钮☑或选择"插入记录/Spry/Spry 验证复选框"命令。

在"Spry 验证复选框"的"属性"面板中可进行相应的属性设置，如图 11-48 所示。

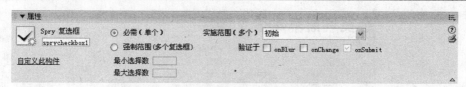

图 11-48 Spry 验证复选框 "属性" 面板

主要设置项的含义和功能如下。

- ◉ 必需（单个）**单选按钮**：选中该单选按钮后，会要求用户至少要选中其中一个复选框才能通过验证。

- ◉ 强制范围（多个复选框）**单选按钮**：选中该单选按钮后，"最小选择数" 和 "最大选择数" 文本框将被激活，通过这两个文本框可设置用户选择时必须达到的最小选择数及最大选择数。

- "实施范围（多个）" 下拉列表框：与其他 Spry 表单对象中的 "预览状态" 功能类似。

4．插入 Spry 验证选择

Spry 验证选择其实就是在 "列表/菜单" 的基础上增加了验证功能，它可以对用户选择的单选按钮值进行验证。

单击 "表单" 插入栏中的 "Spry 验证选择" 按钮▦或选择 "插入记录/Spry/Spry 验证选择" 命令可插入 Spry 验证选择。插入后需在 "列表/菜单" 中进行列表值和其他属性的设置，然后单击 Spry 验证选择标签，在 "属性" 面板中进行相关设置，如图 11-49 所示。

图 11-49 Spry 验证选择 "属性" 面板

该 Spry 对象的属性设置项与其他对象的不同之处在于 "不允许" 选项组中的两个复选框。

- ☑ 空值**复选框**：若选中该复选框，则用户未选择该菜单中的项目时就会出现错误提示。

- ☑ 无效值**复选框**：若选中该复选框，则其后的文本框将被激活。可将菜单中某项目的值设置为无效值，当用户选中该复选框后，系统就会在预设的 "验证于" 动作发生时发出对应的错误提示信息。

11.2.5　应用举例——制作用户注册表单页面

下面通过在页面中添加表单和各种表单对象来制作一个用户注册页面，效果如图 11-50 所示（立体化教学:\源文件\第 11 章\jixian.html）。

操作步骤如下：

（1）启动 Dreamweaver，打开 jixian.html 网页文档（立体化教学:\实例素材\第 11 章\jixian.html），如图 11-51 所示。

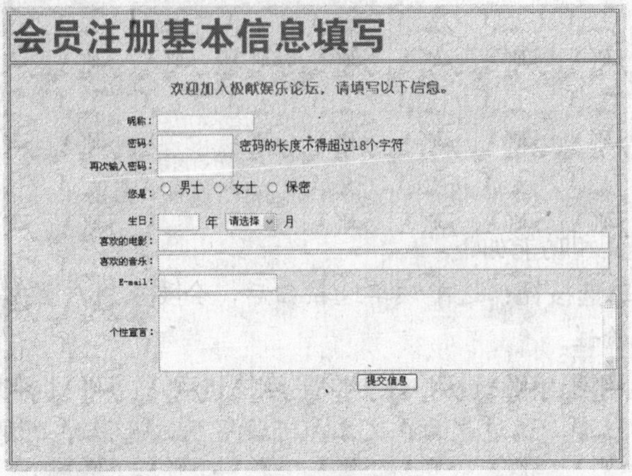

图 11-50　注册页面效果

图 11-51　打开素材网页文档

（2）将插入点定位到文本下方，单击"表单"插入栏中的"表单"按钮□添加表单，如图 11-52 所示。

（3）将插入点定位到表单中，插入一个 10 行 2 列的表格，并调整表格，如图 11-53 所示。

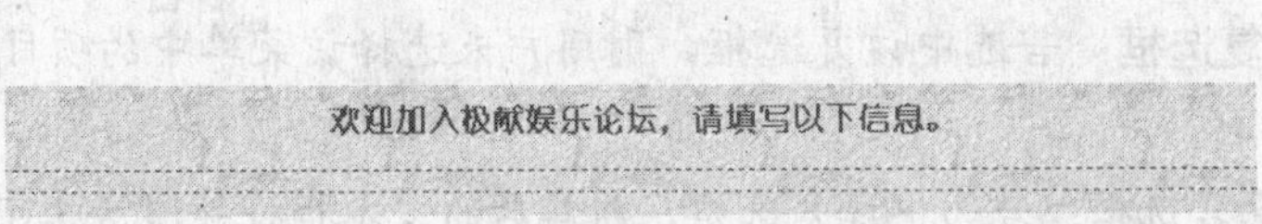

图 11-52　插入表单

图 11-53　调整后的表格

（4）选择表格，在"属性"面板中将间距和边框设置为"0"。

（5）将插入点定位到表格的第 1 个单元格中，输入文本"昵称:"，并设置其对齐方式为右对齐。

（6）将插入点定位到旁边的单元格中，单击"表单"插入栏中的 按钮添加单行文本域。

（7）选择该文本域，在"属性"面板中将字符宽度和最多字符数设置为"16"，添加的单行文本字段如图 11-54 所示。

图 11-54　"昵称"文本域

（8）将插入点定位到第 2 行第 1 个单元格中，输入文本"密码:"，同样设置为右对齐。

（9）将光标插入点定位到旁边的单元格中，在"表单"插入栏中单击 按钮，在表单中添加一个单行文本域。

（10）选择该文本域，在"属性"面板中选中 密码 单选按钮，将字符宽度设置为"12"，将最多字符数设置为"18"，在密码域后输入文本"密码的长度不得超过 18 个字符"。

（11）用同样的方法设置第 3 行，在其中输入"再次输入密码:"文本和插入的密码域，如图 11-55 所示。

图 11-55　密码域

（12）将插入点定位到第 4 行第 1 个单元格中，输入文本"您是:"，并设置文本右对齐。

（13）将插入点定位到旁边的单元格中，单击"表单"插入栏中的 按钮，打开"单选按钮组"对话框。

（14）在"单选按钮"列表框中将第 1 个标签设置为"男士"，第 2 个标签设置为"女士"，单击 按钮再添加一个，设置标签为"保密"，如图 11-56 所示。

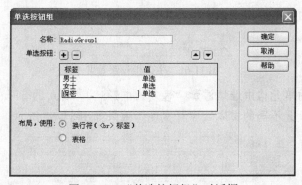

图 11-56　"单选按钮组"对话框

（15）单击 确定 按钮插入单选按钮组，并将各单选按钮调整到同一行的位置，如图 11-57 所示。

图 11-57　添加并调整单选按钮组

（16）将插入点定位到第 5 行第 1 个单元格中，输入文本"生日:"。

（17）在第 5 行的第 2 个单元格中添加单行文本域，选中该文本域，在"属性"面板中将字符宽度设置为"6"，将最多字符数设置为"4"，在其后输入文本"年"，如图 11-58 所示。

图 11-58　"生日"文本域

（18）将光标插入点定位到"年"后面，单击"表单"插入栏中的 按钮添加一个菜单，选中该菜单，在"属性"面板中单击 列表值... 按钮打开"列表值"对话框。

（19）在对话框中添加"请选择"和"1"～"12"项目标签，如图 11-59 所示。

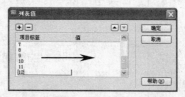

图 11-59　添加列表值

（20）单击 确定 按钮添加列表值，在"属性"面板的"初始化时选定"列表框中选择"请选择"选项，如图 11-60 所示。

图 11-60　设置菜单属性

（21）在添加的菜单后面输入文本"月"，效果如图 11-61 所示。

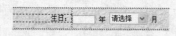

图 11-61　生日栏设置效果

（22）在下面的单元格中继续添加"喜欢的电影:"、"喜欢的音乐:"和"E-mail:"文本填写表单项目，设置不同的文本域字符宽度，效果如图 11-62 所示。

图 11-62　添加其他文本域

（23）将插入点定位到第 9 行第 1 个单元格中，输入文本"个性宣言:"并设置为右对齐。

（24）将插入点定位到第 9 行第 2 个单元格中，单击"表单"插入栏中的▣按钮添加文本区域，选中该文本区域，在"属性"面板中将字符宽度设置为"80"，行数设置为"6"，添加的文本区域如图 11-63 所示。

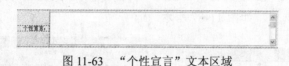

图 11-63 "个性宣言"文本区域

（25）将插入点定位到最后一个单元格中，单击"表单"插入栏中的▢按钮为表单添加按钮。

（26）单击该按钮，在"属性"面板的"值"文本框中输入文本"提交信息"，修改后的按钮如图 11-64 所示。

图 11-64 添加的按钮

（27）最后对页面进行统一调整和设置，保存并预览网页，完成的最终效果如图 11-50 所示后。

11.3 上机及项目实训

11.3.1 制作具有验证功能的表单登录页面

本次实训将制作一个具有信息验证功能的登录页面，效果如图 11-65 所示（立体化教学:\源文件\第 11 章\denglu\denglu.html）。

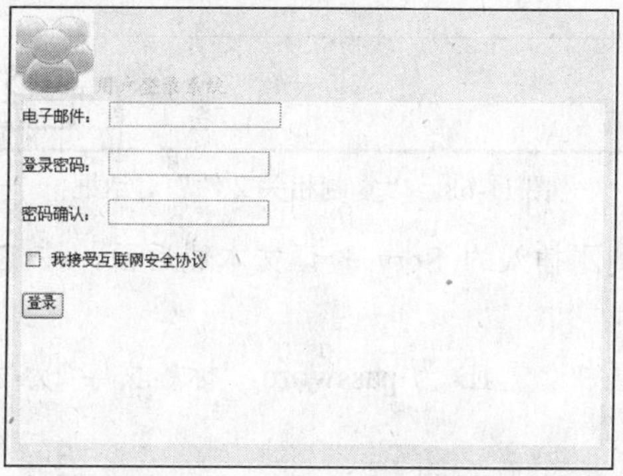

图 11-65 登录页面效果

操作步骤如下：

（1）启动 Dreamweaver，打开 denglu.html 网页文档（立体化教学:\实例素材\第 11 章\denglu\ denglu.html），将插入点定位到中间的单元格中，选择"插入记录/表单/表单"命令插入表单。

（2）将插入点定位到表单标签中，单击"表单"插入栏中的"Spry 验证文本域"按钮，在打开的对话框中设置 ID 为 mail，"标签文字"为"电子邮件:"，然后单击 确定 按钮，如图 11-66 所示。

（3）在 Spry 文本域的"属性"面板的"类型"下拉列表框中选择"电子邮件地址"选项，选中 onBlur 复选框，如图 11-67 所示。

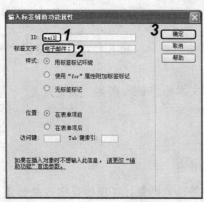

图 11-66 设置标签　　　　　　　　　　图 11-67 设置属性

（4）按 Ctrl+S 键保存文档，在打开的"复制相关文件"对话框中单击 确定 按钮，如图 11-68 所示。

图 11-68 "复制相关文件"对话框

（5）将插入点定位到刚插入的 Spry 验证文本域后面，按 Enter 键换行，单击"Spry 验证文本域"按钮。

（6）在打开的对话框中设置 ID 为 password，"标签文字"为"登录密码:"，单击 确定 按钮，如图 11-69 所示。

（7）在"属性"面板中设置"最小字符数"为"5"，"最大字符数"为"10"，同时选中 onChange 和 必需的 复选框。

（8）在"预览状态"下拉列表框中选择"已超过最大字符数"选项，在编辑窗口中将该状态的提示文本改为"请输入 5~8 位的密码。"，如图 11-70 所示。

216

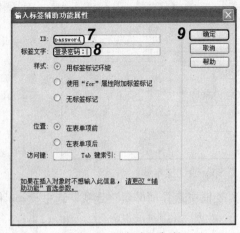

图 11-69　添加密码标签

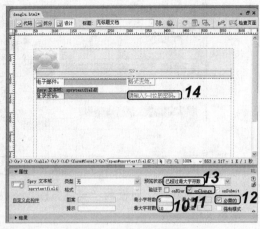

图 11-70　设置验证文本域属性

（9）在编辑窗口中单独选择 Spry 验证文本域中的 password 文本域，在"属性"面板中选中 ◉密码 单选按钮，如图 11-71 所示。

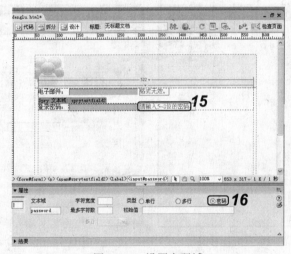

图 11-71　设置密码域

📢提示：

> Spry 验证文本域其实是由普通文本域加上 Spry 验证功能来实现文本验证功能的，普通文本域是组成 Spry 验证文本域的基础，因此除了对 Spry 验证文本域的属性进行设置外，也可以对其中的普通文本域属性进行设置。

（10）用相同的方法在"登录密码"Spry 验证文本域的下方插入一个标签为"密码确认"的 Spry 验证文本域，如图 11-72 所示。

（11）将插入点定位在复制的 Spry 验证文本域后面，按 Enter 键换行，单击"Spry 验证复选框"按钮☑，在打开的对话框中设置 ID 为 accepted，"标签文字"为"我接受互联网安全协议"，单击 确定 按钮，如图 11-73 所示。

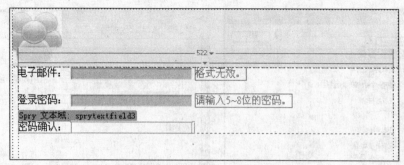

图 11-72　插入"密码确认"Spry 验证文本域

（12）在"属性"面板的"实施范围"下拉列表框中选择"必填"选项，选中☑ onBlur 和 ☑ onChange 复选框。

（13）在编辑窗口中将该 Spry 验证复选框的提示文字内容改为"接收协议才能登录。"，如图 11-74 所示。

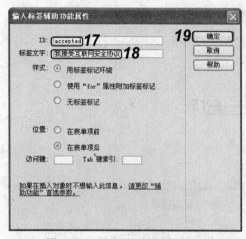

图 11-73　设置验证复选框标签　　　　　图 11-74　设置验证复选框属性

（14）将插入点定位到 Spry 验证复选框后面，按 Enter 键换行，单击"按钮"按钮□，在打开的"输入标签辅助功能属性"对话框中直接单击 确定 按钮插入一个按钮。

（15）在编辑窗口单击该按钮，在"属性"面板的"值"文本框中输入"登录"，如图 11-75 所示。

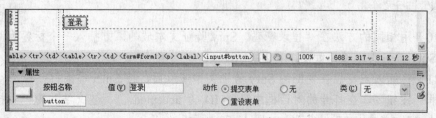

图 11-75　添加按钮

（16）完成后按 Ctrl+S 键保存网页，按 F12 键预览网页，其最终效果如图 11-65 所示。

当输入的信息不符合要求时，将做出提示，如图 11-76 所示。

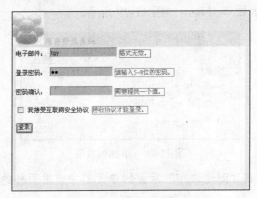

图 11-76　填写表单提示

11.3.2　制作航班查询网页

利用插入表单和表单对象的知识，制作一个航班查询页面，完成后的最终效果如图 11-77 所示（立体化教学:\源文件\第 11 章\hangban\hangban.html）。

图 11-77　航班查询系统页面效果

本练习可结合立体化教学中的视频演示进行学习（立体化教学:\视频演示\第 11 章\制作航班查询网页.swf）。主要操作步骤如下：

（1）在 Dreamweaver 中打开 hangban.html 网页文档（立体化教学:\实例素材\第 11 章\hangban.html），如图 11-78 所示。

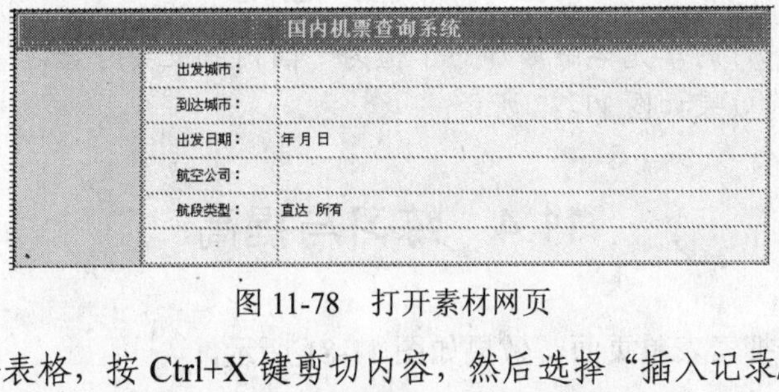

国内机票查询系统	
出发城市：	
到达城市：	
出发日期：	年月日
航空公司：	
航段类型：	直达　所有

图 11-78　打开素材网页

（2）选择整个表格，按 Ctrl+X 键剪切内容，然后选择"插入记录/表单/表单"命令插入一个表单，将插入点定位到表单中，按 Ctrl+V 键粘贴表格内容。

（3）将插入点定位到"出发城市"后面的单元格中，单击"表单"中的"Spry 验证选择"按钮添加一个验证选择，并设置其属性为不允许空值。

（4）选择验证选择的菜单对象，在"属性"面板中单击 列表值... 按钮，在打开的
"列表值"对话框中添加城市列表，如图 11-79 所示。

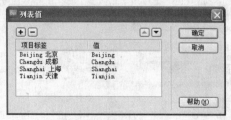

图 11-79　添加列表值

（5）将插入点定位到"到达城市"后面的单元格中，用同样的方法插入"Spry 验证选
择"表单对象。

（6）将插入点定位到"出发日期"后面单元格中文本"年"的前面，单击"表单"插
入栏中的 按钮添加一个"菜单"。

（7）选择菜单对象，在"属性"面板中单击 列表值... 按钮为其添加列表值，用同
样的方法添加"月"和"日"前面的菜单对象。

（8）将插入点定位到"航空公司"后面的单元格中，添加一个"Spry 验证选择"，与
设置"出发城市"一样设置其属性，并添加相应的列表值。

（9）将插入点定位到"航段类型"后面的单元格中，单击"表单"插入栏中的"单选
按钮组"按钮，在打开的对话框中添加"直达"和"所有"两个单选按钮，如图 11-80 所示。

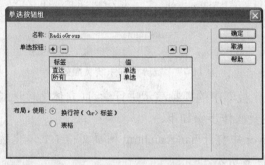

图 11-80　添加单选按钮

（10）在最后一行的单元格中添加一个值为"国内航班实时查询"的按钮，完成后保
存并预览网页，最终效果如图 11-77 所示。

11.4　练习与提高

（1）制作一个搜索表单页面，效果如图 11-81 所示。

图 11-81　搜索表单参考效果

（2）制作一个留言表单页面，效果如图 11-82 所示。

图 11-82　留言表单参考效果

（3）制作一个用户注册表单页面，并为某些填写项目添加验证表单对象，效果如图 11-83 所示。

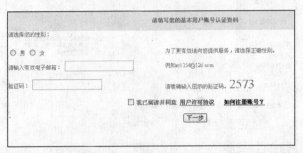

图 11-83　用户注册表单页面

（4）制作一个"在线加盟"表单页面，效果如图 11-84 所示（立体化教学:\源文件\第 11 章\加盟\jiameng.html）。

提示：新建页面并设置页面属性后，先在页面中插入表格，并在相应单元格中插入相应素材图片（立体化教学:\实例素材\第 11 章\加盟\），然后插入表单和各种表单对象。本练习可结合立体化教学中的视频演示进行学习（立体化教学:\视频演示\第 11 章\制作"加盟"表单页面.swf）。

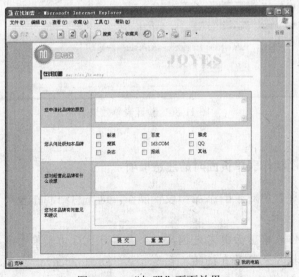

图 11-84　"加盟"页面效果

（5）制作一个验证表单注册页面，要求用户必须填写正确的信息才能完成注册操作，效果如图 11-85 所示（立体化教学:\源文件\第 11 章\验证注册\spry.html），若没有填写信息或填写信息错误而提交表单，会弹出如图 11-86 所示的提示，要求输入正确信息。

提示：该练习主要是在表单中添加 Spry 验证文本域和 Spry 验证复选框，并进行验证设置，可结合立体化教学中的视频演示进行学习（立体化教学:\视频演示\第 11 章\制作验证表单注册页面.swf）

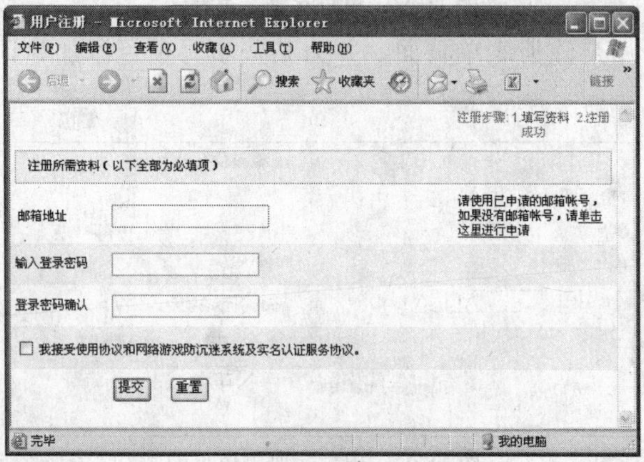

图 11-85　注册页面效果

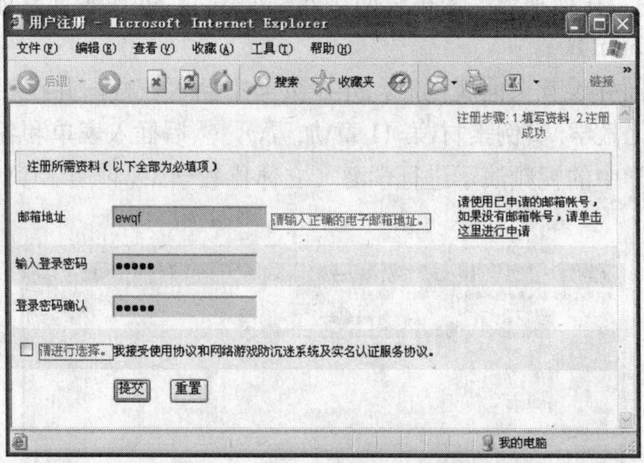

图 11-86　验证表单效果

 制作表单页面时的注意事项

本章讲解了各种表单对象的添加和设置操作，这里总结制作表单页面时需注意的几点事项：

➥ 通常在制作表单页面前需先插入一个表单，然后向表单中添加各种表单对象，如果没有插入表单而直接插入表单对象，Dreamweaver 会弹出对话框询问用户是否添加表单。

- 不添加表单也可以添加表单对象，但是这样的表单对象只有外观效果，而失去了收集信息的功能。在同一个页面中可以添加多个表单，各表单中的对象只对当前表单起作用。

- 在添加表单对象时需注意表单对象的命名，不要将相同的表单对象名称作相同的设置，否则可能会出现选择混乱。有时也需要将名称设置相同，如分别添加了两个单选按钮，如果名称不一样则会出现两个都可选中的情况，如果将两个对象设置为相同的名称，则在网页中将只能选中一个。

- Spry 表单构件作为 Dreamweaver CS3 新增的一项功能，其表单对象的作用与普通表单对象的一样，只是增加了验证功能，如果表单中没有对输入或选择的信息做任何要求，则使用普通表单对象即可。

- 很多表单页面仅需收集用户的一些文字信息，如用户名、密码、练习方式、出生年月等，如需用户提供一些文件信息，如单独的个人简历、照片等，则可在表单中添加文件域，让用户可以通过单击文件域按钮来向表单中添加附加文件。

- 选择"插入记录/表单/文本域"命令可在表单中添加多行文本区域，用于提供较多文字信息的输入。也可先添加一个普通的单行文本域，在其"属性"面板中选中⊙多行单选按钮，并设置字符宽度和行数，来实现多行文本区域的添加。

- 在页面中添加了 Spry 表单构件后，保存页面时将弹出如图 11-87 所示的对话框，提示需要添加支持文件，单击 确定 按钮进行保存后，Dreamweaver 将在当前页面所在的目录下新建一个 SpryAssets 文件夹，并将相关支持文件放置到该文件夹中，只有将该文件夹同站点一起上传到网页空间才能实现其验证功能。

图 11-87　"复制相关文件"对话框

第 12 章　行为的应用

学习目标

- ☑ 认识网页行为的作用
- ☑ 掌握行为的添加、修改和删除等编辑操作
- ☑ 掌握在网页中应用行为的方法

目标任务&项目案例

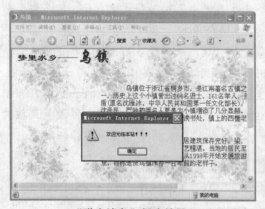

"弹出消息"行为效果

"检查表单"行为效果

"显示-隐藏元素"行为效果

"打开浏览器"行为

　　使用行为可以在网页中实现一些简单的交互效果。本章将讲解行为的概念、各种编辑操作以及具体应用等。

12.1 认 识 行 为

行为是一种预置的 JavaScript 程序库，通过它可以实现用户与网页间的交互，通过某个动作来触发某项计划。Dreamweaver CS3 中内置了 21 种行为，都是一些比较常用的功能。如有 JavaScript 编写能力也可编写行为。

行为由动作和事件组成，动作即是触发其相应的事件后所执行的操作，如弹出信息、播放声音等。事件与动作相关联，当访问者与网页进行交互时，浏览器将生成事件，但并非所有的事件都是交互的。

如果所选对象不同或者是在"显示事件"子菜单中指定的浏览器不同，则显示在"事件"下拉列表框中的事件也将有所不同。常用的事件有如下几种。

- onBlur：当指定元素不再作为交互的焦点时触发。
- onFocus：当指定的元素变成用户交互的焦点时触发。
- onClick：当单击了指定的页面元素，如链接、按钮或图像映像时触发。
- onDblClick：当双击了指定的页面元素时触发。
- onKeyDown：当按下任意键时，在没有释放之前触发。
- onKeyPress：当按下任意键，然后释放该键时触发。该事件是 onKeyDown 和 onKeyUp 事件的组合事件。
- onKeyUp：当释放了被按下的键后触发。
- onLoad：当图像被完全载入后触发。
- onMouseDown：当按下鼠标左键，没有释放之前触发。
- onMouseUp：当按下鼠标左键，然后释放时触发。
- onMouseMove：当在页面中拖动鼠标时触发。
- onMouseOut：当光标移出了页面的指定元素时触发。
- onMouseOver：当光标第一次移动到指定元素范围时触发。

12.2 编 辑 行 为

编辑行为包括行为的添加、删除以及获取更多的行为等，在 Dreamweaver 中编辑行为通常需要在"行为"面板中进行。

12.2.1 认识"行为"面板

"行为"面板是添加和编辑行为的场所。选择"窗口/行为"命令或按 Shift+F4 键打开"行为"面板，在面板中会显示已添加的行为，如图 12-1 所示。

"行为"面板中各按钮的功能如下。

- ▥按钮：单击该按钮只显示已设置的事件列表。

- ➤ ▦按钮：单击该按钮可显示所有事件列表。
- ➤ +.按钮：单击该按钮将弹出"行为"菜单，如图 12-2 所示。在该菜单中选择相应的行为后，会打开相应的对话框，设置完成后将为指定的对象添加行为。
- ➤ –按钮：单击该按钮将删除在"行为"面板中选中的行为。
- ➤ ▲按钮：单击该按钮可将所选择的动作向上移动。
- ➤ ▼按钮：单击该按钮可将所选择的动作向下移动。

图 12-1　"行为"面板

图 12-2　"行为"菜单

📢提示：

如"行为"菜单中的行为呈灰色显示，说明所指定的对象不能添加该行为。

12.2.2　添加行为

可以为超级链接、图像、表单等任何网页对象乃至整个网页添加各种行为，使其具有交互效果。添加行为，可选中所需网页对象，然后在"行为"面板中进行操作。

【例 12-1】　为整个网页添加行为。

（1）单击页面左下角的<body>标签，在编辑窗口中选择整个网页，如图 12-3 所示。

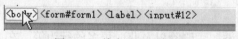

图 12-3　单击<body>标签

（2）单击"行为"面板中的 +.按钮，在弹出的"行为"菜单中选择"建议不再使用/播放声音"命令。

（3）在打开的"播放声音"对话框中单击 浏览... 按钮，打开"选择文件"对话框，在该对话框中选择一个音频文件，确认添加，完成行为添加后的效果如图 12-4 所示。

（4）"事件"列表中将添加和显示默认的事件，单击该事件，"事件"列表则变为下拉列表框，单击右侧的 ▼按钮，从弹出的下拉列表中选择所需的事件，如图 12-5 所示。

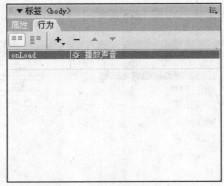

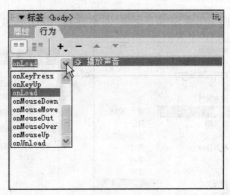

图 12-4　添加的"播放声音"行为　　　　图 12-5　选择事件

12.2.3　修改行为

对添加的行为可进行修改。方法是选择需修改的行为对象,在对话框中选择相应的行为,然后重新选择事件修改行为事件;也可双击要修改的行为动作,打开相应的事件对话框,在对话框中进行修改后单击 确定 按钮。

若要修改行为的顺序,则选择要调整顺序的行为,单击▲或▼按钮进行上移或下移。

12.2.4　删除行为

如不再需要某个行为,可将其删除。删除行为的操作很简单,只需选中要删除的行为,单击 − 按钮或直接按 Delete 键即可。

✍技巧:

选中某个行为后单击鼠标右键,在弹出的快捷菜单中选择相应的命令也可以进行行为的编辑、删除等操作。

12.2.5　应用举例——为网页元素添加行为

为网页中的表格添加行为,操作步骤如下:

(1)新建一个网页文档并插入表格,选中整个表格,打开"行为"面板。

(2)单击"行为"面板中的 +.按钮,在弹出的菜单中选择"效果/高亮颜色"命令,如图 12-6 所示。

(3)在打开的"高亮颜色"对话框中进行相应的设置,完成后单击 确定 按钮,如图 12-7 所示。

🔊提示:

"效果"显示行为是 Dreamweaver CS3 新增的一组对象行为,单击 +.按钮,在弹出的菜单中选择"效果"下面的各项命令,可在打开的对话框中对网页中的某些对象进行各种特效设置,以增加网页的视觉效果。

(4)在"行为"面板中将显示添加的行为,单击其事件,在出现的下拉列表框中单击按钮，在弹出的下拉列表中选择 onMouseUp 选项，如图 12-8 所示。

图 12-6 选择行为

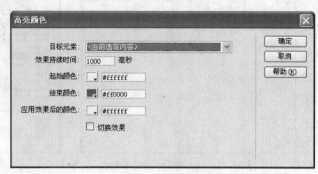

图 12-7 "高亮颜色"对话框

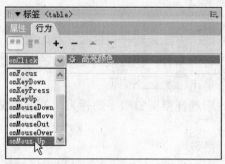

图 12-8 修改行为事件

（5）保存并浏览网页，单击表格所在区域，将以设置的颜色高亮显示对象，如图 12-9 所示。

高亮效果显示   高亮效果显示

图 12-9 添加行为后的效果

12.3 行为的具体应用

为对象添加行为可以使网页产生各种效果，如播放声音、弹出信息对话框等。下面将具体讲解怎样使用行为。

12.3.1 交换图像

前面介绍的在页面中插入鼠标经过图像实际上就是 Dreamweaver 自动添加了一个"交换图像"行为。"交换图像"行为是通过更改<img>标签的<src>属性将一个图像和另一个图像进行交换实现的，该行为创建了按钮变换和其他图像效果，包括一次交换多个图像。

添加交换图像行为的方法是选中网页中需交换的图像，打开"行为"面板，单击面板中的 + 按钮，在弹出的"行为"菜单中选择"交换图像"命令，如图 12-10 所示。

在打开的如图 12-11 所示的"交换图像"对话框的"图像"列表框中选择需添加交换图像的图像名称,单击"设定原始档为"文本框后的[浏览...]按钮,在打开的对话框中选择替换的图像文件或直接在"设定原始档为"文本框中输入该图像文件的路径和文件名,单击[确定]按钮关闭对话框完成行为的添加。

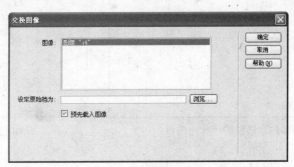

图 12-10　选择行为命令　　　　　　　图 12-11　　"交换图像"对话框

提示:

选中☑预先载入图像 复选框,表示在页面载入时将替换图像载入浏览器缓存中。

12.3.2　弹出信息

添加了"弹出信息"行为后,当触发设定的事件时将会弹出预设对话框。

【例 12-2】　添加"弹出信息"行为。

(1)打开 wuzhen.html 网页文档(立体化教学:\实例素材\第 12 章\tanchu\wuzhen.html),这里选中<body>标签,表示在网页打开时就弹出信息。

(2)打开"行为"面板,单击 +,按钮,在弹出的"行为"菜单中选择"弹出信息"命令,打开"弹出信息"对话框。

(3)在该对话框的"消息"文本框中输入"欢迎光临本站!!!",如图 12-12 所示。

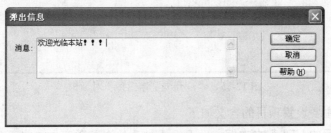

图 12-12　"弹出信息"对话框

(4)单击[确定]按钮关闭对话框,完成行为的添加,"行为"面板中将出现"弹出信息"动作,如图 12-13 所示,表示将在网页加载完成后弹出提示消息。

(5)保存并预览网页,将弹出一个对话框,打开的信息对话框如图 12-14 所示(立体化教学:\源文件\第 12 章\tanchu\wuzhen.html)。

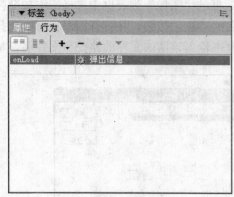

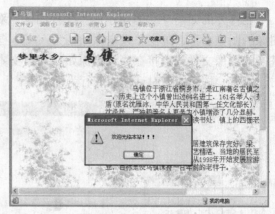

图 12-13　添加的"弹出信息"行为　　　　图 12-14　信息对话框

✎技巧：

在"弹出信息"对话框中，不仅可以输入文本信息，还可以输入相应的 JavaScript 代码，实现更多的功能。

12.3.3　打开浏览器窗口

使用"打开浏览器窗口"行为可打开一个新的浏览器窗口显示指定的文档，并且可以指定新窗口的属性和名称。选择所需对象后，在"行为"面板中单击 +.按钮，在弹出的菜单中选择"打开浏览器窗口"命令，打开"打开浏览器窗口"对话框，如图 12-15 所示。

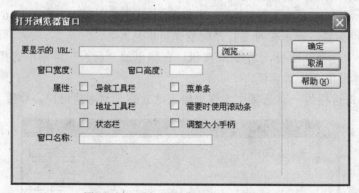

图 12-15　"打开浏览器窗口"对话框

对话框中各主要设置项目的含义如下。

➥　**"要显示的 URL"文本框**：用于设置打开的浏览器窗口中需显示的网页对象，可单击文本框后面的 浏览… 按钮来指定 URL 地址，也可直接在文本框中输入路径和文件名。

➥　**"窗口宽度"和"窗口高度"文本框**：以像素为单位设定打开窗口的宽度和高度。

➥　☑ 导航工具栏 **复选框**：选中该复选框，打开的浏览器窗口将包含"导航"工具栏。

➥　☑ 菜单条 **复选框**：选中该复选框，打开的浏览器窗口将包含菜单条。

- ☑ 地址工具栏 **复选框**：选中该复选框，打开的浏览器窗口将包含"地址"工具栏。
- ☑ 需要时使用滚动条 **复选框**：选中该复选框，当显示内容超出打开的浏览器页面的可视范围时将出现滚动条。
- ☑ 状态栏 **复选框**：选中该复选框，将在打开的浏览器窗口下方显示状态栏。
- ☑ 调整大小手柄 **复选框**：选中该复选框，可调整打开的浏览器窗口大小。
- **"窗口名称"文本框**：用于输入打开的浏览器窗口名称。

【例 12-3】 为网页中的图像添加"打开浏览器窗口"行为。

（1）新建一个网页，并在其中插入 xiao.jpg 图像文件（立体化教学:\实例素材\第 12 章\xiao.jpg），然后选中该图像，如图 12-16 所示。

（2）在"行为"面板中单击 ﹢ 按钮，在弹出的"行为"菜单中选择"打开浏览器窗口"命令，打开"打开浏览器窗口"对话框，如图 12-17 所示。

图 12-16　插入图片　　　　　　　　图 12-17　选择行为命令

（3）单击"要显示的 URL"文本框后的 浏览... 按钮，在打开的"选择文件"对话框中选择 da.jpg 图像文件（立体化教学:\实例素材\第 12 章\da.jpg）。

（4）在"窗口宽度"文本框中输入"480"，在"窗口高度"文本框中输入"280"，在"窗口名称"文本框中输入"花"，其他保持不变，如图 12-18 所示。

（5）单击 确定 按钮关闭对话框，在"行为"面板中将添加一个事件为 onClick 的行为，如图 12-19 所示。

（6）保存并浏览网页文件，单击小图时将弹出新窗口显示大图，如图 12-20 所示（立体化教学:\源文件\第 12 章\daxiao\daxiao.html）。

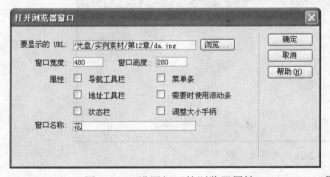

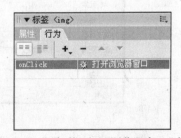

图 12-18　设置打开的浏览器属性　　　　　图 12-19　添加的"打开浏览器窗口"行为

图 12-20　单击小图显示大图

12.3.4　拖动 AP 元素

浏览者在访问添加了"拖动 AP 元素"行为的页面时可拖动相应的 AP 元素到页面的其他位置。

添加"拖动 AP 元素"行为需要页面中存在 AP 元素，然后在编辑窗口中选择<body>标签才能添加。选择<body>标签后在"行为"面板中单击 按钮，在弹出的菜单中选择"拖动 AP 元素"命令，可打开"拖动 AP 元素"对话框。

在"拖动 AP 元素"对话框中有"基本"和"高级"两个选项卡，可以设定浏览者向水平、垂直或任意方向拖动 AP 元素的范围，也可用 JavaScript 函数名或代码实现一些特殊功能。

1. "基本"选项卡

在"拖动 AP 元素"对话框中选择"基本"选项卡，如图 12-21 所示，在其中可选择添加行为的 AP 元素并进行拖动限制等设置。

图 12-21　"基本"选项卡

"基本"选项卡中各主要设置项的作用如下。

➥　　**"AP 元素"下拉列表框**：用于选择页面中需要设置的 AP 元素。

➥ **"移动"下拉列表框**：若选择"限制"选项，则会在其右边出现"上"、"下"、"左"和"右" 4 个文本框，在其中可以输入限制的值，单位为像素；若选择"不限制"选项，可任意移动 AP 元素。

➥ **"放下目标"栏**：在"左"、"上"两个文本框中可为拖放目标输入具体的值，单位为像素。该选项是设置 AP 元素拖放的目的位置，当 AP 元素的左坐标和上坐标与在"左"和"上"文本框中输入的值匹配时便认为已经到达目标位置。单击 取得目前位置 按钮，会在文本框中自动输入当前 AP 元素所在位置的值。

➥ **"靠齐距离"文本框**：在该文本框中输入一个值，可以确定将 AP 元素拖动到离目标多少距离时，才能将层靠齐到目标。值越大，访问者越容易找到拖放目标。

2. "高级"选项卡

选择对话框中的"高级"选项卡，在其中可进行 AP 元素的拖动控制点、在拖动时跟踪 AP 元素的移动以及当放下时触发一个动作等设置，如图 12-22 所示。

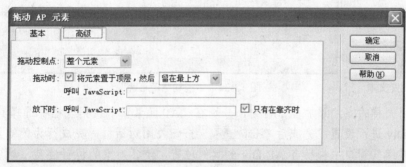

图 12-22 "高级"选项卡

"高级"选项卡中各主要设置项的作用如下。

➥ **"拖动控制点"下拉列表框**：在其中可选择是拖动"整个元素"还是"元素内的区域"。

➥ **"拖动时"栏**：选中 ☑ 将元素置于顶层复选框，如果在其后的下拉列表框中选择"留在最上方"选项，表示 AP 元素在被拖动时应该移动到堆叠顺序的顶部；如果选择"恢复 Z 轴"选项，则表示将其恢复到它在堆叠顺序中的原位置。在该选项组中的"呼叫 JavaScript"文本框中输入 JavaScript 代码可以在拖动 AP 元素时反复执行该代码。

➥ **"放下时"栏**：在"呼叫 JavaScript"文本框中输入 JavaScript 代码，将在放下 AP 元素时执行该代码。选中 ☑ 只有在靠齐时复选框，表示只有 AP 元素到达拖放目标时才执行该 JavaScript 代码。

✎**技巧**：

在网页中添加多个 AP Div，可为每个 AP Div 添加拖动行为。

【例 12-4】 利用"拖动 AP 元素"行为制作一个诗歌拼字游戏。文字包括"两个黄鹂鸣翠柳 一行白鹭上青天 窗含西岭千秋雪 门泊东吴万里船"。

（1）新建一个网页，将其背景颜色设置为"淡蓝色"，在其中插入一个 AP Div，在"属性"面板中设置其高为"37"、宽为"35"，在"背景颜色"文本框中输入"#93C9FF"。

（2）在 AP Div 中输入"两"字，将其字体格式设置为"隶书、36"，如图 12-23 所示。用同样的方法添加其他 AP Div 并输入汉字且设置字体。

（3）分别移动插入的 AP Div，使其按顺序放置在编辑窗口中。

（4）在编辑窗口中选择<body>标签，在"行为"面板中单击 +.按钮，在弹出的"行为"菜单中选择"拖动 AP 元素"命令。

（5）打开"拖动 AP 元素"对话框，在"AP 元素"下拉列表框中选择第一个 AP 元素，单击 取得目前位置 按钮后单击 确定 按钮，如图 12-24 所示。

图 12-23　设置文本　　　　　　　　图 12-24　"拖动 AP 元素"对话框

（6）用同样的方法添加多个行为，分别在"AP 元素"下拉列表框中选择其他 AP Div 为每个 AP Div 进行设置，完成后单击 确定 按钮关闭对话框，完成行为的添加。

（7）在编辑窗口中拖动各 AP Div 到其他位置，使各对象的位置混乱，然后保存并预览网页，如图 12-25 所示，拖动 AP Div 重新排列顺序，如图 12-26 所示（立体化教学:\源文件\第 12 章\pinzi.html）。

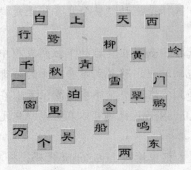

图 12-25　预览网页

图 12-26　排列顺序后

12.3.5　检查插件

添加"检查插件"行为的目的是检查浏览者的电脑是否安装了指定的插件，从而决定将网页转到不同的页面。如让安装了 Shockwave 插件的访问者转到有 Shockwave 影片的页面，让未安装该插件的访问者转到没有 Shockwave 影片的页面。

添加检查插件行为，需先选中所需对象，在"行为"面板中单击 +.按钮，在弹出的菜单中选择"检查插件"命令，打开"检查插件"对话框，如图 12-27 所示。

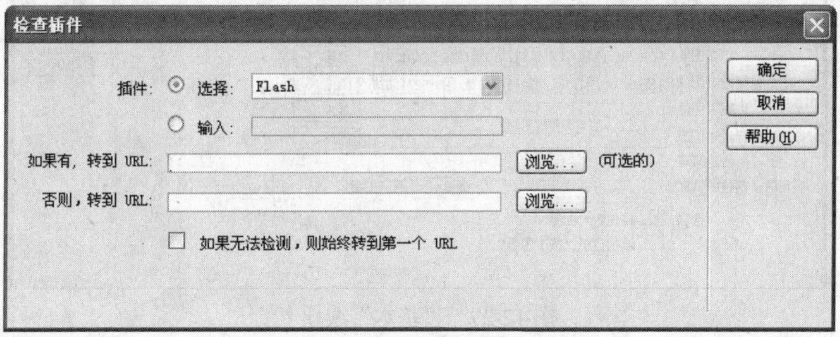

图 12-27　"检查插件"对话框

"检查插件"对话框中各设置项的含义和功能如下：

➥ 若选中 选择 单选按钮，可在其后激活的下拉列表框中选择一种插件；选中 输入 单选按钮，可在其后激活的文本框中输入插件的正确名称。

➥ 单击"如果有，转到 URL"文本框后的 浏览... 按钮，在打开的对话框中选择安装了该插件的浏览器所链接的文档，也可直接在文本框中输入文档的 URL。

➥ 单击"否则，转到 URL"文本框后的 浏览... 按钮，在打开的对话框中选择为没有安装该插件的浏览器所链接的文档，也可直接在文本框中输入文档的 URL。

➥ 选中 如果无法检测，则始终转到第一个 URL 复选框，通常会提示不具有该插件的访问者下载该插件。

12.3.6　设置导航栏图像

添加导航条的方法前面已经介绍过，使用"设置导航栏图像"行为不仅可以将某个图像变为导航条图像，还可以更改导航条中图像的显示和动作。

选中导航条中需编辑的导航元件并打开"行为"面板，可以看到面板中已经有"设置导航栏图像"行为，如图 12-28 所示。单击 +、按钮，在弹出的"行为"菜单中选择"设置导航栏图像"命令或直接双击"行为"面板中的"设置导航栏图像"行为，可打开"设置导航栏图像"对话框。

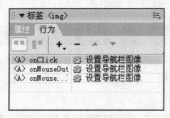

图 12-28　"设置导航栏图像"行为列表

"设置导航栏图像"对话框有两个选项卡，其设置方法如下。

➥ **"基本"选项卡**："基本"选项卡的设置方法和添加导航条的设置方法基本一样，可在其中设置不同的事件和动作，如图 12-29 所示。

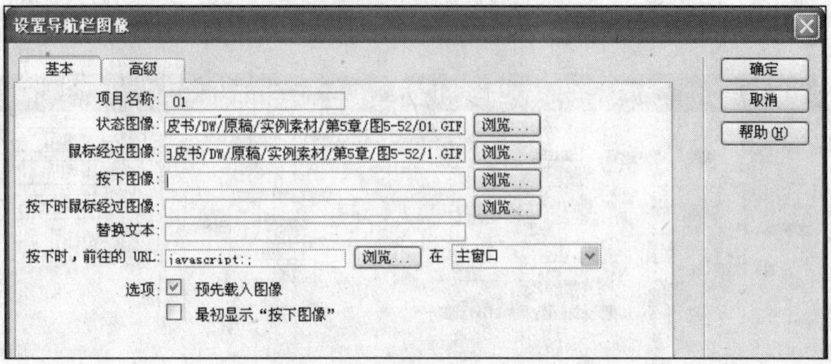

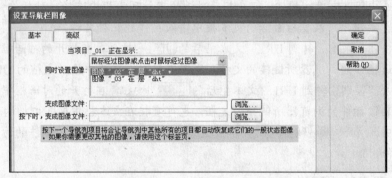

图 12-29　"基本"选项卡

➥　　**"高级"选项卡**：在其中可以设置当鼠标经过或单击当前导航图像时，其他的导航图像随之发生变动，如图 12-30 所示。

图 12-30　"高级"选项卡

12.3.7　调用 JavaScript

"调用 JavaScript" 行为允许用户使用"行为"面板指定当发生某个事件时执行自定义功能。

选中所需的对象并打开"行为"面板，单击 **+**. 按钮，在弹出的"行为"菜单中选择"调用 JavaScript"命令，打开"调用 JavaScript"对话框，如图 12-31 所示。在 JavaScript 文本框中输入要执行的 JavaScript 代码或者函数的名称，单击 按钮即可。

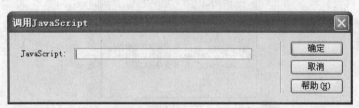

图 12-31　"调用 JavaScript"对话框

技巧：

如果已将 JavaScript 代码封装在一个函数中，则只需输入该函数的名称即可。

12.3.8 跳转菜单

在页面中插入"跳转菜单"表单对象后，Dreamweaver 会自动添加"跳转菜单"行为。通过"行为"面板可对已有的跳转菜单进行编辑修改，在"跳转菜单"对话框中可设置跳转菜单的属性。打开该对话框的方法有以下两种：

➥ 选择已插入的跳转菜单，双击"行为"面板中的"跳转菜单"动作，打开"跳转菜单"对话框。

➥ 选择已插入的跳转菜单，在打开的"行为"面板中单击 + 按钮，在弹出的"行为"菜单中选择"跳转菜单"命令，打开"跳转菜单"对话框。

📢提示：

在"跳转菜单"对话框中设置跳转菜单的方法和"跳转菜单"表单对象的创建方法基本相同，如有需要可在"行为"面板中修改事件。

12.3.9 转到 URL

"转到 URL"行为可以在当前窗口或指定的框架中打开一个新页面。利用此行为可以通过一次单击更改两个或多个框架的内容，非常方便。

【例 12-5】 在页面中添加"转到 URL"行为。

（1）选择所需的对象，在"行为"面板中单击 + 按钮，在弹出的"行为"菜单中选择"转到 URL"命令，打开"转到 URL"对话框，如图 12-32 所示。

（2）在"打开在"列表框中选择 URL 的目标，该列表中显示了当前框架集中所有框架的名称以及主窗口。

（3）单击 URL 文本框后的 浏览… 按钮，在打开的对话框中选择需要跳转到的文档，也可直接在文本框中输入文档的 URL。

（4）单击 确定 按钮关闭对话框完成行为的添加，"行为"面板中将出现"转到 URL"动作，如图 12-33 所示。

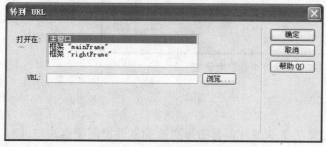

图 12-32 "转到 URL"对话框

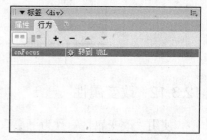

图 12-33 添加的行为

📢提示：

可以在"转到 URL"对话框中为不同的框架分别设置跳转页面，如果该页面没有任何框架，则"打开在"列表框中只有"主窗口"一个选项。

12.3.10　控制 Shockwave 或 Flash

使用"控制 Shockwave 或 Flash"行为可播放、停止、倒退、转到 Flash 或 Shockwave 文件中的帧。

添加该行为的方法是选择已插入的 Shockwave 或 Flash 影片，在"属性"面板中输入其名称，选择需添加该行为的对象，单击"行为"面板中的 **+.** 按钮，在弹出的"行为"菜单中选择"建议不再使用/控制 Shockwave 或 Flash"命令，打开"控制 Shockwave 或 Flash"对话框，如图 12-34 所示。在对话框的"影片"下拉列表框中选择要控制的影片名称，在"操作"栏进行选择和设置即可。

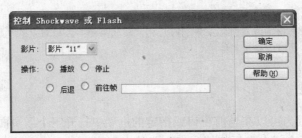

图 12-34　"控制 Shockwave 或 Flash"对话框

12.3.11　播放声音

使用"播放声音"行为可以在页面载入时播放音乐。添加该行为的方法是选择设置对象后单击"行为"面板中的 **+.** 按钮，在弹出的"行为"菜单中选择"建议不再使用/播放声音"命令，打开"播放声音"对话框，如图 12-35 所示。单击"播放声音"文本框后的 浏览… 按钮选择所需的声音文件或直接在文本框中输入声音的路径和名称，然后单击 确定 按钮完成添加。

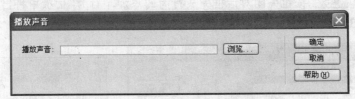

图 12-35　"播放声音"对话框

12.3.12　改变属性

使用"改变属性"行为可更改对象的某些属性，其中可更改的属性由浏览器决定。

在行为面板中单击 **+.** 按钮，在弹出的"行为"菜单中选择"改变属性"命令，打开"改变属性"对话框，如图 12-36 所示。

"改变属性"对话框中各设置项的含义和功能分别如下：

➥　在"元素类型"下拉列表框中可选择需更改属性对象的类型。

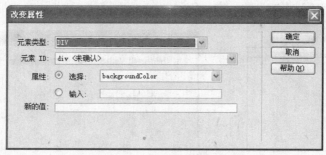

图 12-36 "改变属性"对话框

❧ 在"元素 ID"下拉列表框中包括了所有所选对象类型的命名对象,可按照需要进行选择。

❧ 在"属性"栏中选中 ⊙ 选择 单选按钮,可在其后的下拉列表框中选择一个属性;选中 ⊙ 输入 单选按钮,则在其后的文本框中输入该属性的名称。

❧ 在"新的值"文本框中可为该属性输入新值。

12.3.13 显示-隐藏元素

"显示-隐藏元素"行为用于交互时显示信息,可以显示、隐藏或恢复一个或多个元素的可见性。

【例 12-6】 显示网页中隐藏的说明文字。

(1)新建一个网页,并在其中插入一个图像文件,再添加一个 AP Div,在 AP Div 中输入图像的说明文字,并设置字体格式,如图 12-37 所示。

图 12-37 添加网页元素

(2)选择"窗口/AP 元素"命令打开"AP 元素"面板,在其中设置说明文字所在的 AP Div 为隐藏属性,如图 12-38 所示。

(3)打开"行为"面板,单击 +. 按钮,在弹出的"行为"菜单中选择"显示-隐藏元素"命令,打开"显示-隐藏元素"对话框。

(4)在"元素"列表框中选择说明文字所在的 AP Div,单击 显示 按钮添加显示行为,如图 12-39 所示。

图 12-38　隐藏 AP Div

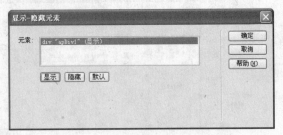

图 12-39　"显示-隐藏元素"对话框

（5）单击 确定 按钮关闭对话框，完成行为的添加，在"行为"面板中将出现"显示-隐藏元素"动作，如图 12-40 所示。

（6）单击行为事件，在出现的下拉列表框中选择触发事件为 onMouseOver，如图 12-41 所示。

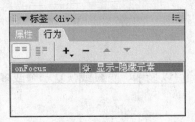

图 12-40　添加的行为

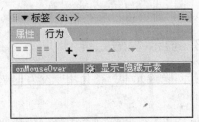

图 12-41　更改事件

（7）保存并浏览网页，打开网页时只显示图片，将鼠标光标移动到图片范围时将出现说明文字，如图 12-42 所示（立体化教学:\源文件\第 12 章\xianshi\xianshi.html）。

图 12-42　显示的网页元素

12.3.14　检查浏览器

由于访问者可能会使用不同类型和版本的浏览器，有时需要为不同版本的浏览器制作适合其浏览的页面，让浏览者得到最好的浏览效果。利用"检查浏览器"行为可根据访问者使用的浏览器而跳转到不同的页面，解决因浏览者浏览器版本不同而无法访问某些页面的问题。

添加"检查浏览器"行为的方法很简单，选择需添加该行为的对象并打开"行为"面板，单击 + 按钮，在弹出的“行为”菜单中选择“建议不再使用/检查浏览器”命令，打开“检查浏览器”对话框，如图 12-43 所示，在该对话框中可设置不同浏览器所转到的 URL 地址。

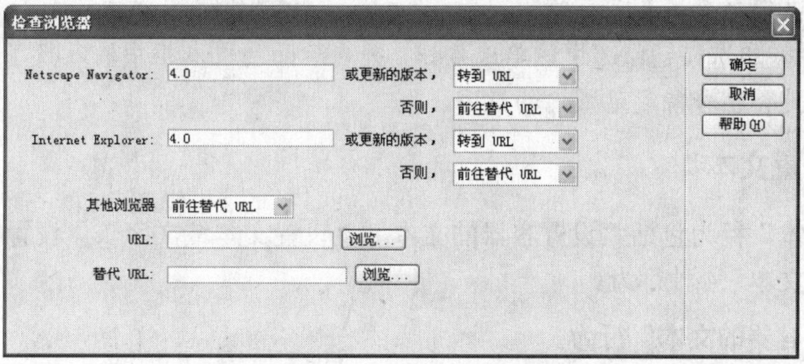

图 12-43　“检查浏览器”对话框

提示：

要设置“检查浏览器”行为，需要准备两个支持不同浏览器的网页或网页对象，并保证能在指定的浏览器中正常显示。目前主流浏览器的版本都在 6.0 以上，4.0 以下的版本基本上已经不再使用，设置时可根据网页的具体情况设置浏览器版本的检查范围。

12.3.15　检查表单

在表单页面中，除了可添加验证表单对象来检查用户输入的信息外，还可以添加“检查表单”行为来检查指定文本域的内容，以确保用户输入了正确的数据类型。使用该行为可以防止表单提交到服务器后指定的文本域包含无效的数据。

添加“检查表单”行为的方法是，打开包含表单的页面，在“行为”面板中单击 + 按钮，在弹出的“行为”菜单中选择“检查表单”命令，打开“检查表单”对话框，在对话框中进行检查设置，如图 12-44 所示。

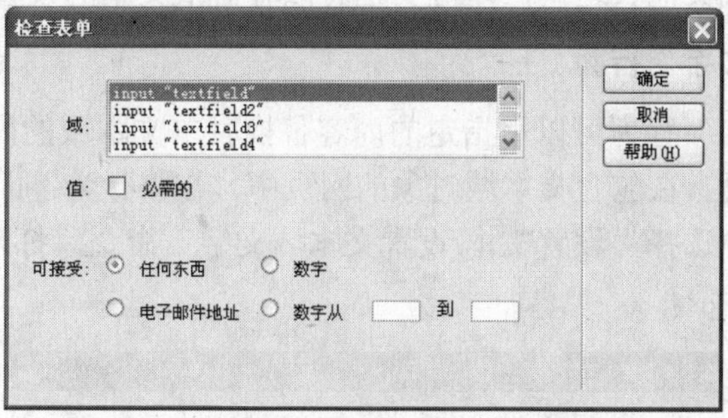

图 12-44　“检查表单”对话框

在对话框的“域”列表框中选择需要检查的表单对象，如果该域必须包含某种数据，则选中 必需的 复选框。在“可接受”栏中选中可接受的数据类型，其中各单选按钮的含义如下。

- 任何东西 单选按钮：如果该域是必需的，但不需要包含任何特定类型的数据，则选中该单选按钮。

- ◉ 数字 单选按钮：选中该单选按钮，则检查该域是否只包含数字。
- ◉ 电子邮件地址 单选按钮：选中该单选按钮，则检查该域是否为电子邮件地址格式，其中必须包含一个@符号。
- ◉ 数字从 单选按钮：选中该单选按钮，并在后面的文本框中输入数字范围，则检查该域是否包含特定范围内的数字。

12.3.16 设置文本

"设置文本"行为包括"设置容器的文本"、"设置文本域文字"、"设置框架文本"和"设置状态栏文本"4 种行为。

1."设置容器的文本"行为

"设置容器的文本"行为可以设置表格和 AP Div 等容器的内容和格式，但保留原容器的属性。该内容可以包括任何有效的 HTML 源代码。

在含有容器的网页中，在"行为"面板中单击 +. 按钮，在弹出的"行为"菜单中选择"设置文本/设置容器的文本"命令，打开"设置容器的文本"对话框，如图 12-45 所示。

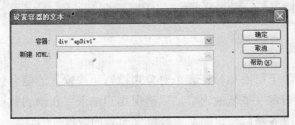

图 12-45 "设置容器的文本"对话框

在"容器"下拉列表框中选择所需的容器，其中包含了当前网页中所有可以设置的日期对象；在"新建 HTML"文本框中输入有效的 HTML 源代码或有效的 JavaScript 函数调用、属性、全局变量或其他表达式，即可实现对该容器中文本的设置。

2."设置文本域文字"行为

"设置文本域文字"行为可以用指定的内容替换表单文本域的内容。其设置方法与设置容器的文本基本相同。在包含文本域对象的网页中，在"行为"面板中单击 +. 按钮，在弹出的"行为"菜单中选择"设置文本/设置文本域文字"命令，打开"设置文本域文字"对话框，如图 12-46 所示。

图 12-46 "设置文本域文字"对话框

在"文本域"下拉列表框中选择需设置的表单文本域，在"新建文本"列表框中输入要在文本域中显示的文本，单击 确定 按钮即可。

使用该行为时文本域必须确保有一个唯一的名称，即使它们在不同的表单上也应如此。

3．"设置框架文本"行为

"设置框架文本"行为可以用指定的内容替换框架的内容和格式设置。该内容可以包含任何有效的 HTML 代码。使用此行为可以动态显示信息，实现动态设置框架的文本。

在含有框架布局的页面中，在"行为"面板中单击 +. 按钮，在弹出的"行为"菜单中选择"设置文本/设置框架文本"命令，打开"设置框架文本"对话框，如图 12-47 所示。

图 12-47 "设置框架文本"对话框

设置的方法同设置容器的文本方法基本相同，如果单击 获取当前 HTML 按钮，可获取当前目标框架<body>部分的内容；选中 □ 保留背景色 复选框，则保留页面的背景和文本颜色属性。

4．"设置状态栏文本"行为

"设置状态栏文本"行为可用于在浏览器窗口底部左侧的状态栏中显示消息。添加该行为的方法是在"行为"面板中单击 +. 按钮，在弹出的"行为"菜单中选择"设置文本/设置状态栏文本"命令，打开"设置状态栏文本"对话框，如图 12-48 所示。

图 12-48 "设置状态栏文本"对话框

在"消息"文本框中输入消息文本，单击 确定 按钮。设置后，在浏览网页时，当鼠标经过浏览器窗口时，在浏览器窗口底部左侧的状态栏中将显示该消息文本，如图 12-49 所示。

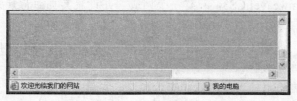

图 12-49 状态栏文本

12.3.17　预先载入图像

添加"预先载入图像"行为可将暂时不显示的图像预先载入浏览器缓存中，以加快网页的下载速度。在"行为"面板中单击 ＋. 按钮，在弹出的"行为"菜单中选择"预先载入图像"命令，打开"预先载入图像"对话框，如图 12-50 所示。

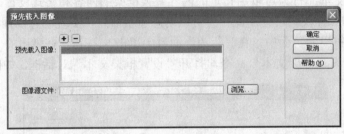

图 12-50　"预先载入图像"对话框

单击 浏览... 按钮，在打开的对话框中选择要预先载入的图像文件或在"图像源文件"文本框中输入图像的路径和文件名，然后单击对话框顶部的 ＋ 按钮将图像添加到"预先载入图像"列表框中。重复操作可添加多个预先载入的图像，若要删除"预先载入图像"列表框中的图像文件，可在列表框中选择图像文件对应的选项，然后单击 ― 按钮。

12.3.18　应用举例——制作脑筋急转弯网页

通过"弹出信息"行为，制作一个脑筋急转弯页面，通过单击"答案"超级链接，弹出正确答案，效果如图 12-51 所示（立体化教学:\源文件\第 12 章\zhuanwan.html）。

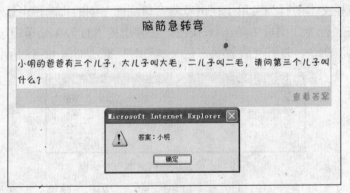

图 12-51　脑筋急转弯页面效果

操作步骤如下：

（1）启动 Dreamweaver CS3，新建一个网页，并设置其页面背景颜色为"#FFFFCC"，在其中插入一个 4 行 1 列、宽度为 600 像素的表格，并设置表格居中显示，如图 12-52 所示。

（2）选择表格，设置背景颜色为"#FFCC99"，在第 1 行的单元格中输入文本"脑筋急转弯"，并设置字体格式。

（3）在第 3 行表格中输入脑筋急转弯的题目，在第 4 行中输入"查看答案"文本，并设置字体格式和单元格背景颜色，如图 12-53 所示。

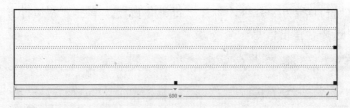

图 12-52　在页面中插入表格

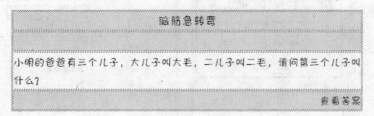

图 12-53　输入题目

（4）选择"查看答案"文本，在"属性"面板的"链接"下拉列表框中输入"#"。

（5）选择"窗口/行为"命令，打开"行为"面板，单击"添加行为"按钮 **+**，在弹出的下拉菜单中选择"弹出信息"命令。

（6）在打开的"弹出信息"对话框的"消息"文本框中输入"答案：小明"，单击 <u>确定</u> 按钮，如图 12-54 所示。

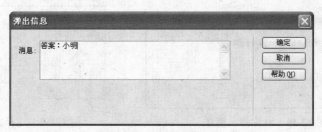

图 12-54　输入弹出信息

（7）保存并预览网页，单击"查看答案"超级链接，将弹出答案提示框，如图 12-51 所示。

12.4　上机及项目实训

12.4.1　制作会员申请网页

本次实训将为会员申请页面添加"弹出信息"行为和"检查表单"行为，检查表单效果如图 12-55 所示（立体化教学:\源文件\第 12 章\step1.html）。

操作步骤如下：

（1）打开 step1.html 素材文件（立体化教学:\实例素材\第 12 章\step1.html），在编辑窗口中选择<body>标签。

（2）选择"窗口/行为"命令，打开"行为"面板，单击"添加行为"按钮 **+.**，在弹出的快捷菜单中选择"弹出信息"命令。

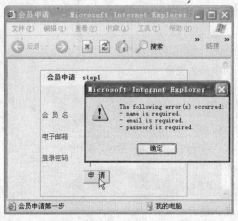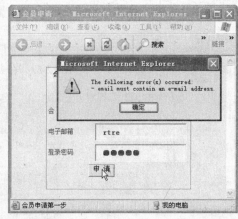

图 12-55　检查表单效果

（3）在打开的"弹出信息"对话框的"消息"文本框中输入"申请会员请填写正确的会员名、邮箱地址和登录密码！"，如图 12-56 所示。

（4）单击页面中的"申请"按钮选择该表单对象，如图 12-57 所示。

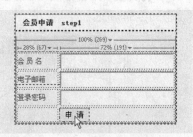

图 12-56　设置弹出消息　　　　　　图 12-57　选择表单对象

（5）单击"行为"面板中的"添加行为"按钮 **+.**，在弹出的快捷菜单中选择"检查表单"命令。

（6）在打开的"检查表单"对话框的"域"列表框中选择 input "name" (R)选项，选中 ☑ **必需的** 复选框和 ⊙ **任何东西** 单选按钮，如图 12-58 所示。

图 12-58　设置检查"会员名"表单

（7）在"域"列表框中选择 input "email"（RisEmail）选项，选中☑ 必需的 复选框和
⊙ 电子邮件地址 单选按钮，如图 12-59 所示。

图 12-59 设置检查"电子邮箱"表单

（8）用同样的方法设置 input "password" 文本域为必需的，并且可以是任何东西，完
成后单击 确定 按钮。

（9）再次单击 ✦ 按钮，在弹出的菜单中选择"设置文本/设置状态栏文本"命令，打
开"设置状态栏文本"对话框，在"消息"文本框中输入"会员申请第一步"文本，如图 12-60
所示。

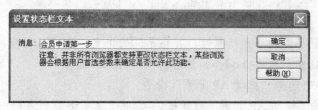

图 12-60 设置状态栏文本

（10）单击 确定 按钮完成设置，保存并预览网页，效果如图 12-61 所示，单击 确定
按钮关闭对话框，当鼠标经过浏览器窗口时将显示状态栏文本，如图 12-62 所示。

图 12-61 弹出消息

图 12-62 显示状态栏文本

（11）在表单文本框中填写相关信息，当未填写相关信息或电子邮箱格式输入错误时，单击 申请 按钮将弹出提示对话框，如图 12-55 所示。

12.4.2 制作网站维护公告

利用添加"拖动 AP 元素"行为，制作一个网站维护的公告网页，将公告内容放置到 AP Div 中，并可随意进行拖动，如图 12-63 所示（立体化教学:\源文件\第 12 章\gonggao.html）。

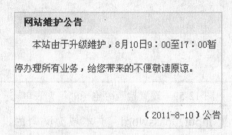

图 12-63 网页显示效果

本练习可结合立体化教学中的视频演示进行学习（立体化教学:\视频演示\第 12 章\制作网站维护公告.swf）。主要操作步骤如下：

（1）新建一个网页，并在网页中插入一个 AP Div，将插入点定位到 AP Div 中，插入一个 3 行 1 列的表格。

（2）分别设置不同的单元格属性，并在不同的单元格中输入相应内容。

（3）单击网页左下角的<body>，然后打开"行为"面板，单击"添加行为"按钮 +.，在弹出的下拉菜单中选择"拖动 AP 元素"命令。

（4）在打开的"拖动 AP 元素"对话框的"AP 元素"下拉列表框中选择 div "apDiv1"选项并进行相应的设置，单击 确定 按钮。

（5）保存网页并预览，完成制作。

12.5 练习与提高

（1）在网页中添加"打开浏览器窗口"行为，单击文本超级链接时将打开新页面，如图 12-64 所示。

提示：在页面中插入图像，为该图像添加"打开浏览器窗口"行为，将其要显示的 URL 设置为该图像的具体位置。

（2）使用"拖动 AP 元素"行为制作一个拼图页面，并添加"弹出信息"行为告诉浏览者游戏任务，效果如图 12-65 所示（立体化教学:\源文件\第 12 章\pintu\pintu.html）。

提示：将 back.jpg 图像文件（立体化教学:\实例素材\第 12 章\pintu\）作为页面背景，其他图片分别放置到 AP Div 中并添加拖动行为。本练习可结合立体化教学中的视频演示进行学习（立体化教学:\视频演示\第 12 章\制作拼图页面.swf）。

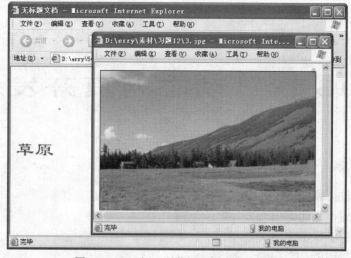

图 12-64 "打开浏览器" 行为参考效果

图 12-65 拼图效果

经验技巧 添加网页行为的技巧和注意事项

本章主要介绍了网页中行为的应用，通过为网页对象添加行为，可实现网页的交互功能，提高网站与浏览者的互动性。在进行网页行为添加的过程中，可以参考以下注意和建议事项：

* ➥ 当使用插入插件的方法在网页中插入音乐文件后，需要在"属性"面板中设置插件的宽度和高度，如果宽度和高度不够，在浏览网页时可能会出现播放器显示不完整的情况，影响播放控制。

* ➥ 添加行为时需选择正确的行为对象，一些行为可在设置对话框中选择对象，而一些则需要先选定对象。如未选择对象，一些行为将不可操作。

第 13 章　动态网页开发基础

学习目标

- ☑ 认识动态网页
- ☑ 能够进行动态网页开发环境的配置
- ☑ 了解并选择数据库类型
- ☑ 制作简单的动态页面

目标任务&项目案例

安装 IIS

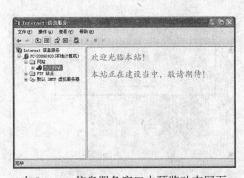

在 Internet 信息服务窗口中预览动态网页

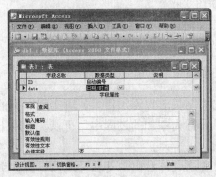

创建 Access 数据库

在网页中插入数据库中的记录

在前面章节中介绍的.html 网页都属于静态网页。随着网络功能的不断扩展，静态网页已不能满足目前的浏览需求，而通过一些脚本语言和数据库技术创建的动态网页，可使网页更加实用、管理更加方便、浏览下载速度更加迅速，同时实现了网站与用户的交互功能。

13.1　搭建动态 Web 服务器

要制作动态网页，首先需要进行 Web 服务器的配置。Web 服务器也可称为 HTTP 服务器，是根据 Web 浏览器的请求提供文件服务的软件。常见的 Web 服务器有 IIS、Apache、Netsape Enterprise Server 等。在进行服务器配置前还需要了解动态网页的相关知识。

13.1.1　认识动态网页

动态网页是一种可以动态产生网页信息的网页制作技术，它的最主要作用是与数据库进行交互，从数据库中动态提取数据并显示在网页中，同时通过收集用户在表单中填写的信息对用户在网页中执行的操作进行相应的处理。

静态网页任何时候在浏览器中显示的页面内容都是一样的，而在动态网页中执行不同的操作可以打开不同名称的动态网页（如 info.asp），当传递不同参数（如 info.asp?id=1234）后所打开的页面内容也不同。

当用户单击一个链接（如 info.asp?id=1234）后，服务器端即从数据库中查找 id 为 1234 的数据信息，然后将其显示在浏览器中。通过这种动态生成网页信息的技术，大大减少了网页制作者的工作量，管理者只需在数据库中添加或修改信息并进行链接即可实现数据的更新。

13.1.2　动态网站开发流程

要创建动态网站，首先应确定使用的语言、数据库以及开发工具，并搭建相应程序的开发环境。如要进行 ASP 动态网页开发，则应先安装并配置 IIS、安装数据库软件并创建数据库及表，然后进行站点的创建，接下来才开始动态网页的制作。

在动态网页制作过程中，一般先制作静态页面，然后创建动态数据库、请求变量、服务器变量、表单变量或预存过程等内容，然后将这些源内容添加到页面中，最后对整个页面进行测试，测试通过就完成了该动态页面的制作。

13.1.3　动态网页开发语言

目前主流的动态网页开发语言主要有 ASP、ASP.NET、PHP、JSP、ColdFusion 等，用户应根据其语言的特点和所建网站适用的平台综合考虑开发语言的选择。

1. ASP

ASP 是 Active Server Pages 的缩写，中文含义是"活动服务器页面"，其创建的网页文件扩展名为.asp。ASP 强大的功能、简单易学的特点受到了广大 Web 开发人员的喜欢，它作为 Web 开发最常用的工具，主要有以下一些特点。

➤ **简单易学**：使用 VBScript、JavaScript 等简单易懂的脚本语言，结合 HTML 代码，可快速完成网站应用程序的开发。

251

- **可以使用标记**：所有可以在 HTML 文件中使用的标记语言都可用于 ASP 文件中。
- **适用于任何浏览器**：对于客户端的浏览器来说，不存在 ASP 和 HTML 的区别，当客户端提出 ASP 申请后，服务器将<%和%>之间的内容解释成 HTML 语言并传送到客户端的浏览器上，浏览器所接受的只是 HTML 格式的文件，因此适用于任何浏览器。
- **运行环境简单**：只要在电脑上安装 IIS 或 PWS，并把存放 ASP 文件的目录属性设为"执行"即可直接在浏览器中浏览 ASP 文件，并看到执行的结果。
- **支持 COM 对象**：在 ASP 中只需一行代码就能够创建一个 COM 对象的事例。用户既可以直接在 ASP 页面中使用 Visual Basic 和 Visual C++等各种功能强大的 COM 对象，也可将创建的 COM 对象直接在 ASP 页面中使用。

2. ASP.NET

ASP.NET 是一个建立服务器端 Web 应用程序的框架，它是 ASP 3.0 的后继版本，是 Microsoft 推出的新一代 Active Server Pages 脚本语言。ASP.NET 吸收了 ASP 以前版本的最大优点并参照 Java、VB 等语言的开发优势加入了许多新的特色，同时也修正了以前的 ASP 版本中出现的一些运行错误。其创建的网页文件扩展名为.aspx、.asmx、.sdl、和.ascx 等。

ASP.NET 是一种编译型的编程框架，它的核心是 NGWS runtime，除了和 ASP 一样可以采用 VBScript 和 JavaScript 作为编程语言外，还可以用 VB 和 C#来编写，这就决定了其强大的功能可以进行很多低层操作而不必借助于其他编程语言。

3. PHP

PHP（Hypertext Preprocessor）即是"超级文本预处理语言"，是编程语言和应用程序服务器的结合，其真正价值在于它是一个应用程序服务器，是一个开发程序，任何人都可以免费使用，也可以修改源代码。PHP 创建的网页文件扩展名为.php，它具有如下特性。

- **开放源码**：所有的 PHP 源码都可以得到。
- **没有运行费用**：PHP 是免费的。
- **跨平台**：PHP 程序可以在 UNIX、Linux 或 Windows 操作系统下运行。
- **嵌入 HTML**：因为 PHP 语言可以嵌入到 HTML 内部，所以 PHP 很容易学习。
- **简单的语言**：与 Java 和 C++不同，PHP 语言坚持以基本语言为基础，然而它的功能却足以支持任何类型的 Web 站点。
- **效率高**：PHP 只消耗较少的系统资源。当 PHP 作为 Apache Web 服务器的一部分时，运行代码不需要调用外部二进制程序，服务器解释脚本也不需要承担任何额外负担。
- **分析 XML**：用户可以组建一个可以读取 XML 信息的 PHP 版本。
- **数据库模块**：PHP 支持任何 ODBC 标准的数据库。

4. JSP

JSP（Java Server Pages）是由 Sun 公司倡导、多家公司参与并一起建立的一种动态网页技术标准，其创建的网页文件扩展名为.jsp。

JSP 为创建动态的 Web 应用提供了一个独特的开发环境，它与 Microsoft 的 ASP 在技术上虽然非常相似，但也有许多区别。ASP 的编程语言是 VBScript 之类的脚本语言，JSP 使用的则是 Java，这是两者最明显的区别。此外，两种语言使用完全不同的方式处理页面中嵌入的程序代码。在 ASP 下，VBScript 代码被 ASP 引擎解释执行；在 JSP 下，代码被编译成 Servlet 并由 Java 虚拟机执行，这种编译操作仅在对 JSP 页面的第一次请求时发生。

Java Servlet 是一种开发 Web 应用的理想构架，JSP 以 Servlet 技术为基础，又在许多方面作了改进。利用跨平台运行的 JavaBean 组件，JSP 为分离处理逻辑与显示样式提供了卓越的解决方案。下面介绍 JSP 的具体特性。

- **适应平台更广**：几乎所有平台都支持 Java，所以 JSP+JavaBean 可以在所有平台下运行。
- **效率高**：JSP 在执行以前先被编译成字节码（Byte Code），并由 Java 虚拟机（Java Virtual Machine）解释执行，比源码解释的效率高；服务器上还有字节码的 Cache 机制，能提高字节码的访问效率。
- **安全性更高**：JSP 源程序不会被下载，特别是 JavaBean 程序完全可以放在不对外的目录中。
- **可移植性好**：可以从一个平台移植到另外一个平台，JSP 和 JavaBean 甚至不用重新编译，因为 Java 字节码都是标准的，与平台无关。

13.1.4　创建动态站点

使用 Dreamweaver 制作动态网站，还需要创建相应的动态站点，以支持某种语言环境。

在 Dreamweaver 中创建动态站点的方法同创建一般站点的方法类似，在编辑窗口中选择"站点/新建站点"命令，打开"站点定义为"对话框，在"基本"选项卡下按照提示做相应的选择即可。不同的是，在第 2 部分的"站点定义"设置时，需要选中◉是，我想使用服务器技术。(Y) 单选按钮，并在"哪种服务器技术？"下拉列表框中选择适合的选项，如图 13-1 所示。

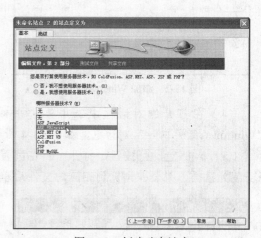

图 13-1　创建动态站点

13.1.5　安装并配置 IIS

IIS 即 Internet Information Server（Internet 信息服务）的简称，是 Microsoft 开发的一款 Web 服务器，它可以在 Windows NT 以上的操作系统中支持 ASP，虽然不能跨平台，但由于 Windows 操作系统的普及，IIS 作为 Windows 操作系统的一个应用组件，已经得到了广泛的应用。

提示：

IIS 主要提供 FTP（文件传输服务）、HTTP（Web 服务）和 SMTP（电子邮件服务）等服务。

1．安装 IIS

IIS 作为 Windows 操作系统的一个组件，用户可以选择性地进行安装。在 Windows XP 操作系统中，默认情况下并没有安装 IIS，用户可根据需要自行安装。

【例 13-1】 在 Windows XP 操作系统下安装 IIS 组件。

（1）选择"开始/控制面板"命令，打开"控制面板"窗口，双击"添加或删除程序"选项，打开"添加或删除程序"窗口。

（2）单击"添加或删除程序"窗口左侧的"添加/删除 Windows 组件"按钮，打开"Windows 组件向导"对话框，如图 13-2 所示。

（3）在对话框的"组件"列表框中选中 Internet 信息服务(IIS)复选框，然后单击 详细信息(D)... 按钮，如图 13-3 所示。

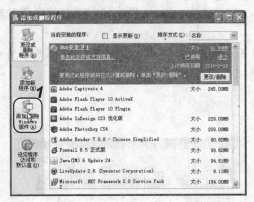

图 13-2　添加 Windows 组件

图 13-3　选择组件

（4）在打开的对话框中选中 文件传输协议(FTP)服务复选框，单击 确定 按钮返回"Windows 组件向导"对话框，如图 13-4 所示。

（5）单击 下一步(N) 按钮，打开"正在配置组件"界面，并打开"所需文件"对话框，将安装光盘插入光驱并浏览到相应的文件后单击 确定 按钮继续，如图 13-5 所示。

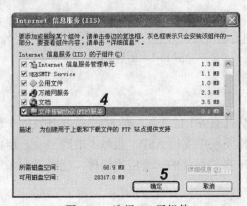

图 13-4　选择 IIS 子组件

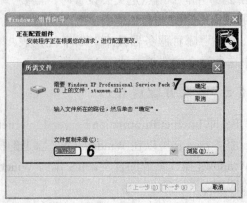

图 13-5　提供所需文件

（6）安装完成后，在打开的"完成'Windows 组件向导'"界面中单击 ▢完成▢ 按钮关闭对话框，完成 IIS 的安装。

✎技巧：

> 安装 IIS 时，如果没有安装光盘，可在网上下载适合当前系统版本的 IIS 安装包，解压后在"所需文件"对话框的"文件复制来源"下拉列表框中输入或浏览相应的文件路径即可。

2．配置 IIS

安装 IIS 后，还需要进行相应的配置。打开"控制面板"窗口，双击"管理工具"选项，在打开的"管理工具"窗口中双击"Internet 信息服务"选项可打开"Internet 信息服务"窗口，如图 13-6 所示，在其中可进行相应的配置。

在"Internet 信息服务"窗口中，展开左侧的目录，在"网站"选项上单击鼠标右键，在弹出的快捷菜单中选择"属性"命令，可打开相应的属性对话框，在其中可对动态网站进行各种选项的配置。同样也可以对 FTP 站点和默认 SMTP 虚拟服务器及下面的具体站点或服务器进行配置，如图 13-7 所示为"默认 FTP 站点 属性"对话框。

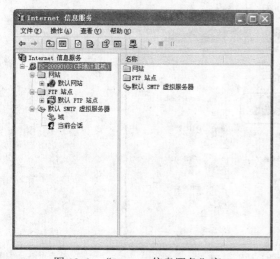

图 13-6　"Internet 信息服务"窗口

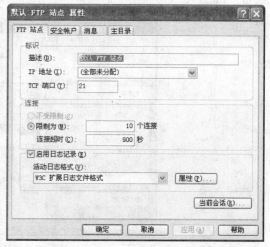

图 13-7　"默认 FTP 站点 属性"对话框

🔊提示：

> 动态网页不能通过双击网页文件启动浏览器进行浏览，在 IIS 中将包含动态网页的文件夹设置为主目录后，可以在"Internet 信息服务"窗口中通过在相应的网页文件上单击鼠标右键，然后在弹出的快捷菜单中选择"浏览"命令进行浏览。

13.1.6　应用举例——配置并浏览默认网站

在"Internet 信息服务"窗口中配置默认网站相关信息，然后浏览网站，效果如图 13-8 所示。

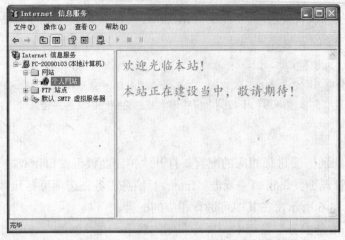

图 13-8 在"Internet 信息服务"窗口中浏览网站

操作步骤如下：

（1）打开"控制面板"窗口，双击"管理工具"选项，在打开的"管理工具"窗口中双击"Internet 信息服务"的快捷方式图标，如图 13-9 所示。

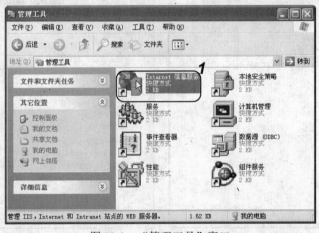

图 13-9 "管理工具"窗口

（2）在打开的"Internet 信息服务"窗口中展开"网站"目录，在"默认网站"选项上单击鼠标右键，在弹出的快捷菜单中选择"属性"命令，如图 13-10 所示。

（3）在打开的"默认网站 属性"对话框的"网站"选项卡中修改网站的描述为"个人网站"，如图 13-11 所示。

（4）选择"主目录"选项卡，选中 ⊙ 此计算机上的目录(D) 单选按钮，单击"本地路径"文本框后的 浏览(D)... 按钮，在打开的"浏览文件夹"对话框中选择素材文件夹"网站"（立体化教学:\实例素材\第 13 章\网站\），如图 13-12 所示。

（5）单击 确定 按钮，返回"默认网站 属性"对话框中，选择"文档"选项卡，并在该选项卡中单击 添加(D)... 按钮，在打开的"添加默认文档"对话框的文本框中输入"index.asp"，单击 确定 按钮确定添加，如图 13-13 所示。

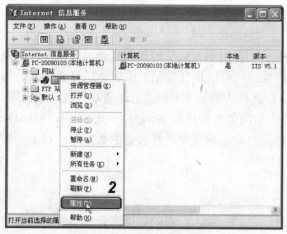

图 13-10 设置网站属性　　　　　　　　图 13-11 设置网站信息

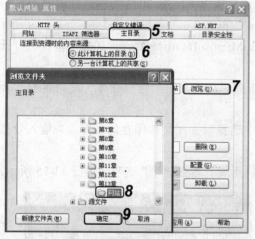

图 13-12 更改网站主目录

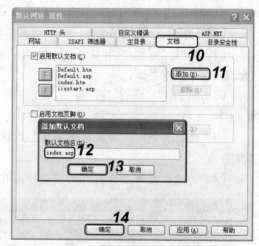

图 13-13 添加默认文档

📢 提示：

> 在默认文档列表中可通过单击↑和↓按钮来对选中的文档进行排序，IIS 将首先检查网站文件夹中是否有第一个文档名称的文件，如有则视为网站首页，没有则检查下一个名称。

（6）设置后单击 ▭ 确定 ▭ 按钮，在返回的"Internet 信息服务"窗口的"个人网站"选项上单击鼠标右键，在弹出的快捷菜单中选择"浏览"选项，将在右侧的窗格中显示网站文件夹中的网页内容。

13.2　制作动态网页

搭建好动态网页服务器后，便可开始网页的制作了，在 Dreamweaver 中也可以进行动态网页的制作，下面进行简单讲解。

13.2.1　选择数据库

数据库（DataBase，DB）就是存储在电脑中有组织可共享的数据集合。数据库管理系统是电脑中用于存储、处理大量数据的软件系统，可以执行数据的编辑、运算、搜索、筛选及提取等。数据库和数据库管理系统的结合就称为数据库系统，也即通常所说的数据库。

数据库系统的种类有很多，在网站建设中常用的数据库有 Access、SQL Server、MySQL 及 Oracle 等，用户可根据网站的具体需求以及网站的规模来选择合适的数据库。对于一般的网站，使用 Access 数据库即可。

13.2.2　创建 Access 数据库

Access 是 Office 办公组件的主要成员之一，是一种入门级的数据库管理系统，它具有简便易用、支持最齐全的 SQL 指令、消耗资源少的优点，常用于中小型网站。使用 ASP+Access 制作动态网站是许多用户的首选，这里就以 Access 2003 为例进行讲解。

【例 13-2】　使用 Access 2003 创建 Access 数据库。

（1）选择"开始/所有程序/Microsoft Office/ Microsoft Office Access 2003"命令，打开 Access 2003 工作界面。

（2）选择"文件/新建"命令，在右侧的任务窗格中单击"空数据库"超级链接，如图 13-14 所示。

（3）在打开的"文件新建数据库"对话框中选择数据库文件保存的位置，并输入数据库文件名。

（4）创建数据库后在打开的窗口中双击"使用设计器创建表"选项，如图 13-15 所示。

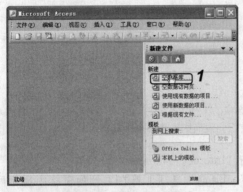
图 13-14　新建空白数据库

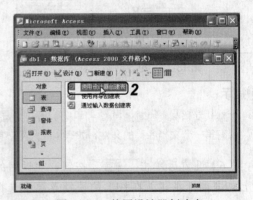
图 13-15　使用设计器创建表

（5）在打开的"表"窗口的"字段名称"下的单元格中输入"ID"，输入完成后按 Enter 键，光标将跳到"数据类型"下的单元格中，单击单元格后的 按钮，在弹出的下拉列表中选择"自动编号"选项，如图 13-16 所示。

（6）将鼠标光标定位到第 2 行"字段名称"下的单元格中，用同样的方法依次设计其他字段，并设置不同的字段类型，如图 13-17 所示。

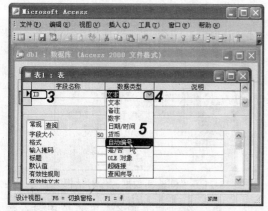

图 13-16 添加"自动编号"字段

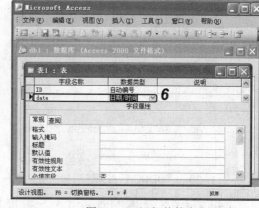

图 13-17 添加其他字段

（7）编辑完成后选择"文件/保存"命令保存表，关闭设计器，在"数据库"窗口中双击创建的表，如图 13-18 所示，即可在表中输入数据，如图 13-19 所示。

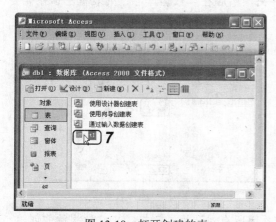

图 13-18 打开创建的表

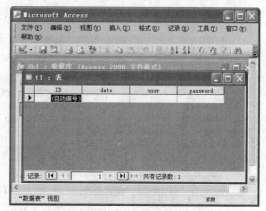

图 13-19 输入数据

🔊提示：

在一个表中通常还需要设置一个主键，其方法是在相应的字段行中单击鼠标右键，在弹出的快捷菜单中选择"主键"命令。

13.2.3 连接数据库

制作动态页面前必须创建数据库连接，连接数据库可以通过连接字符串或使用数据源（DSN）两种方式，下面介绍使用数据源连接数据库的方法。

【例 13-3】 使用数据源连接 Access 数据库。

（1）打开"管理工具"窗口，双击"数据源（ODBC）"选项，打开"ODBC 数据源管理器"对话框。

（2）在该对话框中选择"系统 DSN"选项卡，再单击 添加(D)... 按钮，如图 13-20 所示。

（3）在打开的"创建新数据源"对话框中选择 Driver do Microsoft Access（*.mdb）选项，单击 完成 按钮，如图 13-21 所示。

图 13-20 "ODBC 数据源管理器"对话框

图 13-21 "创建新数据源"对话框

（4）打开"ODBC Microsoft Access 安装"对话框，在"数据源名"文本框中输入数据源名称，然后单击 选择(S)... 按钮，如图 13-22 所示。

（5）在打开的"选择数据库"对话框的"驱动器"下拉列表框中选择数据库所在的磁盘，在"目录"列表框中选择数据库所在文件夹，然后在"数据库名"列表框中选择需要连接的数据库，如图 13-23 所示。

图 13-22 设置数据源

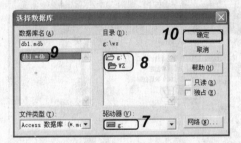

图 13-23 选择数据库

（6）依次单击各对话框中的 确定 按钮关闭所有对话框，完成 ODBC 数据源的创建，启动 Dreamweaver，新建或打开一个网页文档。

（7）选择"窗口/数据库"命令，打开"数据库"面板，单击该面板中的 ⊞ 按钮，在弹出的菜单中选择"数据源名称（DSN）"命令，如图 13-24 所示。

（8）在打开的"数据源名称（DSN）"对话框中选中 ⊙ 使用本地 DSN 单选按钮，然后在"连接名称"文本框中输入一个连接名称，并在"数据源名称（DSN）"下拉列表框中选择创建的数据源，这里选择 conn 选项，单击 测试 按钮，弹出如图 13-25 所示的对话框表示连接成功。

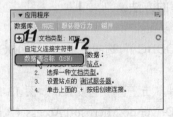

图 13-24 选择连接方式

图 13-25 连接成功

13.2.4 制作简单动态页面

与数据库连接成功后即可通过绑定数据库中的数据来创建动态网页了，制作动态数据库网页主要是通过添加数据对象实现的，而要在网页中添加数据，需要先创建记录集。

1．创建记录集

在连接数据库成功并确认连接后，"数据库"面板中将显示连接的数据库，如图 13-26 所示。选择"绑定"选项卡，再单击面板中的 ⊞ 按钮，在弹出的菜单中选择"记录集（查询）"命令，打开"记录集"对话框，如图 13-27 所示，在其中进行设置后单击 测试 按钮，如连接成功会在打开的对话框中显示相应的数据记录，如图 13-28 所示。依次单击 确定 按钮关闭对话框完成记录集的创建。

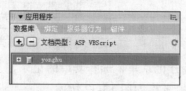

图 13-26 连接的数据库

图 13-27 设置记录集

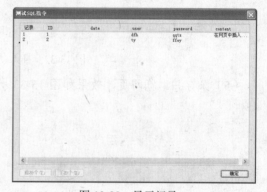

图 13-28 显示记录

2．在页面中插入记录

创建记录集后，便可在页面中插入记录，插入记录有不同的方式，可通过"数据"插入栏来插入各种记录对象，也可直接在"绑定"面板中拖动相应的记录到页面中。

【例 13-4】 在页面中插入动态数据。

（1）在页面中插入一个 2 行 2 列的表格，并输入表头文字，如图 13-29 所示。

图 13-29 插入表格

（2）将光标插入点定位到"用户名"下的单元格中，将插入栏切换到"数据"插入栏，单击"动态数据"按钮 后的下拉按钮 ，在弹出的下拉列表中选择"动态文本"选项，如图 13-30 所示。

（3）在打开的"动态文本"对话框中选择一个记录，单击 确定 按钮，如图 13-31 所示。

图 13-30　选择插入对象

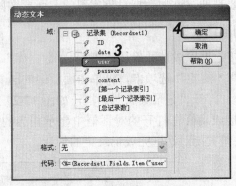

图 13-31　选择插入的记录

（4）在"绑定"面板中展开记录集，选择其中的记录，并按住鼠标左键将其拖动到第 2 行第 2 个单元格中，完成后的表格如图 13-32 所示。

图 13-32　插入动态文本的表格

（5）保存并浏览网页，效果如图 13-33 所示。

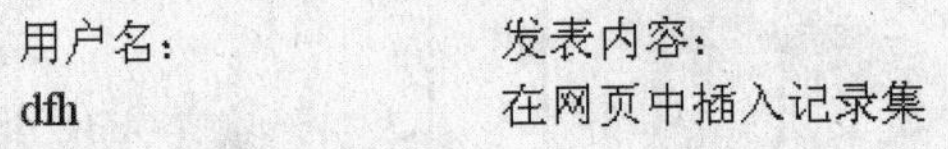

用户名：　　　　　　　发表内容：
dfh　　　　　　　　在网页中插入记录集

图 13-33　插入动态文本效果

3．创建重复区域

使用动态文本只能显示一条记录的数据，通常在一个页面中需要显示多条记录，使用重复区域就可以达到同一页面中显示多条记录的目的。

插入重复区域的方法是先选择用于放置重复数据的单元格对象，然后单击"数据"插入栏中的"重复区域"按钮⚏，在打开的"重复区域"对话框中进行记录集的选择和显示记录数量的设置，插入重复记录后，再在重复区域内的单元格中插入动态数据，即可在页面中显示多条记录数据。

🔊提示：

在 Dreamweaver 中还可以插入各种记录对象，以及进行各种人性化的插入设置，其方法非常简单，感兴趣的用户可以在"数据"插入栏中逐一进行试验。

13.2.5 应用举例——在页面中插入重复的动态数据

在页面中插入重复的动态数据，使网页能显示多条不同的记录，效果如图 13-34 所示。

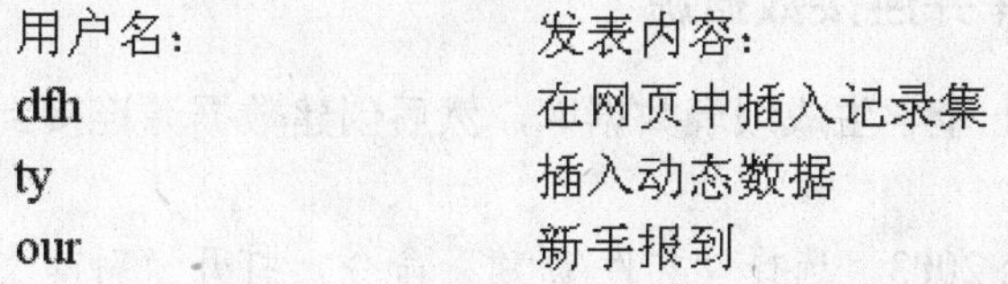

用户名：	发表内容：
dfh	在网页中插入记录集
ty	插入动态数据
our	新手报到

图 13-34 显示多条动态数据效果

（1）将光标插入点定位到需显示多条记录的单元格中，然后单击编辑窗口左下角的"<tr>"标签，选中放置动态文本的行，如图 13-35 所示。

图 13-35 选择表格标签

（2）单击"数据"插入栏中的"重复区域"按钮🖼，在打开的"重复区域"对话框的"记录集"下拉列表框中选择 Recordset1 选项，然后设置显示记录为"10"，如图 13-36 所示。

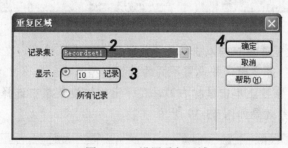

图 13-36 设置重复区域

（3）单击 确定 按钮，将光标插入点定位到第 1 个单元格中，并从"绑定"面板中拖动记录集中的 user 记录到单元格中。

（4）使用同样的方法将 content 记录插入到第 2 个单元格中，如图 13-37 所示。

用户名：	发表内容：
{Recordset1.user}	{Recordset1.content}

图 13-37 在重复区域中插入记录

（5）完成后保存并预览网页，在页面中将会显示多条相关记录。

13.3 上机及项目实训

13.3.1 创建数据库并连接数据源

本次实训将创建一个学生成绩表数据库，然后创建数据源连接到该数据库，操作步骤如下：

（1）启动 Access 2003，选择"文件/新建"命令，打开"新建文件"窗格，在窗格中单击"空数据库"超级链接。

（2）在打开的"文件新建数据库"对话框中选择保存数据库的位置，并输入数据库文件名，如图 13-38 所示，设置后单击 创建(C) 按钮。

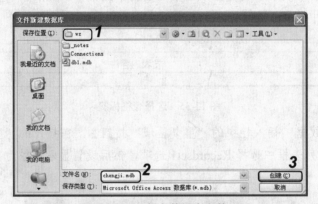

图 13-38　保存数据库文件

（3）在打开的数据库窗口中双击"使用设计器创建表"选项，在打开的表设计器中添加"学号"和"姓名"等字段，并设置不同的数据类型。

（4）在"学号"字段上单击鼠标右键，在弹出的快捷菜单中选择"主键"命令，设置"学号"为主键，参考效果如图 13-39 所示。

字段名称	数据类型	说明
学号	数字	
姓名	文本	
语文	数字	
数学	数字	
英语	数字	
物理	数字	
化学	数字	

图 13-39　设计表

（5）关闭设计窗口，在弹出的对话框中询问是否保存，单击 是(Y) 按钮进行保存。

（6）从"管理工具"窗口中打开"ODBC 数据源管理器"对话框，在"系统 DSN"选项卡中单击 添加(D) 按钮。

（7）在打开的"创建新数据源"对话框中选择 Driver do Microsoft Access（*.mdb）选

项，并单击 完成 按钮。

（8）在打开的"ODBC Microsoft Access 安装"对话框的"数据源名"文本框中输入数据源名称，然后单击 选择(S)... 按钮，在打开的"选择数据库"对话框中选择创建的数据库文件，如图 13-40 所示。

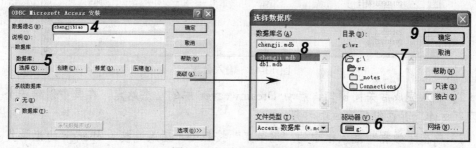

图 13-40　选择数据库文件

（9）依次单击各对话框中的 确定 按钮关闭对话框，启动 Dreamweaver CS3，新建一个网页文档，选择"窗口/数据库"命令，打开"数据库"面板。

（10）在"数据库"面板中单击 按钮，在弹出的菜单中选择"数据源名称（DSN）"命令，在打开的"数据源名称（DSN）"对话框中进行如图 13-41 所示的设置。

图 13-41　连接数据源设置

（11）单击 测试 按钮，如提示连接成功，单击 确定 按钮添加连接，完成数据库的创建和连接操作。

13.3.2　编辑数据并制作动态页面

通过在数据库表格中添加具体数据，然后在页面中插入记录，让数据库中的数据显示在网页中，参考效果如图 13-42 所示。

学号	姓名	语文	数学	英语	物理	化学
20110901	杨云	80	91	87	79	82
20110902	李飞	65	71	68	49	70
20110903	曲奇	79	93	91	98	86
20110904	程宏	60	51	76	63	47
20110905		0	0	0	0	0

图 13-42　学生成绩页面参考效果

本练习可结合立体化教学中的视频演示进行学习（立体化教学:\视频演示\第 13 章\编辑

数据并制作动态页面.swf）。主要操作步骤如下：

（1）打开之前创建的数据库文件，双击创建的表，在其中输入学生成绩信息，如图 13-43 所示。

学号	姓名	语文	数学	英语	物理	化学
20110901	杨云	80	91	87	79	82
20110902	李飞	65	71	68	49	70
20110903	曲奇	79	93	91	98	86
20110904	程宏	60	51	76	63	47
20110905		0	0	0	0	0
0		0	0	0	0	0

图 13-43　输入数据

（2）输入完成后关闭窗口，启动 Dreamweaver 中的动态站点，在其中创建一个 ASP 动态网页文件，并在编辑窗口中打开。

（3）单击"数据"插入栏中的"记录集"按钮，插入连接为 chengji 的记录集。

（4）在页面中插入一个 2 行 7 列的表格并输入表头，选择第 2 行，插入一个重复区域。

（5）分别将各记录插入不同的单元格中，完成后保存并预览网页。

13.4　练习与提高

（1）为电脑添加"Internet 信息服务"组件。

（2）在 D 盘中新建一个 WEB 文件夹，在"Internet 信息服务"窗口中将该文件夹设置为默认网站的主目录。

（3）在 Dreamweaver 中创建一个动态网站站点，并设置本地根文件夹为上面创建的 WEB 文件夹。

（4）创建一个 Access 数据库，并进行数据源连接。

（5）在动态站点中创建 ASP 页面，并添加记录集，在页面中插入数据库中的数据。

经验技巧　制作动态网页的一些数据库使用技巧

　　本章主要介绍了简单动态页面的制作方法，了解了基本的制作方法后，读者可以进一步自行研究和学习。以下是制作动态网页的一些数据库使用技巧：

> 将 Access 数据库文件以.asa 或.asp 为扩展名进行保存，可以获得更高的安全性，在 Access 中可以打开.asa 或.asp 格式的数据库文件进行编辑。

> 以独占方式打开数据库，需要在 Access 主窗口中选择"文件/打开"命令，在"打开"对话框中选中需要打开的数据库文件，然后单击 打开(0) 按钮后面的下拉按钮，在弹出的下拉菜单中选择"以独占方式打开"命令。

> 为了数据库的安全，还可以为数据库文件设置密码，设置密码需要以独占方式打开数据库，然后选择"工具/安全/设置数据库密码"命令设置其密码。

> 如果数据库设置了密码，则在进行数据源连接时，在"数据源名称（DSN）"对话框中需要输入用户名和数据库密码才能进行连接。

第 14 章 网站的发布

学习目标

☑ 为网站申请主页空间和域名
☑ 能够进行站点的本地测试
☑ 掌握站点的发布方法
☑ 了解网站的管理和宣传

目标任务&项目案例

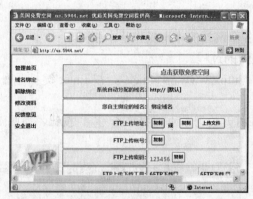

管理免费站点空间

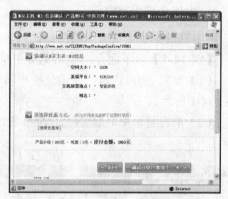

购买收费主页空间

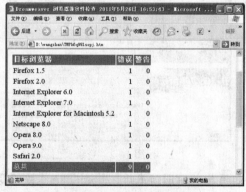

浏览器兼容性检查报告

成功连接 FTP 服务器

做好网站之后,需要将站点发布到网络上,才能实现让其他人浏览网站的目的。本章将介绍申请主页空间和域名的方法、站点的本地测试以及站点的发布、管理和宣传等知识,以使读者掌握发布及管理站点的操作。

14.1　申请主页空间及域名

若要发布网站，需要先申请一个主页空间以存放所有的站点文件。申请空间后将站点上传到空间里，然后申请一个域名并进行域名解析，浏览者即可通过该域名访问站点中的网页。

14.1.1　申请主页空间

主页空间通常有免费和收费两种，免费主页空间的大小和运行的支持条件会受一定限制，收费主页空间一般由网站托管机构提供，其空间大小及支持条件可根据需要进行选择。

在选择主页空间时，应根据网站性质、网页文件大小、网站运行的操作系统、网站运行的技术条件等因素选择相应大小及类型的空间。如果是商业网站、企业网站、专业性网站和行业性网站等需要较为稳定的运行环境的网站，最好选择收费的主页空间；如果是一般的个人网站，选择免费主页空间即可满足需要。

1．申请免费主页空间

网上提供免费主页空间的网站比较多，各个网站的申请操作基本相同。

【例 14-1】　下面介绍申请免费主页空间的过程。

（1）启动 IE 浏览器，在地址栏中输入"http://www.5944.net/"，按 Enter 键打开网页，如图 14-1 所示。

（2）单击页面中的 免费空间 注册登陆 按钮，在打开的登录页面中单击 注册 按钮，如图 14-2 所示。

图 14-1　网站首页

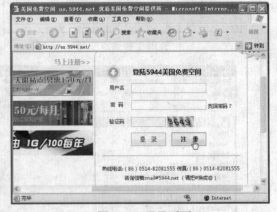

图 14-2　登录页面

（3）打开如图 14-3 所示的注册页面，填写相关注册信息后，单击 注册 按钮提交注册信息。

（4）注册成功后，将弹出注册成功的对话框，确认后进入会员中心，单击 点击获取免费空间 按钮开通免费空间，如图 14-4 所示。

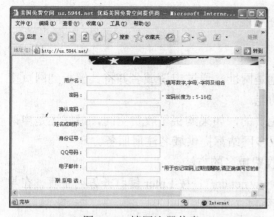
图 14-3 填写注册信息

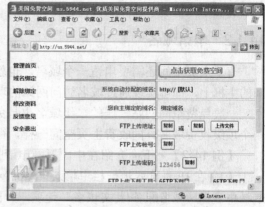
图 14-4 注册成功

（5）开通空间后可在管理页面中进行空间管理，如图 14-5 所示。

图 14-5 开通免费空间

📢提示：

通常提供免费空间的网站也会提供该网站下的免费二级域名，如图 14-4 所示的页面中，系统已自动分配了一个免费域名，也可单击"其他域名绑定"文本框后的 绑定 按钮绑定其他域名，如图 14-6 所示。

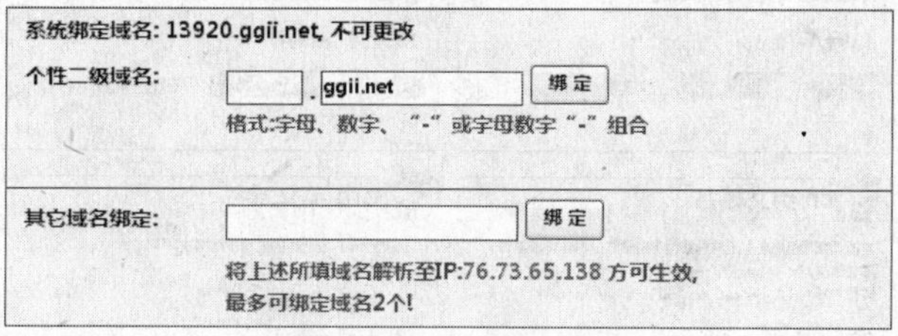

系统绑定域名：13920.ggii.net，不可更改

个性二级域名：　　　　　　　.ggii.net　 绑定
格式：字母、数字、"-" 或字母数字 "-" 组合

其它域名绑定：　　　　　　　　 绑定
将上述所填域名解析至IP:76.73.65.138 方可生效，
最多可绑定域名2个！

图 14-6 自主绑定域名

2. 申请收费主页空间

免费空间适合个人网站，如果要做规模较大或较正规的网站，申请收费空间可以使网站更加稳定，并能享受更多的服务。很多网站都提供收费空间的申请，只需选择合适的空

间后填写相关信息，并完成付费操作即可。

14.1.2　申请域名

有了主页空间还需要申请一个域名，也就是网址。通过申请域名并将其解析到网页空间的主机上，即可实现通过域名访问网站的功能。

一般免费空间网站赠送的二级域名也是免费的，如果购买了收费空间，最好还是申请一个顶级收费域名。同收费主页空间一样，很多网站都提供域名注册服务。

【例 14-2】　下面介绍在中国万网申请收费域名的方法。

（1）在 IE 浏览器地址栏中输入"http://www.net.cn/"，按 Enter 键打开万网主页，在导航栏中选择"域名服务/英文域名"选项，如图 14-7 所示。

图 14-7　选择域名类型

📢提示：

> 要购买域名，需要先登录网站，如果还不是会员，可免费注册一个账号再进行登录购买。

（2）在打开的域名页面中显示了各种域名的价格，选择最常见的.com 域名后单击 按钮，如图 14-8 所示。

图 14-8　选择购买域名

（3）在打开的"选择产品"页面中选择购买的年限，单击 按钮继续。

（4）打开如图 14-9 所示的填写信息页面，输入域名和管理密码，并在下方的表单中填写详细的信息，填写好后单击 按钮继续。

注意:

> 由于互联网中的每个域名都是唯一的，需要申请的域名有可能已被别人注册，所以在申请前需先想好多个域名。

图 14-9 输入域名及相关信息

（5）在打开的"确认信息"页面中显示了购买域名的详细信息，确认无误后单击 按钮。

（6）在打开的付款页面中可选择不同的付款方式，选择并进行付款后即可使用申请的域名了。

14.1.3 应用举例——申请收费主页空间

下面介绍在中国万网申请收费主页空间的方法。操作步骤如下:

（1）在 IE 浏览器地址栏中输入"http://www.net.cn/"，按 Enter 键打开万网主页，申请并登录账户后，在主页导航栏中选择"主机服务/虚拟主机"选项，如图 14-10 所示。

图 14-10 选择主机类型

（2）在打开的页面中根据网站的需要选择适合的主机，选定后单击相应的 购买 按钮，如图 14-11 所示。

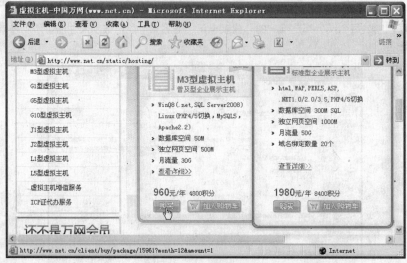

图 14-11　选择主机

（3）在打开的页面中选择购买的年限以及其他需要的套餐服务，单击 继续下一步→ 按钮，如图 14-12 所示。

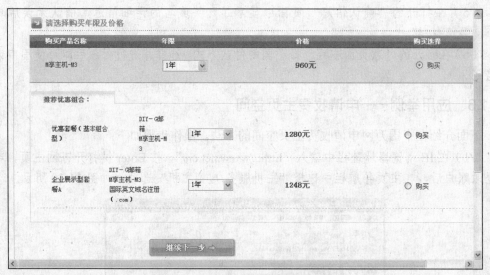

图 14-12　选择购买年限及其他套餐服务

（4）在打开的页面中选择服务器操作系统，并输入主机域名，单击 继续下一步→ 按钮继续，如图 14-13 所示。

（5）在打开的确认信息页面中显示了所购买虚拟主机的信息，确认无误后单击 确认订单，继续下一步→ 按钮继续，如图 14-14 所示。

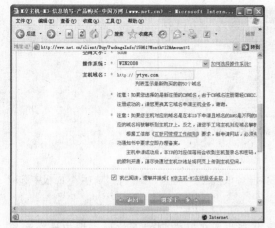

图 14-13　设置操作系统和域名
图 14-14　确认信息

（6）确认后将打开支付页面，选择支付方式并进行网上支付后完成购买。

14.2　站点的本地测试

制作好网页并申请好主页空间及域名后，还不能立即上传网站。为了保证页面的内容在浏览器中正常显示、其链接能正常进行跳转，还需要对站点进行本地测试，保证文档中没有断开的链接。

对站点进行本地测试的另一个目的是使页面下载时间缩短。Dreamweaver 提供了多项功能测试站点，如预览页面和检查浏览器兼容性等，还可以运行各种报告，如断开链接的报告等。

14.2.1　兼容性测试

若想检查文档中是否有浏览器所不支持的任何标签或属性等元素，可利用浏览器的兼容性检测，检查页面中的 AP 元素、样式、JavaScript 或插件。当网页中有元素不被目标浏览器所支持时，在浏览器中会显示不完全或功能运行不正常。

目标浏览器检查提供了告知性信息🗨、警告⚠和错误❶ 3 个级别的潜在问题的信息，其含义如下。

- ❥ **告知性信息**：表示代码在特定浏览器中不支持，但没有可见的影响。
- ❥ **警告**：表示某段代码将不能在特定浏览器中正确显示，但不会导致任何严重的显示问题。
- ❥ **错误**：表示代码可能在特定浏览器中导致严重的、可见的问题，如导致页面的某些部分消失。

【例 14-3】　检查浏览器的兼容性。

（1）在文档工具栏中单击 检查页面 按钮，在弹出的快捷菜单中选择"设置"命令，打开"目标浏览器"对话框，如图 14-15 所示。

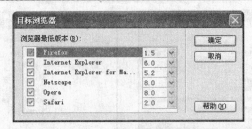

图 14-15　"目标浏览器"对话框

检查对象有当前文档和整个站点两种情况，若要对整个站点进行检查，则应在"站点"面板中选取要测试的站点。

（2）在该对话框中选中需要检查的浏览器复选框，在其右侧的下拉列表框中选择浏览器的最低版本。

（3）单击 确定 按钮关闭对话框，并在 Dreamweaver 窗口的下方打开一个"结果"面板组。

（4）在"结果"面板组中的"浏览器兼容性检查"面板中将显示检查结果，如图 14-16 所示。

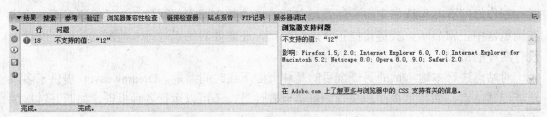

图 14-16　"结果"面板组

（5）单击"结果"面板组左侧的 按钮，启动浏览器并在其中显示检查报告，如图 14-17 所示。

（6）单击"结果"面板组左侧的 按钮，在打开的对话框中设置保存路径及文件名。

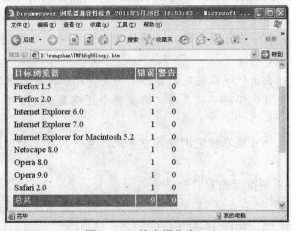

图 14-17　检查报告窗口

（7）双击"结果"面板组的错误信息列表中需要修改的错误信息，可将编辑窗口切换到"拆分"视图，并在"代码"窗口中自动标记不支持的代码，将不支持的代码更改为目标浏览器能够支持的代码或将其删除，以解决浏览器兼容问题。

14.2.2　检查站点范围的链接

在发布站点前还需检查所有链接的 URL 地址是否正确，若有错误需及时修改，以保证浏览者单击链接时能准确打开目标对象。如果在各个网页文件中逐次进行链接的检查将非常费时，利用 Dreamweaver 提供的"检查链接"功能，可以快速地在打开的文档、本地站点的某一部分或整个本地站点中搜索断开的链接和未被引用的文件。

1．检查网页链接

检查网页链接的方法为在 Dreamweaver 中打开需检查的网页文档，选择"文件/检查页/链接"命令，检查结果将显示在"结果"面板组的"链接检查器"面板中，如图 14-18 所示。

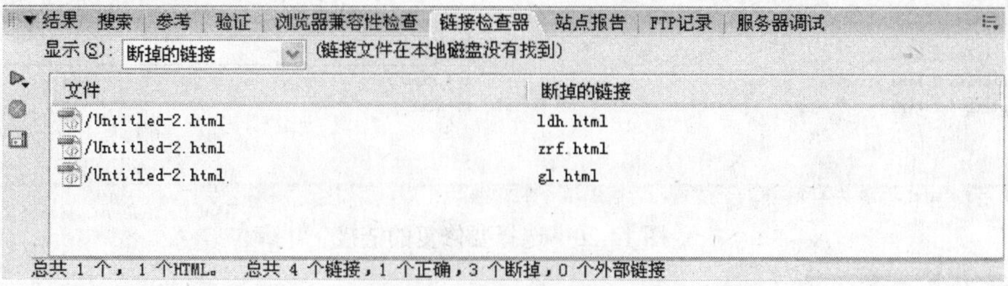

图 14-18　"链接检查器"面板

在"显示"下拉列表框中可选择要查看的链接方式，各选项的含义如下。

❧　**断掉的链接**：用于检查文档中是否存在断开的链接。

❧　**外部链接**：用于检查站点外部的链接。

❧　**孤立文件**：用于检查站点中是否存在孤立文件。

2．检查本地站点某部分的链接

对站点某部分链接进行检查，方法是在"站点"面板中选择要检查的文件或文件夹，在选择的文件或文件夹上单击鼠标右键，在弹出的快捷菜单中选择"检查链接/选择文件/文件夹"命令，检查结果将在"结果"面板组中显示。

3．检查整个站点的链接

检查整个站点的链接的方法是在"站点"面板中选择要检查的站点，在"结果"面板组中单击 ▶ 按钮，在弹出的菜单中选择"检查整个当前本地站点的链接"命令，如图 14-19 所示，检查的结果将显示在"链接检查器"面板列表框中。

✍ 技巧：

> 在"站点"面板中的任意文件或文件夹上单击鼠标右键，在弹出的快捷菜单中选择"检查链接/整个本地站点"命令也可检查整个站点的链接。

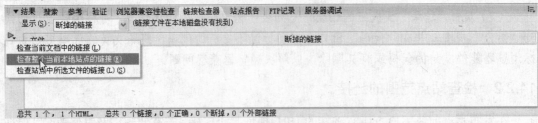

图 14-19　检查整个站点的链接

14.2.3　修复站点范围的链接

　　链接的修复是将错误的链接重新设置。单击错误链接列表中需修复的选项，如图 14-20 所示，在其中重新输入链接路径或单击右侧的🗀按钮，在打开的"选择文件"对话框中重新选择链接目标即可。

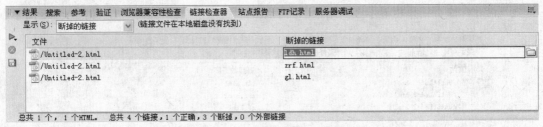

图 14-20　选择要修复的链接

📢提示：

如果多个文件有相同的中断链接，当用户对其中的一个链接文件进行修改后，系统会打开如图 14-21 所示的提示对话框，询问是否修复余下的引用该文件的链接，单击[　是(Y)　]按钮关闭对话框，系统会自动为其他具有相同中断链接的文件重新指定链接路径。

图 14-21　选择是否更新其他链接

14.2.4　应用举例——检查并修复站点中的链接

　　在站点页面中创建超级链接，然后通过检查站点中的链接检查出错误的链接并进行修复。操作步骤如下：

　　（1）在 Dreamweaver 的"文件"面板的"站点"下拉列表框中选择需要检查链接的站点。

　　（2）在站点文件列表中选择任意文件或文件夹，并单击鼠标右键，在弹出的快捷菜单中选择"检查链接/整个本地站点"命令，如图 14-22 所示。

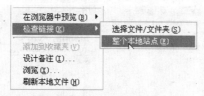

图 14-22　检查整个站点链接

（3）在编辑窗口底部显示的"结果"面板组中显示了所有检查结果，单击选择第一个断掉的链接选项，然后单击其后的 按钮，如图 14-23 所示。

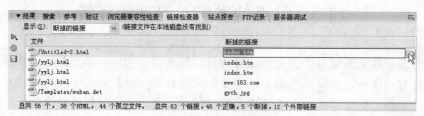

图 14-23　检查结果

（4）在打开的"选择文件"对话框中选择正确的链接文件，如这里选择 index.html 文件，如图 14-24 所示。

（5）单击 确定 按钮关闭对话框，在返回的编辑窗口中按 Enter 键确认修改。由于站点中还有其他相同的链接错误，所以弹出如图 14-25 所示的对话框询问是否修正余下的引用该文件的链接，单击 是(Y) 按钮全部修正。

图 14-24　选择正确的链接文件

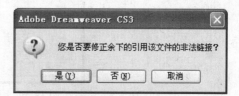

图 14-25　修正其他类似链接

（6）选择错误的外部链接，如图 14-26 所示，直接在其中输入完整的外部链接地址，如图 14-27 所示，然后按 Enter 键确认。再用相同的方法修复其他错误链接。

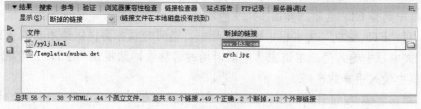

图 14-26　选择错误的外部链接

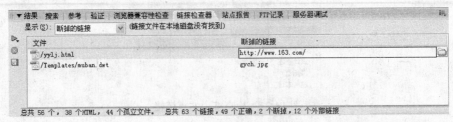

图 14-27　直接输入正确链接

14.3　站点的发布、管理和宣传

站点的发布就是将站点中的文档放置到自己的主页空间内，该过程也称为上传站点。上传站点后为确保网站的浏览质量，还需要定期进行管理维护，并且如果想吸引更多的浏览者，宣传工作也不可忽视。本节就站点的发布、管理和宣传进行简单讲解。

14.3.1　配置远程信息

配置了远程信息，也就是上传地址信息后，才能在 Dreamweaver CS3 中发布本地站点。

【例 14-4】　在 Dreamweaver 中配置远程信息。

（1）在 Dreamweaver CS3 编辑窗口中选择"站点/管理站点"命令，打开"管理站点"对话框，如图 14-28 所示。

图 14-28　"管理站点"对话框

（2）在该对话框中选择需发布的站点，单击 编辑(E)... 按钮，打开相应的"站点定义为"对话框。

（3）在"高级"选项卡的"分类"列表框中选择"远程信息"选项，在右侧的"访问"下拉列表框中选择 FTP 选项，如图 14-29 所示。

（4）在"FTP 主机"文本框中输入申请主页空间时服务商提供给用户的 FTP 地址；在"登录"文本框中输入用户申请主页空间时用的名称或网站提供的 FTP 上传账号；在"密码"文本框中输入用户的密码。

（5）单击 测试(T) 按钮进行测试，如测试正确会弹出如图 14-30 所示的提示对话框，单

击 确定 按钮关闭对话框，完成远程信息的设置。

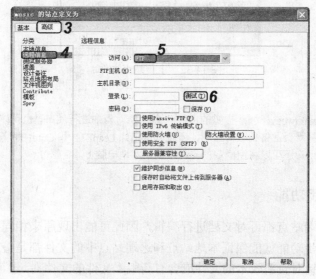

图 14-29　"高级"选项卡

图 14-30　连接成功

14.3.2　站点的发布

配置好远程信息后就可以向主页空间发布站点了。发布站点的操作很简单，选择"窗口/文件"命令，打开"文件"面板，选择需要发布的站点后单击面板中的"上传"按钮 ⇧，打开询问对话框，如图 14-31 所示。

图 14-31　确认上传

单击 确定 按钮，Dreamweaver 即会按远程信息中的配置自动连接到远程站点服务器上，并将站点中的文件上传到指定的目录中，如图 14-32 所示为正在上传站点。

如果只需上传某些文件，可选择这些文件后再单击 ⇧ 按钮，或在选择的文件上单击鼠标右键，在弹出的快捷菜单中选择"上传"命令进行上传。如果选择的文件中引用了其他位置的内容，则会打开消息对话框，询问是否将关联的文件也上传。

图 14-32　上传站点文件

提示：

> 可以直接使用 Dreamweaver CS3 提供的上传/下载功能对网站进行发布，也可以使用 FTP 协议，以远程文件传输方式将网页上传到服务器中，还可以使用如 LeapFTP 和 CuteFTP 等 FTP 软件进行上传。除了上传文件，用户还可以将空间中的文件下载到本地电脑上。

14.3.3　使用同步功能

本地站点和远端站点都可对文档进行编辑，因此可能出现原来相同的文件对应不同版本的情况，使用同步功能就能保证本地站点和远端站点中的文件都是最新的且是相同的。进行同步操作可以针对较新版本的文件或含有新版本文件的文件夹，也可以针对整个站点。

【例 14-5】　实现站点同步功能。

（1）在站点管理窗口中选择需进行同步的文件或文件夹。

（2）选择"站点/同步站点范围"命令或单击"文件"面板中的"同步"按钮⑥，打开"同步文件"对话框，如图 14-33 所示。

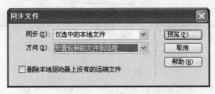

图 14-33　"同步文件"对话框

（3）在"同步"下拉列表框中选择"仅选中的本地文件"选项。

（4）在"方向"下拉列表框中选择"放置较新的文件到远程"选项。

（5）单击 预览(P)… 按钮，将开始检查选中文件相对于远程站点中的文件是否是较新的，如图 14-34 所示。

图 14-34　检查文件

（6）在打开的对话框中将显示检查结果，单击 确定 按钮即可将列表中的文件全部上传更新，如图 14-35 所示。

"同步文件"对话框的"方向"下拉列表框中各选项的含义如下。

➡ **放置较新的文件到远程**：表示将上传修改日期晚于远程副本修改日期的所有本地文件。

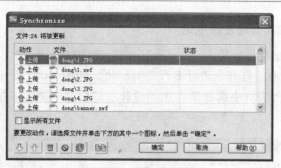

图 14-35　检查同步结果

> 从远程获得更新的文件：表示将下载修改日期晚于本地副本修改日期的所有远程文件。

> 获得和放置更新的文件：表示将所有文件的最新版本放置在本地和远程站点上。

提示：

在文件列表框中选中相应的文件，单击对话框下面的　或　按钮可对其进行删除或忽略操作。

14.3.4　使用设计笔记

若需保存设计网页过程中所遇到的问题记录，可利用设计笔记功能，将记录保存在设计笔记文档中，这样有利于对网页的维护，也可在设计其他网页时参考。

1．设置站点的设计笔记

选择"站点/管理站点"命令，打开"管理站点"对话框，在列表中选中要添加设计笔记的站点，单击 编辑(E)... 按钮，在打开的对话框中选择"高级"选项卡，在左侧列表框中选择"设计备注"选项，选中 ☑ 维护设计备注(M) 复选框，可启动站点中的设计笔记功能。

如果选中 ☑ 上传并共享设计备注(U) 复选框，则本地站点文件的设计笔记在进行上传时会跟随文件一起上传，如图 14-36 所示。

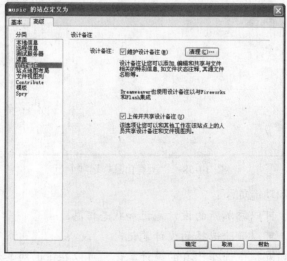

图 14-36　设计备注

281

2. 在文档中添加和管理设计笔记

在文档中也可以添加设计笔记。在 Dreamweaver 中打开需添加设计笔记的文档，选择"文件/设计备注"命令，打开"设计备注"对话框，如图 14-37 所示。在"基本信息"选项卡的"状态"下拉列表框中选择需添加的设计笔记信息的类别，在"备注"文本框中输入设计笔记的内容即可。

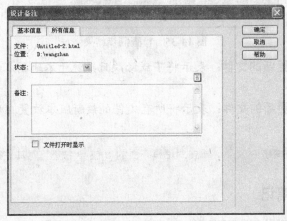

图 14-37 "设计备注"对话框

技巧：

单击"备注"文本框上方的日历图标，可以在设计笔记的正文内容中添加本地日期；如果选中 ☑ 文件打开时显示 复选框，则在 Dreamweaver 中打开该文档时将自动显示设计笔记。

选择"所有信息"选项卡，在其中可以对设计笔记进行管理，如图 14-38 所示。

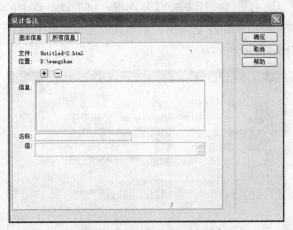

图 14-38 "所有信息"选项卡

各设置项的含义和功能如下：

- 单击 ⊞ 按钮，可以添加新的设计笔记和状态信息。
- 单击 ⊟ 按钮，可以删除选择的设计笔记。
- 在"信息"列表框中选择已有的设计笔记，可以在下面对其进行相应的设置。

❧　在"名称"文本框中可输入设计笔记的名称。

❧　在"值"文本框中可输入设计笔记的内容。

14.3.5　使用站点报告

利用 Dreamweaver CS3 的站点报告器可有效提高站点开发和维护人员之间合作的效率。站点报告器主要有如下功能：

❧　查看哪些文件的设计笔记与被隔离的文件有联系。

❧　获知站点中的哪个文件正在被其他维护人员进行隔离编辑。

❧　通过指定姓名参数和值参数进一步改善设计笔记报告。

选择"站点/报告"命令，打开"报告"对话框，如图 14-39 所示，在"选择报告"列表框中可选中相应的复选框以设置需要查看的报告。

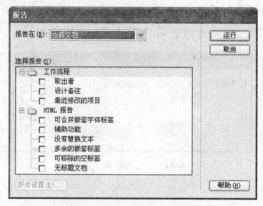

图 14-39　"报告"对话框

在该对话框的"报告在"下拉列表框中有 4 个选项，其含义分别如下。

❧　"当前文档"选项：表示对当前打开或选中的文档进行报告。

❧　"整个当前本地站点"选项：表示对当前的整个站点进行相关报告。

❧　"站点中的已选文件"选项：表示对当前站点中选择的文件进行报告。

❧　"文件夹"选项：表示要对某一文件夹中的文件进行报告。选择该选项后会出现一个文本框，如图 14-40 所示，单击▢按钮在打开的对话框中选择一个文件夹或直接在文本框中输入文件夹的路径。

图 14-40　选择文件夹

14.3.6　站点的宣传

对站点进行适当的宣传和推广，可以提高站点的访问量，下面讲解推广站点的几种常用方法。

❧　**在留言板、BBS、聊天室、社区上做宣传：**在人气较旺的留言板、BBS、聊天室、社区上发表一些吸引人的文章，并留下网址，如果读者有兴趣就会访问该网站。

- **与其他网站互作链接**：这种方法是利用友情链接进行站点之间的互相推广，该推广方式通常出现在合作网站、兄弟网站之间。

- **在搜索引擎网站注册、登记**：在专门的搜索引擎网站（如百度、谷歌等）进行推广。也可到大型网站去注册，让网页信息保存到该网站的数据库中。这类搜索引擎网站比较多，如搜狐、新浪、网易等。

- **媒体宣传**：在电视、报纸、户外广告或其他印刷品等传统媒介中对自己的网站进行宣传。这种宣传方式费用较大，适合比较大型的网站和商业网站。

- **设置关键字**：在使用搜索引擎搜索网页时，关键字起着至关重要的作用。大多数的搜索服务器会每隔一段时间自动探测网络中是否有新网页产生，并把它们按关键字进行记录，以方便用户查询。定义关键字的方法是选择"插入记录/HTML/文件头标签/关键字"命令，打开"关键字"对话框，如图 14-41 所示，在"关键字"列表框中输入网站关键字后单击 确定 按钮即可。

图 14-41 "关键字"对话框

提示：

可设置多个关键字，各个关键字之间以"；"号隔开。

14.3.7 应用举例——发布和管理站点

将制作好的站点发布到申请的主页空间上，并通过 Dreamweaver 来管理。

本实例可结合立体化教学中的视频演示进行学习（立体化教学:\视频演示\第 14 章\发布和管理站点.swf）。

操作步骤如下：

（1）在 Dreamweaver 编辑窗口中选择"站点/管理站点"命令，打开"管理站点"对话框，在站点列表框中选择需发布的站点，单击 编辑(E)... 按钮。

（2）在打开的"站点定义为"对话框中选择"高级"选项卡，在"分类"列表框中选择"远程信息"选项。

（3）在"访问"下拉列表框中选择 FTP 选项，在出现的"FTP 主机"文本框中输入申请的主页空间的 IP 地址。

（4）在"登录"和"密码"文本框中分别输入空间 FTP 登录名和密码，输入完后单击 测试(T) 按钮进行测试，如图 14-42 所示为测试成功的对话框。

（5）依次单击 确定 按钮关闭对话框，在"文件"面板中单击 ⬆ 按钮，在打开的确认上传对话框中单击 确定 按钮上传整个站点。

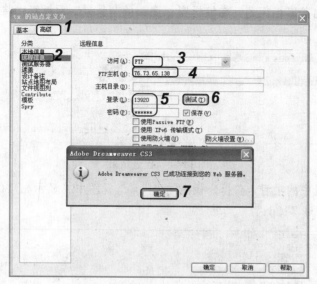

图 14-42　连接 FTP 服务器成功

（6）完成站点上传之后，单击"文件"面板中的 ⬚ 按钮，查看远程和本地的文件列表，如图 14-43 所示。

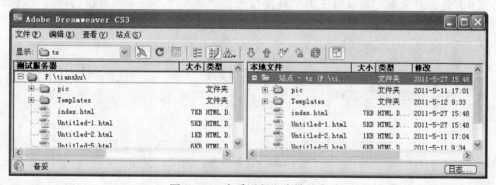

图 14-43　查看远程和本地站点

（7）对站点中的某一文件进行编辑后，单击 ⬚ 按钮可进行站点文件的同步，以便更新站点文件。

14.4　上机及项目实训

14.4.1　测试本地站点

本次实训将对站点中的文件进行兼容性测试和链接检查，以确保站点的浏览质量。

操作步骤如下：

（1）在 Dreamweaver 编辑窗口中打开需检查兼容性的网页文档，然后选择"文件/检查页/浏览器兼容性”命令。

（2）如检查出兼容性问题，在编辑窗口底部的"结果"面板组中将显示具体问题，如图 14-44 所示。

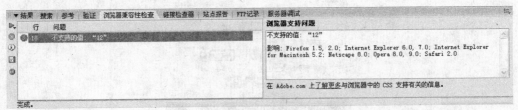

图 14-44　检查结果

（3）双击列表中的项目，在拆分视图的"代码"视图中将显示相应的代码，如图 14-45 所示，将"12"改为"12px"。

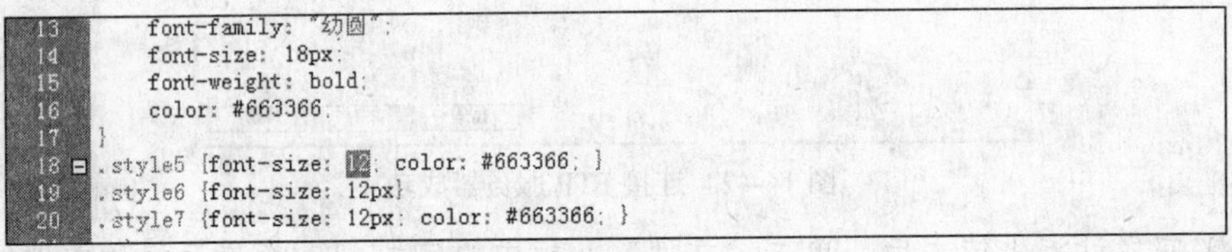

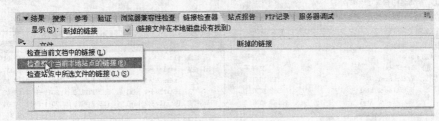

图 14-45　检查代码

（4）选择"结果"面板组中的"链接检查器"选项卡，再单击面板左侧的 ▶ 按钮，在弹出的快捷菜单中选择"检查整个当前本地站点的链接"命令，如图 14-46 所示。

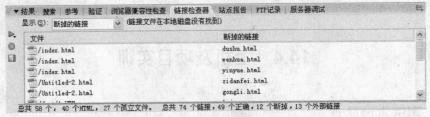

图 14-46　选择检查命令

（5）在检查结果列表中显示了整个站点中所有断掉的链接，如图 14-47 所示，单击后面的链接，并对其进行修复。

图 14-47　检查结果

14.4.2　申请空间并上传站点

在虎翼网上申请一个账号，并开通其试用服务，然后将本地站点发布到站点空间上。

本练习可结合立体化教学中的视频演示进行学习（立体化教学:\视频演示\第 14 章\申请空间并上传站点.swf）。主要操作步骤如下:

（1）在浏览器地址栏中输入网址 "http://www.51.net/"，打开网站，单击 按钮注册为网站会员。

（2）注册成功后登录管理页面，单击左侧的 "免费试用" 选项，在右侧窗格中选择一款服务，并按提示开通试用服务，如图 14-48 所示。

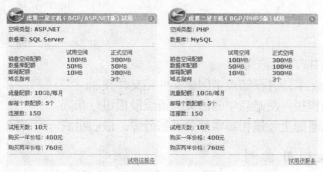

图 14-48　设置空间信息

（3）开通后在 Dreamweaver 中配置相应的远程信息，连接到远程站点。

（4）连接站点成功后将本地站点中的文件上传到远程空间上，完成空间的申请和站点的上传。

14.5　练习与提高

（1）在网上搜索可提供免费空间的网站，申请一个免费的主页空间。

（2）通过 Dreamweaver 配置远程信息，使用申请的免费空间提供的 FTP 账号和密码进行连接。配置远程信息成功后将制作好的站点文件上传到远程空间上。

（3）通过 Dreamweaver 有效管理站点，并通过论坛、QQ、邮箱等方式向别人推广自己的网站。

 关于域名

域名也就是通常说的网址，但网站的真正网址是站点所在主机在互联网中的 IP 地址，通过域名解析将一个易于记忆的域名与 IP 地址进行绑定，实现了通过域名访问网站的功能。域名按照级别可分为顶级域名、二级域名和三级域名等；按照组织可分为工商、科研、教育、政府、军事、非营利性组织等；按国家或地区不同，可使用不同的后缀。不同的类别使用不同的后缀，如工商类域名以.com 为后缀、政府类域名以.gov 为后缀、教育类域名以.edu 为后缀、中国以.cn 为后缀、美国以.us 为后缀等。

第 15 章　项目设计案例

学习目标

☑　规划站点并收集相关素材
☑　创建一个站点，并在站点中创建文件和文件夹
☑　创建网页模板，使站点中的各页面按照模板进行布局
☑　在模板的基础上创建和编辑首页及各分页，最后组成一个网站

目标任务&项目案例

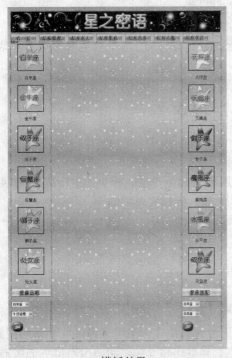

模板效果

"星座壁纸"页面

　　通过完成上述项目设计案例的制作，可以进一步巩固本书前面所学知识，并加强网站建设和网页制作的基本技能，提高大家独立完成设计任务的能力，同时更进一步提高网站设计的动手能力与思考能力，以设计出更丰富、更有创意的网页作品。

15.1　制作"星之密语"网站

15.1.1　项目目标

网页制作的前期准备是不容忽视的,在创建站点前先要规划好站点,并收集所需的素材、资料,这样才会高效率地完成网页制作。

本项目的目标就是制作一个以星座为主题的网站,网站中包含首页、星座介绍、星座壁纸、星座名人、星座歌曲等多个页面,通过首页的链接,可以在不同的页面间跳转浏览,具体内容如图 15-1 所示。

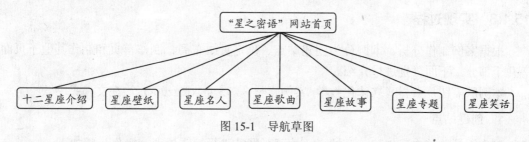

图 15-1　导航草图

15.1.2　项目分析

该项目的首要任务就是对站点进行定位,确定网站的主题和中心之后再进一步确定站点的主要内容和页面布局,然后根据站点规划收集相关素材,最后进行有目的的网页制作。

📢提示:

> 如果需要将站点发布到网上,还需要做好主页空间及域名的申请,使网站制作好之后能顺利发布。

1.规划站点

通过上面的导航草图可以知道,该网站共 7 个栏目,由于"十二星座介绍"的内容较多,可以通过主页中 12 张星座图片进行链接,然后设计"星座壁纸"、"星座名人"、"星座歌曲"、"星座故事"、"星座专题"、"星座笑话" 6 个栏目通过导航条链接。各栏目内容如下。

🔽 **十二星座介绍**:详细介绍十二个星座的状况。

🔽 **星座壁纸**:提供以星座为主题的组图,供浏览者欣赏及下载。

🔽 **星座名人**:介绍各个星座的名人,让浏览者了解自己所属的星座有哪些名人。

🔽 **星座歌曲**:介绍与星座有关的流行歌曲。

🔽 **星座故事**:提供不同星座的人之间关于星座的故事。

🔽 **星座专题**:提供不同主题的星座相关文章。

🔽 **星座笑话**:提供有关星座的幽默故事、笑话,使浏览者轻松愉快。

2. 相关素材

制作网页的相关素材和资料可通过网络或其他途径获得，网页中的一些图像素材，如导航按钮等可以利用 Photoshop、Fireworks 等图形图像软件制作。如图 15-2 所示为网站的 Banner，如图 15-3 所示为网站的导航条。

图 15-2　Banner

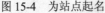

图 15-3　导航条

15.1.3　实现过程

根据案例制作分析，本例分为创建站点、确定页面布局、制作首页和制作其他子页面等几个部分，下面分别进行介绍。

本例所需图片素材（立体化教学:\实例素材\第 15 章\xingzuo\）均在文件夹中。

1. 创建站点

制作网站前首先应创建一个站点，才可对网站进行编辑处理。操作步骤如下：

（1）启动 Dreamweaver CS3，选择"站点/新建站点"命令，打开"站点定义为"对话框，在"您打算为您的站点起什么名字？"文本框中输入站点名称"xing"，如图 15-4 所示。

（2）单击 下一步(N) > 按钮，在打开的界面中选中 否，我不想使用服务器技术。(O) 单选按钮，再单击 下一步(N) > 按钮，如图 15-5 所示。

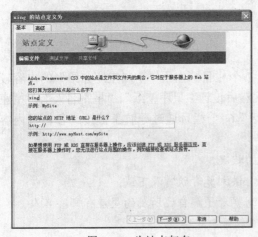

图 15-4　为站点起名

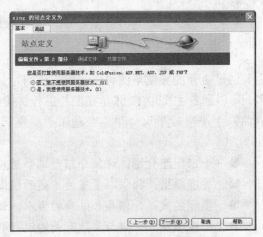

图 15-5　不使用服务器技术

（3）在打开的界面中选中 编辑我的计算机上的本地副本，完成后再上传到服务器（推荐）(E) 单选按钮，并在下方的文本框中输入站点位置的路径，如图 15-6 所示。

（4）单击 下一步(N) 按钮，在打开界面的"您如何连接到远程服务器？"下拉列表框中选择"无"选项，单击 下一步(N) 按钮，如图 15-7 所示。

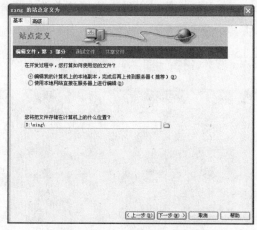

图 15-6　定义站点位置

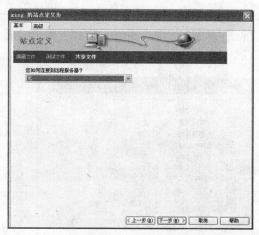

图 15-7　不进行远程连接

（5）在打开的界面中显示了站点的相关信息，确认无误后单击 完成(D) 按钮完成站点的创建。

2．制作模板

制作网页前需先确定网页布局。由于本站点的页面并不多，且各页面的风格需要统一，所以选择使用模板的方式来布局总体风格。操作步骤如下：

（1）启动 Dreamweaver，选择"窗口/资源"命令或按 F11 键打开"资源"面板。

（2）在"资源"面板中单击"模板"按钮 ，然后单击"新建模板"按钮 ，模板列表中将出现一个未命名的模板，将模板重命名为"xingzuo"，如图 15-8 所示。

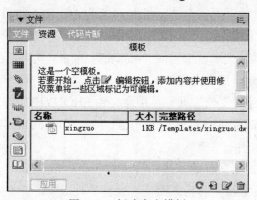

图 15-8　新建空白模板

（3）在"资源"面板中双击名为星座的模板，将其在编辑窗口中打开。

（4）单击"属性"面板中的 页面属性... 按钮，在打开的对话框中将背景图像设置为BEIJING.JPG 图像文件。

（5）单击"常用"插入栏中的 按钮，打开"表格"对话框，在该对话框中设置"行数”为"3"，"列数"为"1"，"表格宽度"为"800"，"边框粗细"为"0"，如图 15-9 所示。单击 确定 按钮关闭对话框，完成表格的添加。

（6）将插入点定位到第 3 行的单元格中，单击鼠标右键，在弹出的快捷菜单中选择"表格/拆分单元格"命令，在打开的对话框中将其拆分为 3 列。

（7）调整表格宽度和高度，参考效果如图 15-10 所示。

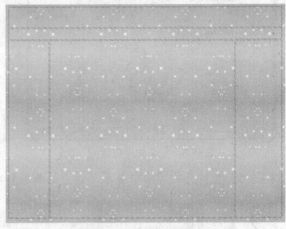

图 15-9　插入表格　　　　　　　　　　图 15-10　调整表格

（8）将插入点定位到顶部单元格中，插入图像 BANNER.JPG，如图 15-11 所示。

图 15-11　插入的图像

（9）将插入点定位到下面一个单元格中，选择"插入记录/图像对象/导航条"命令，打开"插入导航条"对话框。

（10）在"项目名称"文本框中输入"shouye"，单击"状态图像"文本框后的 浏览... 按钮，在打开的对话框中选择图像文件 SHOUYE.JPG。

（11）再将"鼠标经过图像"设置为图像文件 SHOUYE1.JPG。

（12）在"按下时，前往的 URL"文本框中输入"index.html"，表示单击该导航元件时打开 index.html 网页文件。

（13）单击 + 按钮，用同样的方法分别添加 bizhi、mingren、gequ、gushi、zhuanti 和 xiaohua 导航元件，并设置相应的状态图像、鼠标经过图像，其中分别设置前往的 URL 为 bizhi.html、mingren.html、gequ.html、gushi.html、zhuanti.html 和 xiaohua.html。

（14）完成后在对话框下方的"插入"下拉列表框中选择插入方式为"水平"，如图 15-12 所示。

图 15-12 "插入导航条"对话框

（15）设置完成后单击 确定 按钮关闭对话框，完成导航条的添加，调整每个导航元件之间的距离，效果如图 15-13 所示。

首 页 星座壁纸 星座名人 星座歌曲 星座故事 星座专题 星座笑话

图 15-13 插入的导航条

（16）将插入点定位到左侧单元格中，插入图像 BAIYANG.GIF，右击该图像，在弹出的快捷菜单中选择"创建链接"命令，在打开的对话框中设置链接目标为 baiyang.html 文件。

（17）按 Enter 键换行，在图像下输入文本"白羊座"，并设置其字体格式为"宋体、16 号"，颜色为"#003366"，如图 15-14 所示。

（18）用同样的方法在其下为金牛座、双子座、巨蟹座、狮子座、处女座添加图像链接及文本。

（19）在右侧单元格中用同样的方法添加其他几个星座的图像链接及文本。

（20）将插入点定位到左侧表格底部，插入图像 YUNCHENG.JPG，如图 15-15 所示。

图 15-14 添加图片链接及文本

星座远程

图 15-15 插入图像

（21）按 Enter 键换行，将插入栏切换到"表单"插入栏，单击其中的"表单"按钮插入一个表单。

（22）将插入点定位到表单中，单击"表单"插入栏中的按钮添加一个菜单，选择

293

该菜单，在"属性"面板中单击 ▭列表值… 按钮，打开"列表值"对话框，在其中将十二星座添加为列表项，如图 15-16 所示。

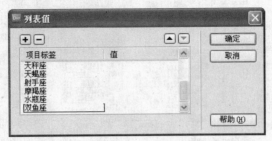

图 15-16　添加列表值

（23）单击 ▭确定 按钮完成添加，换行再添加一个列表，列表项包含"今日运程"、"本周运程"和"本月运程"。

（24）换行后单击"表单"插入栏中的▦按钮，在打开的对话框中选择 GO.JPG 文件，添加一个图像域，如图 15-17 所示。

（25）在右侧单元格底部插入图像 SUPEI.JPG，换行添加一个表单，并添加两个菜单和一个图像域，如图 15-18 所示。

图 15-17　"星座运程"表单　　　　图 15-18　"星座速配"表单

（26）选中除 Banner 和导航条所在单元格外的所有单元格，选择"插入记录/模板对象/可编辑区域"命令，在打开的对话框中为其创建名称为 Edit1 的可编辑区域，如图 15-19 所示。

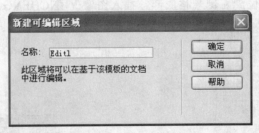

图 15-19　新建可编辑区域

（27）完成后的模板如图 15-20 所示，选择"文件/保存"命令保存模板。

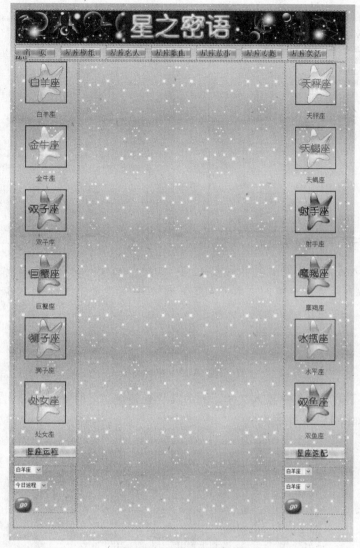

图 15-20　完成后的模板

3．制作首页

下面讲解首页的制作。操作步骤如下：

（1）在站点根目录中创建 index.html 网页文档，打开"资源"面板，单击"模板"按钮，在列表中选中名为 xingzuo 的模板，单击鼠标右键，在弹出的快捷菜单中选择"应用"命令。

（2）将插入点定位到中间最大的单元格中，单击"常用"插入栏中的按钮，打开"表格"对话框，在该对话框中设置"行数"为"12"，"列数"为"1"，"表格宽度"为"440像素"，"边框粗细"为"1像素"，如图 15-21 所示。

（3）单击 确定 按钮关闭对话框，完成表格的添加。选中表格，在"属性"面板的"边框颜色"文本框中输入"#003399"，调整表格，效果如图 15-22 所示。

图 15-21 "表格"对话框

图 15-22 调整表格

（4）将插入点定位到第 1 个单元格中，在"属性"面板中设置单元格背景为 hengbiao1 .jpg 图像文件，然后在其中输入文本"星座壁纸"，将其设置为"幼圆、16 号、蓝黑色"，如图 15-23 所示。

图 15-23 横标

（5）在其下的单元格中输入文本，并为其设置链接。用同样的方法设置其他单元格，完成后的效果如图 15-24 所示。

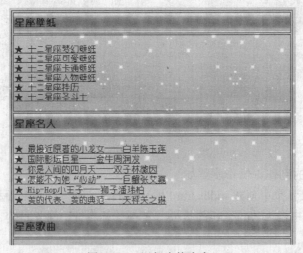

图 15-24 添加表格内容

（6）打开"行为"面板，单击 + 按钮，在弹出的菜单中选择"设置文本/设置状态栏文本"命令，打开"设置状态栏文本"对话框，在"消息"文本框中输入文本"告诉你最眩的星座秘密！！"，如图 15-25 所示。

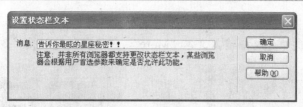

图 15-25　设置状态栏文本

（7）单击 ⬚确定 按钮关闭对话框，完成行为的添加，保存并预览网页，最终效果如图 15-26 所示。

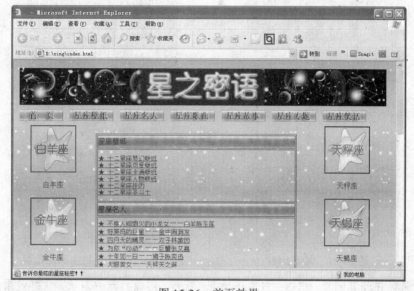

图 15-26　首页效果

4．制作"星座壁纸"页面

下面进行"星座壁纸"页面的制作。操作步骤如下：

（1）打开"资源"面板，单击"模板"按钮 📄，在列表中选中名为 xingzuo 的模板，单击鼠标右键，在弹出的快捷菜单中选择"从模板新建"命令，新建一个网页文档。

（2）选择"文件/另存为"命令将新建文档保存在站点根目录下，保存文件名为"bizhi.html"。

（3）将插入点定位到中间最大的单元格中，插入一个 14 行 2 列、"表格宽度"为"440 像素"、"边框粗细"为"1 像素"的表格。

（4）选中表格，在"属性"面板的"边框颜色"文本框中输入"#003399"，调整表格，效果如图 15-27 所示。

（5）在顶部单元格中输入文本"星座壁纸"，将其设置为"文鼎细圆简体、24 号、粗体、深蓝色"。

（6）在第 2 行第 1 个单元格中插入图像 1.JPG，在其下输入文本"白羊座运花：牡丹"，选中图像，在"属性"面板中为图像创建链接，链接对象为 01.JPG，在"目标"下拉列表框中选择 _blank 选项。

（7）用同样的方法为其他单元格添加图像和文本。

（8）在最底部的单元格中输入文本"More"，并为其创建链接，效果如图 15-28 所示。

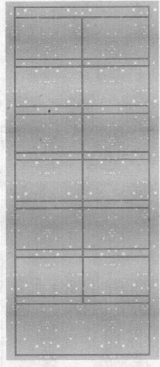

图 15-27 调整表格　　　　　图 15-28 在表格中添加元素

（9）保存并预览网页，单击"白羊座运花: 牡丹"图像打开并放大，最终效果如图 15-29 所示。

图 15-29 预览效果

5．制作"星座故事"页面

下面介绍"星座故事"页面的制作方法。操作步骤如下：

（1）在站点根目录中创建 gushi.html 网页文档，打开"资源"面板，为页面应用 xingzuo 模板。

（2）将插入点定位到中间最大的单元格中，插入一个 13 行 1 列、"表格宽度"为"440 像素"、"边框粗细"为"1 像素"的表格。

（3）选中表格，在"属性"面板的"边框颜色"文本框中输入"#003399"，调整表格，效果如图 15-30 所示。

（4）在顶部单元格中输入文本"星座故事"，将其设置为"文鼎细圆简体、24 号、粗体、深蓝色"。

（5）在下面的单元格中输入文本"白羊座故事"，将其设置为"隶书、16 号、深蓝色"，换行输入相关文本，将其设置为"宋体、12 号、深蓝色"。用相同的方法设置其他单元格，效果如图 15-31 所示。

图 15-30　调整表格

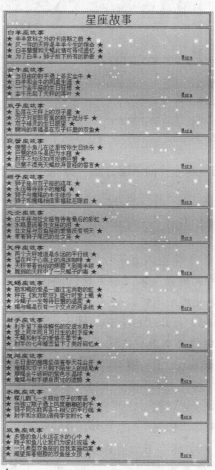

图 15-31　添加元素

（6）保存并预览网页，最终效果如图 15-32 所示。

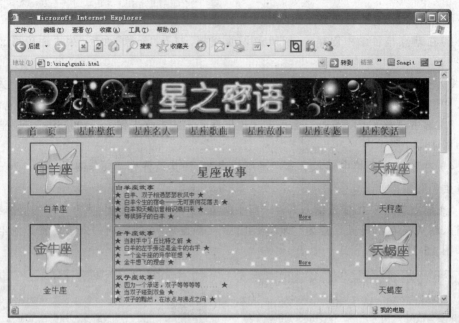

图 15-32　预览效果

🔊**提示：**

> 其他页面的制作基本相同，只需应用模板后在可编辑区域进行相应内容的添加即可，这里不再一一介绍。

6．制作"白羊座介绍"页面

十二星座介绍页面的制作方法基本相同，这里以白羊座为例进行讲解。操作步骤如下：

（1）在站点根目录中创建 baiyang.html 网页文档，打开"资源"面板，为其应用 xingzuo 模板。

（2）将插入点定位到中间最大的单元格中，输入文本"白羊座"，将其设置为"方正琥珀简体、36号、深蓝色"。

（3）打开"白羊座介绍.doc"文档，将其中的文本选中并进行复制，切换到 Dreamweaver 编辑窗口，将插入点定位到"白羊座"文本下方，选择"编辑/粘贴文本"命令进行粘贴，并将粘贴的文本设置为"宋体、12号"，效果如图 15-33 所示。

（4）保存并预览网页，最终效果如图 15-34 所示。

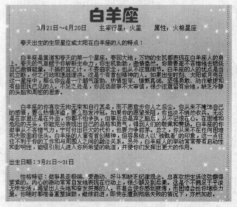

图 15-33　添加文本

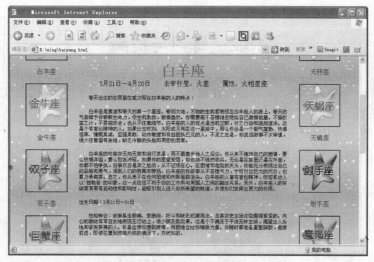

图 15-34 预览效果

7. 测试链接

将各页面编辑完成后，即可通过浏览器预览来测试网站的页面链接。操作步骤如下：

（1）打开 index.html 网页，单击导航条中的 星座壁纸 按钮，将打开 bizhi.html 页面，如图 15-35 所示。

图 15-35 单击导航按钮链接页面

（2）单击左侧的"白羊座"图片链接，将打开白羊座的介绍页面，如图 15-36 所示。

图 15-36 链接星座介绍页面

15.2　练习与提高

（1）制作一个游戏网站，主页参考效果如图 15-37 所示（立体化教学:\源文件\第 15 章\youxi\index.html）。

提示：利用立体化教学提供的素材图片（立体化教学:\实例素材\第 15 章\youxi）制作导航条和首页的图片链接，其他页面的布局也基本按照首页布局进行设计。

图 15-37　参考效果

（2）根据自己的兴趣爱好制作一个个人网站。

提示：该练习的个人发挥空间较大，首先是确定网站的主题，如将网站定位为文学、音乐、体育、购物等，然后根据主题进行站点规划和素材收集等，并进一步展开设计。网页中可添加更丰富的网页元素，如登录框、搜索框等，也可参考如图 15-38 所示的布局和设计进行制作。

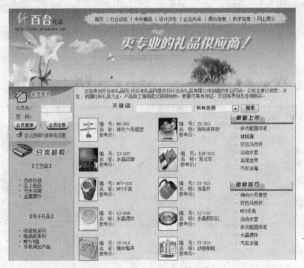

图 15-38　设计思路参考

图书调查及图书质量反馈表

亲爱的读者：

感谢您选择了本书！为了今后能给读者朋友提供优质的图书和服务，希望您能在百忙之中填写本问卷并尽可能标出本书中的错误，邮寄给我们，我们将会有小礼品相送。

通信地址：清华大学校内出版社白楼金地公司（邮编：100084）；

E-mail: liulm75@163.com。

您购买的书名《＿＿＿＿＿＿＿＿＿＿＿＿＿＿＿＿＿＿＿》

姓名：＿＿＿性别：□男 □女 年龄：＿＿职业：＿＿＿＿＿

邮编：＿＿＿ 通讯地址：＿＿＿＿＿＿＿＿＿＿＿＿＿＿＿

1. 您学习电脑的目的是：

    □兴趣　　□适应社会　　□作为谋生技能　　□工作需要

2. 您在初学电脑时有哪方面的难题？

    □书不够浅显易懂　□没有安装软件　□不懂基本常识

    □没有老师指导，有教学多媒体光盘就好了

3. 您是从哪里第一次见到本书的？

    □书店　　□图书馆　　□网上　　□别人推荐

4. 您对本书的封面装帧感觉：

    □挺好　　　□一般　　　□很差　　□不关注

5. 您认为本书最合适的页码范围在：

    □200页以下　□200~300页　□300页以上

    □只要内容好，无所谓

6. 您认为这类书的合理价位是：

    □20元以下 □20~30元 □30元以上 □内容好无所谓

    □您能接受的价格是＿＿＿元

7. 您购买本书的决定因素是：

　　□内容　　□价格　　□书名　　□配套资料完善　　□出版社

8. 您对本书内容最满意的部分是：

　　□基础知识　　　□实例部分　　　□上机与项目实训部分

　　□练习与提高部分　　　□项目案例部分

9. 您认为本书配套资料中最令您满意的是：

　　□视频演示　□素材、源文件　□电子课件　□电子教案　□测试题

10. 您对本书编校质量的感觉是：

　　□常识性错误较多　　　□有不少错别字　　　□图文不对应

　　□步骤错误多　　　□整体还行，没有什么错误

11. 您对本书的服务支持感觉是：

　　□提供的网站打不开　　　□提问的问题回复不及时

　　□电话常无人接听

12. 您认为本书内容应该作哪些改进？_____

_____

13. 您认为本书配套资料应该做哪些改进？_____

_____

14. 您现在最希望学习的电脑知识是哪方面的？_____

_____

15. 您希望本书应该增加哪些相关配套图书：（1）_____

（2）_____（3）_____

16. **本书错误列表：请另附白纸，标明第几页码、第几行，什么错误。**

再次感谢您填写此问卷！您的意见将对我们非常有益！

经验技巧 制作网站时的一些技巧

在实际进行网站设计的过程中，如果想让网页吸引住更多人的眼球，也需要进行一番思考。下面是制作网站时的一些技巧：

- 网页设计看似简单，但每一个环节都不容小觑，如果只是简单地进行大众化的布局，并添加一些普通的网页元素，网站固然能正常浏览，但是并不一定能得到别人的认可，所以网站设计也讲究创意。

- 在进行网页设计的过程中，图片是一个很大的决定性因素，如果图片少了，大量的文字不免让浏览者感觉枯燥，而如果图片太多，又会给人眼花缭乱的感觉，最好能做到图文并茂的效果。

- 图片的大小和质量也有讲究。如果网站是以欣赏为主，图片当然应该以精美为主，但是不可太大，以免影响网页的下载速度，所以很有必要使用一些图形图像处理软件来对网页图像进行处理，这对网页设计很有帮助。

- 在网页中添加特效也可提高网站的质量。可以在网上搜索一些特效代码，将其加入网页中，增添网页的趣味性。但也不可过于花哨，如果弄得整个页面都是雪花，文字都被遮盖住了，那肯定是失败的特效。

- 文字也不容忽视。在以图片为主的网页中，文字可以起到画龙点睛的作用，而更多的网页则是以传递信息为主，文字的字体、大小、颜色、间距等都会直接影响浏览效果。